DSP

控制器原理与应用教程
——基于 TMS320F28335

（第 2 版）

原著　李全利

主编　马骏杰　高俊山　张思艳

高等教育出版社·北京

内容简介

　　本书以目前广泛应用的 TMS320F28335 为例，系统地介绍了 DSP 控制器的原理及应用技术。TMS320F28335 传承了上一代 DSP 控制器的基本结构，并在其基础上又衍生出面向各类应用的多种新型芯片。掌握 TMS320F28335 的原理与应用，对于从事控制类相关工作的读者具有重要意义。

　　相较于第 1 版内容，本次修订更注重培养学生运用知识的创新能力和解决实际问题的能力，并扩展了应用于图像处理等电子信息方向的诸多内容。作为 DSP 控制器课程的教材，本书着力于内容循序渐进，语言描述通俗易懂，概念清晰准确。此外，本书配套了丰富的数字化资源，力求拓宽读者视野，分层次、差异化地展示 DSP 的多种编程技巧。

　　本书可作为本科自动化、电气工程及其自动化、电子信息工程以及机械类等相关专业的教材，也可供相关专业的研究生及工程技术人员参考。

图书在版编目（CIP）数据

　　DSP 控制器原理与应用教程：基于 TMS320F28335/李全利原著；马骏杰，高俊山，张思艳主编 . --2 版 . --北京：高等教育出版社，2021.9

　　ISBN 978-7-04-056146-3

　　Ⅰ. ①D…　Ⅱ. ①李…　②马…　③高…　④张…　Ⅲ. ①数字信号处理-教材　Ⅳ. ①TN911.72

　　中国版本图书馆 CIP 数据核字（2021）第 094351 号

DSP Kongzhiqi Yuanli yu Yingyong Jiaocheng——Jiyu TMS320F28335

策划编辑　高云峰	责任编辑　高云峰	特约编辑	封面设计　王　鹏	
版式设计　杜微言	插图绘制　邓　超	责任校对　窦丽娜	责任印制　刘思涵	

出版发行	高等教育出版社	网　址	http://www.hep.edu.cn
社　址	北京市西城区德外大街 4 号		http://www.hep.com.cn
邮政编码	100120	网上订购	http://www.hepmall.com.cn
印　刷	廊坊市文峰档案印务有限公司		http://www.hepmall.com
开　本	787mm×1092mm　1/16		http://www.hepmall.cn
印　张	21	版　次	2016 年 11 月第 1 版
			2021 年 9 月第 2 版
字　数	360 千字		
购书热线	010-58581118	印　次	2021 年 9 月第 1 次印刷
咨询电话	400-810-0598	定　价	44.00 元

本书如有缺页、倒页、脱页等质量问题，请到所购图书销售部门联系调换

版权所有　侵权必究

物料号　56146-00

第 2 版 前言

第 2 版的修订工作以第 1 版一贯坚持的"突出重点、加深概念、关联实际、利于自学"为原则,在具体内容和体系结构上做了如下几方面的修订。

首先,本书加入了丰富的例程,并引入了外设模块寄存器配置的逻辑导图。

其次,本书秉承了第 1 版的主体结构和内容框架,并结合目前主流的应用领域,对第 9 章内容进行了重新编写,系统地讲述了 DSP 在交流电动机控制中的应用,以及作为浮点 DSP 在数字信号处理中的应用,分析了数字图像处理在 TMS320F28335 中的编程方式并给出了具体实例。

最后,本书结合新形态教材的特点,浓缩了第 1 版教材的内容,增加了数字化教学资源,并综合本书的重点内容给出了 3 套复习题。此外,在第 1 版教材出版伊始,课题组就建立了本课程的微信公众账号——"DSP 万花筒"。经过多年的使用和完善,我们将课程 PPT、实验指导手册、评价题库、软媒资源收录其中,形成立体化的教学模式,从而做到了依托现代数字化网络技术对理论和实践学习进行多维度的拓展和延伸。

本书是黑龙江省高等教育教学改革项目(SJGY20190292)的研究成果之一,可作为本科自动化、电气工程及其自动化、电子信息工程以及机械类相关专业的教材,也可供相关专业的研究生及工程技术人员参考。

本次修订由哈尔滨理工大学马骏杰执笔,高俊山教授和张思艳老师完善了部分数字化教学资源,山东大学张东亮老师审阅全稿,并提出了宝贵的修改意见。课题组刘苏欣、荣忠胤、邓瑶、范可颂、王子洁、盖冠华同学进行了文字和图表的整理工作。

本书再版得到了唐丽娟女士的信任,教研组老师的关心和高等教育出版社的支持,在此表示衷心的感谢。

由于编者水平有限,书中难免会有一些不妥之处,敬请广大读者批评指正。

作者邮箱:m92275@ 126.com。

编者

2021 年 3 月

第 1 版
前言

　　本书为全国教育科学"十一五"规划课题研究成果。本书旨在将理论与实践相结合,逐步培养学生运用知识的创新能力和解决实际问题的工程能力。

　　近年来,TI 公司的 C2000 系列 DSP 产品以其卓越的体系结构和灵活的资源配置方式占据了电机控制和数字电源领域的主要市场。选择典型的目标芯片、合适的开发环境及实用的实践平台对于学习和应用控制类 DSP 产品具有重要意义。为了实现这一目标,编者做了如下考虑:

　　第一,目标芯片的选择。本书以 TMS320F28335 为目标芯片。该芯片是 TI 公司控制类 DSP 产品中最具有代表性的器件。首先,F28335 优化了上一代典型产品 F2812 的内部结构,将 F2812 的 EV 分解成了相互独立的 ePWM、eCAP 和 eQEP,提高了 F2812 的 ADC 模块的精度,并且 F28335 还支持浮点运算,从而使 F28335 的总体性能比 F2812 提升了近 2 倍。另外,以 F28335 为基础,还可衍生出众多新产品。

　　第二,开发环境的选择。本书介绍的开发环境为 CCS5。目前,使用较多的 TI 集成开发环境是 CCS3.3,其优点是有广泛的应用案例可直接借鉴。CCS5 是 TI 基于 Eclipse开放源码软件框架的新型集成开发环境,它配备了高效方便的编辑器和高级图形用户界面,在较新的操作系统、较新的 DSP 器件支持和多处理器的调试等方面具有突出的优点。CCS5 还可以方便地导入 CCS3.3 的已有工程。对于没有使用过 CCS3.3 的初学者,直接学习和使用 CCS5 是一个明智的选择。

　　第三,目标模板的选择。本书未局限于特定的目标模板。学习和应用 DSP 控制器的基本条件是要准备一块开发板。目前,市场上 F28335 的开发板种类繁多、功能各异,但都具备典型的电机控制接口和简单的 LED 指示输出。本书的应用示例均基于这些典型的接口和 LED 指示输出。

　　第四,教材内容的选择。F28335 是接口丰富的 DSP 芯片,TI 公司为其配备了丰富的说明文档和用户手册,并为用户提供了大量的应用示例。本书精选了 F28335 的核心内容,对不影响芯片学习,仅在某一特定应用才能用到的部分没有涉及。作为教材,本书在内容上突出典型开发环境、典型芯片和典型案例;在编写风格上着力简洁实用;在学生阅读上力求提示醒目、插图新颖;在教学的组织上,每章都配有小结、思考题及实践内容。

本书第 1~5 章由李全利编写,第 7 章、第 8 章由马骏杰编写,第 6 章、第 9 章由张思艳编写。哈尔滨理工大学闫哲教授审阅了全部书稿并提出了宝贵意见,在此表示衷心的感谢。依照内容典型、注重实用的教材编写目标,编者进行了许多思考和尝试。由于编者水平有限,本书一定还存在着许多不尽如人意之处,敬请读者提出宝贵的意见和建议。选用本书的教师可向编者索取授课课件和示例程序,对本书的疑问和建议,请与编者联系。

编者 E-mail:m92275@ 126.com。

编者
2016 年 9 月

目 录

第 1 章
绪论

✗ 学习目标

（1）理解数字信号的概念；

（2）熟悉 DSP 的结构特点；

（3）熟悉 TI 公司的主要产品。

✗ 重点内容

（1）数字信号处理的特点；

（2）DSP 的结构特点；

（3）DSP 系统的开发过程。

随着计算机技术的飞速发展，数字信号处理（digital signal processing，DSP）技术在国防科技、工业控制、消费类产品等诸多领域得到了广泛的应用。为了对数字信号处理技术在控制领域的应用有整体认识，本章将对数字信号处理的概念、特点和应用开发过程进行概要性地介绍。

1.1 数字信号处理的概念

数字信号处理是指采用计算机技术，将信号以数字形式表示并处理的理论和方法。经过多年的发展，数字信号处理已经形成了非常成熟的学科体系，并取得了众多的研究成果。数字信号处理器（digital signal processor，DSP）应用技术的迅速发展，又为数字信号处理方法的完善和推广注入了新的活力。

1.1.1 模拟信号与数字信号

现实生活中存在着各种物理量，如声压、温度及电动机转速等。为了处理方便，人们通常使用传感器将这些物理量转换为电压量或电流量。在信号处理领域,信号可以定义为一个随时间(或者空间等,本书仅限定于时间)变化的物理量。例如,声压信号经过麦克风可以转换为电信号。

一、模拟信号

对于在幅值上和时间上都是连续变化的信号,我们称之为模拟信号。模拟信号的特点是幅值和时间的变化均是连续的,在一个时间区域里的任何瞬间都存在确定的值,如图 1.1(a)所示。现实生活中的信号多为模拟信号。

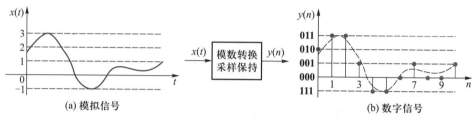

图 1.1   模拟信号到数字信号的转换

二、数字信号

为了能够用计算机进行处理,模拟信号要经过模数转换和采样保持成为数字信号。数字信号的特点是幅值是量化的,时间是离散的,如图 1.1(b)所示。图中采用 3 位二进制数进行了幅值量化(注:幅值 **111** 是−1 的补码)。

1.1.2   信号的处理方式

信号是信息的载体,信息能够反映系统的状态或特征。信号处理的目的是从信号中提取有用的信息并进行预期的各种变换(包括传输及存储)。信号处理的主要任务分为两大类:信号频谱分析(提取信号的特征)和滤波器(或控制器)设计。

一、模拟处理方式

模拟电路可以采用分立的模拟器件构成,也可以采用集成运算放大器构成。图 1.2 所示为由模拟集成运算放大器构成的经典 PI 控制器的实际电路。

该电路的输入输出关系为

$$y(t) = K_P x(t) + K_I \int x(t) \, \mathrm{d}t$$

式中,$K_P = R_1/R_{P1}$,$K_I = 1/[(R_{P2}+R_3)C]$,调节 K_P 和 K_I 就可以在一定范围内改变系统的动态和静态性能。用模拟电路进行信号处理时,系统的精度和可靠性不理想。这是由于控制器的比例、积分和微分系数与阻容器件参数有关。一方面,这些模拟器件

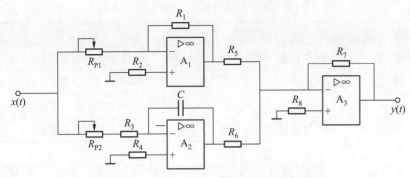

图 1.2　模拟集成运算放大器构成的经典 PI 控制器的实际电路

采用的是器件的标称值（与理论值存在偏差，且参数存在分散性）；另一方面，模拟器件的参数会随环境温度发生变化。

　　用模拟电路进行信号处理时，系统的元件参数调试完成后，再想修改系统的控制规律非常困难（即控制规律调整不够灵活），同时，一些先进的控制算法无法实现。

二、数字处理方式

　　为了避免模拟处理方式存在的各种不足，可以采用数字处理的方式完成对模拟信号的处理加工任务，典型的处理过程如图 1.3 所示。

图 1.3　模拟信号的数字处理方式

　　模拟信号经过前置滤波器后，信号中的某一频率（采样频率的一半）分量被滤除，以防止信号混叠；滤波后的信号经过采样保持和模数转换得到数字信号；数字信号送到数字信号处理器进行运算处理。运算处理算法为：

$$y(n)=K_{\mathrm{P}}\big[x(n)-x(n-1)\big]+K_1x(n)+y(n-1)$$

　　该公式就是 PI 控制器增量式控制算法的差分方程，可以用来编写数字信号处理器的控制程序。若想改变控制规律，只需执行相应的算法即可，不用修改系统硬件。

　　与模拟信号处理相比，数字信号处理没有参数变化对系统性能的影响，所以系统的控制精度和可靠性得到了提高，同时处理算法的修改和完善变得非常容易。因此，数字信号处理广泛用于语音处理、图像处理与传输、电机控制、节能电源及消费类产品等诸多领域。

三、两种处理方式的比较

　　数字信号处理与模拟信号处理的特点比较如表 1.1 所示。

表 1.1   数字信号处理与模拟信号处理的特点比较

比较内容	数字处理	模拟处理
灵活性	好,软件编程改变算法	不好,靠调整硬件实现
可靠性	高,不易受温度和干扰的影响	不好,参数随温度及干扰变化
精度	高,DSP 多优于 32 位字长	不好,难以达到 10^{-3} 以上
实时性	差,算法处理需要时间	很好,硬件延迟影响很小

由表 1.1 可见,在多数情况下,数字信号处理具有较大的优势,只是在信号频率较高或系统在快速性方面要求较为苛刻时,模拟信号处理才应该被考虑。

1.2   DSP 芯片的结构特点

在对模拟信号进行采样时,相邻两个采样时刻的时间间隔称为采样周期 T_s,如图 1.4 所示,其倒数称为采样率 f_s[单位:采样的点数/s,与频率(Hz)具有相同的量纲]。

图 1.4   采样周期示意图

根据采样定理,要想无失真地获得模拟信号的特征,要求 $T_s < \dfrac{1}{2f_{max}}$,即采样周期 T_s 被限定在一定数值之内。这就要求处理器在处理时间内必须完成全部算法和控制程序。

由数字处理方式的输出公式可以看出,PI 控制器的输出为有限项的乘积累加和。查阅数字信号处理的相关书籍能够发现,有限冲击响应滤波器(FIR)、无限冲击响应滤波器(IIR)及离散傅里叶变换(DFT)等许多处理算法均由如下的乘积累加形式构成:

$$y = \sum_{i=0}^{N-1} x(i) * a(i)$$

数字信号处理的核心部件是数字信号处理器,它是专门针对实现数字信号处理算法而设计的芯片。芯片的结构设计必须采用各种有效的措施加快执行信号处理算法的速度。

1.2.1　采用哈佛总线结构

一、冯·诺依曼总线结构

通常的微处理器(如 Intel 的 8086 处理器)采用冯·诺依曼总线结构,指令和数据使用同一存储器,指令和数据分时地经由同一总线(PB&DB)进行传输,如图 1.5 所示。

二、哈佛总线结构

DSP 采用哈佛总线结构(简称哈佛结构),如图 1.6 所示。指令和数据都有各自的存储器和访问总线。取指令经由 PB 总线,访问数据存储器经由 DB 总线。与冯·诺依曼总线结构相比,取指令和读数据(或写数据)能够同时进行,信息的吞吐能力提高了一倍。

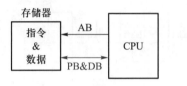
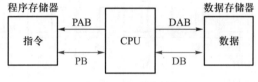

图 1.5　冯·诺依曼总线结构　　　　　图 1.6　哈佛总线结构

为了进一步提高运行速度和数据访问的灵活性,TMS320F28x 芯片采用了改进的哈佛结构,一方面将数据读总线与数据写总线分开,另一方面还允许数据存放在程序存储器中被算术运算指令直接使用。

1.2.2　采用流水线技术

源于流水生产线思想,DSP 内部也采用了流水线设计。在工业生产中采用流水线可以有效地提高生产效率;在 DSP 中采用流水线也非常有助于提高 DSP 的工作效率。

一、流水线的概念

以生产汽车为例,假设需要 4 个工序:冲压、焊接、涂装和总装。4 个工序分别需要工人 A、B、C 和 D 完成,各工序需要 1 h 时间。未采用流水线方式时,前车完成总装后,才能进行下辆车的冲压,生产每辆车要用 4 h。采用流水线方式时,A 工人完成前车冲压后,就将该车交给 B 进行焊接,同时 A 工人开始下辆车的冲压工序……如表 1.2 所示。从汽车流水生产线工序对应表可见,从第 4 个小时开始,每小时就可以生产 1 辆车,生产效率大大提高。

表 1.2   汽车流水生产线工序对应表

工序	T1	T2	T3	T4	T5	T6	T7	T8	T9	T10
冲压	冲1	冲2	冲3	冲4	冲5	冲6	冲7	冲8	冲9	冲10
焊接		焊1	焊2	焊3	焊4	焊5	焊6	焊7	焊8	焊9
涂装			涂1	涂2	涂3	涂4	涂5	涂6	涂7	涂8
总装				总1	总2	总3	总4	总5	总6	总7

二、DSP 的流水线

DSP 采用了哈佛结构,为实施流水线设计提供了条件。可以把 DSP 的指令操作分成 4 个任务阶段:取指(P)、译码(D)、取数(G)和执行(E),如图 1.7 所示。

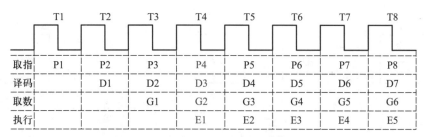

图 1.7   DSP 指令操作的 4 个任务阶段

由图可见,从第 4 个时钟周期开始,流水线就已经填满,此后的指令均可认为是单周期指令。TMS320F28x 系列 DSP 将指令执行分成 8 个任务阶段:指令地址产生、取指令、指令译码、操作数地址产生、操作数寻址、取操作数、执行指令操作和结果存回。因此,该芯片采用的是 8 级流水线,当流水线填满时,它可以同时执行 8 条指令,平均每条指令只需要 1 个时钟周期,从而使 DSP 的处理速度大大提高。

1.2.3   增加硬件功能单元

乘累加算法要求 DSP 必须有极高的速度以满足数字信号处理的需求。为了实现这一目标,在硬件配置上,DSP 增加了一些独具特色的功能单元。

一、设置硬件乘法器

在通用计算机中,为了减少硬件开销,乘法运算是采用多次进行加法实现的。为了加快乘法累加运算的速度,在 DSP 中设置了硬件乘法器。TMS320F28x 的乘法器如图 1.8 所示。

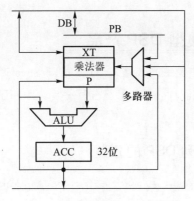

图 1.8　TMS320F28x 的乘法器

该乘法器能够在单周期内完成 32 位×32 位的乘法,或双 16 位×16 位的乘法。乘积寄存器 P 的内容可以直接送到累加器 ACC 进行累加。乘法和累加能够并行地在一个周期内完成。

二、增加辅助寄存器算术单元

要访问存储器,就应该先确定存储单元地址,对于通用计算机,存储单元地址的运算是通过算术逻辑单元(ALU)完成的。为了使 ALU 能够专心完成数据处理算法,在 DSP 中专门增设了辅助寄存器算术单元(ARAU)。TMS320F28x 的辅助寄存器算术单元如图 1.9 所示。

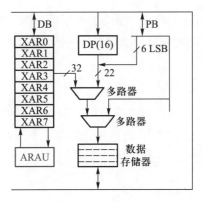

图 1.9　TMS320F28x 的辅助寄存器算术单元

XAR0~XAR7 为 8 个辅助寄存器,它们的主要作用是参加数据的间接寻址。DP 是 16 位的数据存储器页寄存器,它与来自指令寄存器的低 6 位合成 22 位数据存储器地址,用于直接寻址。ARAU 的任务就是在没有 ALU 参与的情况下完成存储器地址的运算。

1.3　TI 公司的典型 DSP 产品

目前,DSP 芯片的主要生产公司为:TI 公司、Freescale(Motorola)公司、Agere(Lucent)公司和 AD 公司。TI 公司的产品占有一半以上的市场份额,本书主要介绍 TI 公司的产品。

1.3.1　TMS320 系列 DSP 的分类

TI 公司自 1982 年推出第一代 DSP 芯片 TMS3201x 和 TMS320C1x 系列后,又陆续推出了上百种 DSP 芯片。尽管这些芯片品种繁多、功能各异,但按照所面向的领域,可以分成三大类:C2000 系列(实时控制)、C5000 系列(低功耗)和 C6000 系列(高性能)。

一、TMS320C2000 系列

该系列于 1991 年推出,主要包含两个子系列:C24x 和 C28x。C24x 是 16 位定点 DSP,C28x 是 32 位定点 DSP,但基于 C28x 内核又推出了浮点产品,如 TMS320F28335。该系列 DSP 不但具有 DSP 内核,而且还具有丰富的用于电机控制的片上外设,从而将高速运算与实时控制融于一个芯片,成为传统单片机的理想替代品。TMS320C2000 系列 DSP 主要用于电机控制、数字电源、再生能源、电动汽车及 LED 照明等领域。

由于 TMS320C2000 系列 DSP 主要用于控制领域,TI 公司目前将该系列 DSP 芯片归类为 DSC(即数字信号控制器)。考虑芯片的结构特点和传统习惯,我们仍称其为 DSP 控制器。

二、TMS320C5000 系列

该系列也于 1991 年推出,是低功耗 16 位定点 DSP。TMS320C5000 系列包含两个子系列:C54x 和 C55x。该系列 DSP 待机功率小于 0.15 mW,工作功率小于 0.15 mW/MHz,是业界功耗最低的 16 位 DSP,该系列 DSP 主要用于语音处理、移动通信、医疗监测等便携设备。

三、TMS320C6000 系列

TI 公司于 1997 年推出 TMS320C6000 系列产品。该系列 DSP 是 TI 公司的高端产品,早期分成 C62x、C64x、C67x 三个子系列。C62x 和 C64x 是 32 位定点 DSP,C67x 是 32 位浮点 DSP。该系列产品主要用于音频、视频和宽带设施领域。

近些年,TI 公司淘汰了一些老产品,又推出了 DaVinci 数字媒体处理器、OMAP

开放式多媒体应用平台和融入 ARM 内核的多核产品。

四、TMS320 系列命名方法

命名是企业对在线产品的分类规定。随着市场需求的变化,企业会不断推出新的产品,并淘汰或改进老产品。因此,新产品的特性及配置可能用原来的命名方法无法描述。

TI 公司对典型的 DSP 产品进行了分类命名,系列典型芯片的命名方法如图 1.10 所示。这种分类方法对了解 TI 公司的典型产品配置有一定的帮助。但要了解公司的新产品,就必须经常查看公司的网站,从中了解最新的技术进展和产品信息。

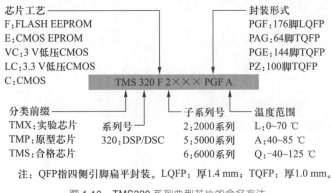

注:QFP 指四侧引脚扁平封装。LQFP:厚 1.4 mm;TQFP:厚 1.0 mm。

图 1.10　TMS320 系列典型芯片的命名方法

1.3.2　TMS320F28x 系列概况

C28x 系列是 C2000 的子系列,由于其具备优秀的运算与控制性能,使原来 C24x 子系列的产品被淘汰,并且在 C28x 的基础上,TI 又推出了其他系列产品,如表 1.3 所示。

表 1.3　TI 公司 F28x 系列典型芯片资源配置一览表

资源配置项目		F2812	F28335（Delfino）	F28069（Piccolo）	F28M35M52C（Concerto）
处理器	速度/MHz	150	150	90	75
	FPU		Yes	Yes	Yes
	CLA 协处理器			Yes	
	VCU			Yes	Yes
	DMA		Yes	Yes	Yes

续表

资源配置项目		F2812	F28335 （Delfino）	F28069 （Piccolo）	F28M35M52C （Concerto）
存储器	flash/KB	256	512	256	1 024
	RAM/KB	36	68	100	136
	ROM/KB	Boot	Boot	Boot	Boot
控制接口	PWM 通道数	16	18	19	24
	高分辨率 PWM		6	8	16
	正交编码器	2	2	2	3
	事件捕捉	6	6	7	6
	高分辨率捕捉			4	
	定时器	8	16	17	25
	ADC 通道数	16	16	16	20
	ADC 转换时间/ns	80	80	325	347
	比较器			3	6
通信接口	USB			1	1
	McBSP	1	2	1	1
	I^2C		1	1	1
	UART/SCI	2	3	2	6
	SPI	1	1	2	5
	CAN	1	2	1	2
外部存储器接口		16 位	16 位/32 位		Yes
内核电源/V		1.9	1.9	3.3	3.3
GPIO 引脚		56	88	54	64
片上振荡器		1	1	2	2
电压调节器				Yes	Yes
封装引脚数		176 179	176 179	80 100	144
千片单价/美元		14.25	14.25	7.9	13.25

一、C28x

C28x 是 C24x 的升级系列，具有 32 位内核，工作频率为 150 MHz。片内不但具有

16 通道 12 位的 ADC 接口,还配备了 PWM 输出及正交编码和事件捕捉输入等电机控制接口,从而具备方便灵活的控制组态能力,专门用于电机控制等工业领域,典型芯片如 TMS320F2812。

二、Piccolo

Piccolo(短笛)是在 C28x 的基础上,采用新型架构和增强型外设,为实时控制应用提供了低成本、小封装的选择。该系列芯片备有控制率加速器(CLA)、Viterbi 复杂算术单元(VCU)及 LIN 总线等多项配置,典型芯片如 TMS320F28069。

三、Delfino

Delfino(海豚)是指 F2833x 和 F2834x 系列 DSP。Delfino 将高达 300 MHz 的 C28x 内核与浮点性能相结合,可以满足对实时性要求极为苛刻的应用。采用 Delfino 芯片可以降低系统成本,提高系统可靠性,并提升控制系统的性能,典型芯片如 TMS320F28335。

四、Concerto

Concerto(协奏曲)通过将 ARM Cortex-M3 内核与 C28x 内核结合到一个芯片上,实现了连接和控制一体化。此外,Concerto 能采用增强型硬件实现系统的安全认证和安全功能,典型芯片如 TMS320F28M35M52C。

1.3.3　F28335 的封装及引脚定义

一、F28335 的封装

F28335 有多种封装,常用的 LQFP(薄型四方扁平)封装如图 1.11 所示。

二、F28335 的引脚定义

1. 时钟信号(4 根)

- X1 ----------------------------- 振荡器输入;

- X2 ----------------------------- 振荡器输出;

- XCLKIN ------------------------- 外部时钟输入;

- XCLKOUT ------------------------ 时钟输出。

2. 复位、测试及 JTAG 信号(10 根)

- $\overline{\text{XRS}}$ ----------------------------- 器件复位(输入)及看门狗复位(输出);

- TEST1、TEST2 -------------------- 测试引脚 1 和 2(TI 用于测试);

- $\overline{\text{TRST}}$ ----------------------------- JTAG 测试复位;

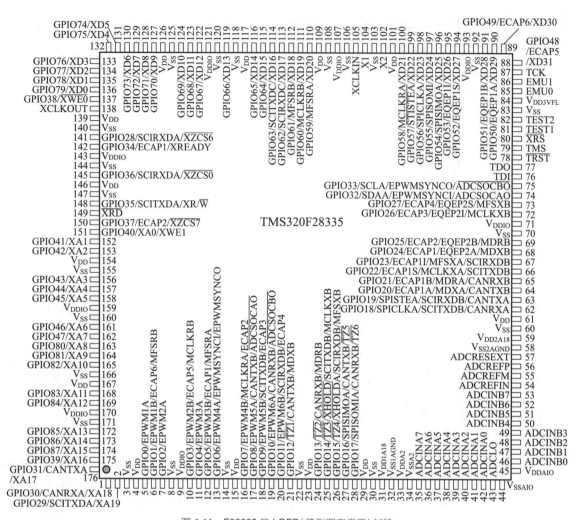

图 1.11   F28335 的 LQFP(薄型四方扁平)封装

- TCK ----------------------------------- JTAG 测试时钟;

- TMS ----------------------------------- JTAG 测试模式选择;

- TDI ----------------------------------- JTAG 测试数据输入;

- TDO ----------------------------------- JTAG 测试数据输出;

- EMU0、EMU1 --------------------- 仿真器 I/O 引脚 0 和 1。

3. 内部 ADC 模块相关引脚(21 根)

- ADCINA7 ~ ADCINA0 -------- 模拟输入 A 通道;

- ADCINB7 ~ ADCINB0 ------- 模拟输入 B 通道;
- ADCLO-------------------------------- 低侧模拟输入,接模拟地;
- ADCRESEXT ------------------- ADC 外部偏置电阻引脚(经 22 kΩ 电阻接模拟地);
- ADCREFIN ------------------------ ADC 参考电压输入;
- ADCREFP ------------------------- ADC 参考电压输出(1.275 V);
- ADCREFM ------------------------ ADC 参考电压输出(0.525 V)。

4. 芯片电源相关引脚(52 根)

- V_{DDA2}、V_{SSA2} ------------------ ADC 模拟电源 2 和地;
- V_{DDAIO}、V_{SSAIO} ------------------ ADC 的 I/O 模拟电源和地;
- V_{DD1A18}、$V_{SS1AGND}$ ------------- ADC 的模拟电源和地;
- V_{DD2A18}、$V_{SS2AGND}$ ------------- ADC 的模拟电源和地;
- V_{DD} -- 内核数字电源(13 根);
- V_{DD3VFL} ------------------------------- flash 核电源 3.3 V;
- V_{DDIO} ----------------------------------- I/O 数字电源 3.3 V(8 根);
- V_{SS} --- 内核数字电源地(22 根)。

5. 外部接口信号(1 根)

- $\overline{XRD}$ -------------------------------- 读选通。

6. 通用输入/输出(GPIO)或外设信号复用引脚(88 根)

- GPIO0 ~31 --------------------- 通用 I/O 口 A 组 32 根;
- GPIO32~63 --------------------- 通用 I/O 口 B 组 32 根;
- GPIO64~87 --------------------- 通用 I/O 口 C 组 24 根。

这部分引脚均与片内外设共用,详见 F28335 引脚功能说明。

1.4 DSP 应用系统的开发

1.4.1 DSP 应用系统的开发过程

与通常的嵌入式系统开发过程相似,DSP 应用系统的开发过程也要经历几个重要的阶段,如图 1.12 所示。

文档:
F28335 引脚功能说明

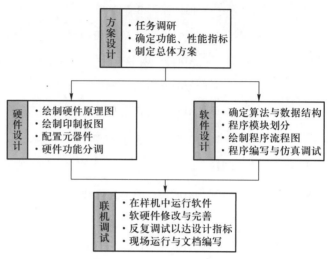

图 1.12　DSP 应用系统的开发过程

一、方案设计

第一步就是要确定系统的设计目的和要完成的任务。这要经过先期的项目论证、市场调研和同类产品的资料收集与比较,在此基础上确定系统的性能指标、信号处理的要求,可用数据流程图、算法表达式或自然语言来描述,进而完成系统总体方案的设计。设计时要考虑以下问题:

- 功能上要适合目标任务,避免过多的功能闲置;
- 性价比要高,以提高整个系统的性价比;
- 技术手段要熟悉,以缩短开发周期;
- 货源要稳定,有利于批量的增加和系统的维护。

二、硬件设计和软件设计

硬件设计和软件设计前,先要进行硬件与软件功能的统一规划。系统的功能往往既可以由硬件实现,也可以由软件实现,要根据系统的性能要求综合考虑设计方案。一般情况下,用硬件实现速度比较快,可以节省 DSP 的时间,但系统的硬件接线复杂、系统成本较高;用软件实现较为经济,但要更多地占用 DSP 的时间。所以,在 DSP 系统资源不紧张的情况下,应尽量采用软件完成,如果系统回路多、实时性要求强,则要考虑用硬件完成。

接下来要进行算法模拟。一般来说,为了实现系统的最终目标,需要对输入信号进行适当的处理,而处理方法的不同会导致不同的系统性能,要得到最佳的系统性能,就必须在这一步确定最佳的处理方法,即数字信号处理的算法。

　　硬件设计首要要根据系统运算量的大小、对运算精度的要求、系统成本限制以及体积、功耗等要求选择合适的 DSP 芯片,然后设计 DSP 芯片的外围电路及其他电路。

　　软件设计和编程主要是根据系统要求和所选的 DSP 芯片编写相应的应用程序。由于使用高级语言编写程序比较容易且便于移植,汇编语言程序便于底层硬件控制,因此在实际应用系统中,常常采用高级语言和汇编语言混合编程的方法,即在运算工作密集的地方,用汇编语言编程,而在运算量不大的地方则采用高级语言编程。采用混合编程的方法,既可缩短软件开发的周期,提高程序的可读性和可移植性,又能满足系统实时控制的需求。

三、联机调试

　　软件调试要借助于软件模拟器和硬件仿真器。调试 DSP 算法时,可采用比较实时结果与模拟结果的方法,如果实时程序和模拟程序的输入相同,则两者的输出应该一致,然后再完成应用系统的监控及数据通信软件的功能调试。硬件调试时,采用硬件仿真器对系统各功能模块进行调试,首先对系统相关硬件的控制效果的调试,然后进行系统输入输出及显示和通信功能的调试。系统的软件和硬件分别调试完成后,就可以将软件脱离开发系统而直接在应用系统上运行。

　　系统调试是一个需要反复进行的过程,通常情况下,软件调试与硬件调试是不能完全分开的,所以我们通常要采用联调,系统的软件功能和硬件设计更需要进行互补。系统的可靠性是在设计和调试过程中必须关注的问题。

1.4.2 DSP 的硬件开发工具

　　要想在较短的时间内掌握 DSP 应用系统的开发,就要具备一些基本的硬件条件,主要包括 DSP 开发板和 DSP 仿真器。

一、DSP 开发板

　　DSP 应用系统通常都会有特定的功能要求和硬件电路,但是对于初学者来说,设计并制作一个硬件电路板并不是一件容易的事情。备置一块成熟的 DSP 开发板是初学者快速掌握 DSP 应用技术的基本要求。

　　选择 DSP 开发板时,首先要根据需要完成的任务确定选择哪个系列的 DSP,如果用于电机控制,则 DSP 要选择 C2000 系列。在 C2000 系列中,主流的子系列是 C28x 子系列,该子系列产品的内核均为 C28x,具体的芯片可以选择 TMS320F28335,因为这种芯片是 DSP 板卡生产企业目前普遍采用的芯片。典型的 DSP 开发板如图 1.13 所示。

图 1.13   典型的 DSP 开发板

二、DSP 仿真器

JTAG（Joint Test Action Group，联合测试行动小组）是一种国际标准测试协议，主要用于芯片内部测试。TI 公司的 DSP 多数都支持 JTAG 协议。因此，JTAG 标准的仿真器是 DSP 应用系统开发的基本工具。这种仿真器利用 DSP 芯片提供的仿真引脚，通过访问 DSP 芯片上移位寄存器的方式构成扫描通道，从而提供对内部器件寄存器和状态机的访问，以实现对 DSP 内部状态的观察与控制。图 1.14 所示为不同公司的 DSP 仿真器 XDS100。

1.4.3   DSP 的软件开发工具

DSP 应用系统是可靠的硬件电路与高效的软件的统一体。软件设计与调试的工作量在 DSP 应用系统的开发工作中占有极大的比例。为此，TI 公司为用户提供了良好的开发平台和大量的软件设计资源，充分利用好这些条件，可以极大地提高软件质量。

一、CCS 集成开发环境

CCS（code composer studio）是 TI 公司推出的可视化集成开发环境。它集编辑、编译或汇编、仿真调试等功能于一体，具有当代典型嵌入式处理器开发的典型界面。早期常用的版本是 CCS3.3，较新的版本是 CCS5 及 CCS6。它们都支持 TI 公司大部分 DSP 芯片的开发。CCS 内部集成了以下软件工具：

- 目标程序生成工具（包括 C 编译器、优化器、汇编器和连接器）；
- 软件项目开发工具（包括代码编辑、项目建立、在线调试及在线数据观察）；
- 实时操作系统 DSP/BIOS；
- 实时数据交换组件 RTDX。

(a) Olimex TMS320-XDS100-V2

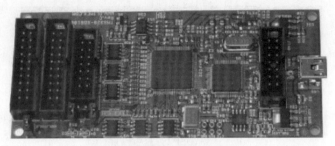

(b) Olimex TMS320-XDS100-V3

(c) Spectrum Digital XDS100V3

图 1.14　不同公司的 DSP 仿真器 XDS100

使用 CCS,开发者可以对软件进行编辑、编译、调试、代码性能测试和项目管理等工作。CCS 可以完成如下任务:

- 观察和更改 DSP 系统存储器和寄存器的值;

- 用各种图形方式描绘出 DSP 系统存储器中的连续数据;

- 设置运行断点;

- 在断点处自动刷新内存窗口和图形窗口;

- 在测试点处,使数据在 DSP 系统存储器和 PC 机文件之间传递;

- 代码性能测试,计算代码段执行所花的 CPU 时钟周期数;

- 反汇编显示,即将 DSP 系统程序存储器中的值转换为对应的汇编指令来显示;

- 使用 GEL 语言增加函数或功能到 CCS 菜单中来完成用户扩展任务。

二、TI 公司的软件包

TI 公司以 C 语言为基础,利用位域结构体为 C28x 提供了完整的头文件体系,并且针对 C28x 的外围设备给出了几十个编程示例。这些示例代码可作为用户学习和开发 C28x 系列产品应用的工程模板。以其作为示范,用户可以快速建立针对不同外设配置的实践平台。

TI 公司支持 F2833x 器件的软件包是 SPRC530,其版本为 V1.31。安装后目录为:"\tidcs\c28\DSP2833x\v131"。

为了进一步整合产品资源,TI 公司又推出了 controlSUITE 集成平台,该软件安装后,对于 F2833x 器件,其软件包版本号提高到了 V1.41,并提供了 CCS5 开发平台的示例。

controlSUITE 软件的文件夹"\v141\DSP2833x_headers"下有 5 个子文件夹,分别为:

- doc 文件夹,含有自述文件;
- DSP2823x_examples_ccsv5 文件夹,含有支持 DSP2823x 器件的示例;
- DSP2833x_common 文件夹,含有通用工程需要的源文件;
- DSP2833x_examples_ccsv5 文件夹,含有支持 DSP2833x 器件的示例;
- DSP2833x_headers 文件夹,主要包含头文件,它还包含有 4 个子文件夹。

三、TI 公司技术文档

TI 公司在其官方网站发布了大量与 DSP 产品相关的参考资料,包括用户指南(SPRU)、数据手册(SPRS)、芯片支持库(SPRC)、应用文档(SPRA)等。在 DSP 的开发过程中会遇到各种各样的硬件和软件问题,查阅这些资料都会得到很好的解决。

 本章小结

信号处理的目的就是从信号中提取有用的信息并进行各种变换(包括传输及存储)。信号处理的主要任务是信号频谱分析(以便获得信号的特征)和滤波器(或控制器)设计。

与模拟信号处理相比,数字信号处理没有参数变化对系统性能的影响,所以系统的控制精度和可靠性得到了提高,同时处理算法的修改和完善变得非常容易。因此,数字信号处理广泛用于语音处理、图像处理与传输、电机控制、节能电源及消费类产品等诸多领域。

数字信号处理的算法主要是乘累加运算,数字信号处理的核心部件是数字信号处理器,它是专门针对实现数字信号处理算法而设计的芯片。芯片在结构上采用了哈佛结构、流水线结构和硬件乘法器等。TI 公司的 DSP 芯片品种繁多、功能各异,但按照面向的领域可以分成三大类:C6000 系列(高性能)、C5000 系列(低功耗)和C2000 系列(实时控制)。

　　F28335 具备 32 位浮点处理单元,6 个 DMA 通道支持 ADC、McBSP 和 EMIF,有多达 18 路的 PWM 输出,其中有 6 路为 TI 特有的更高精度的 PWM 输出(HRPWM),12位 16 通道 ADC。由于其内部配备了浮点运算单元,用户可快速编写控制算法,不需要在处理小数的操作上耗费过多的时间和精力,与上一代 DSP 相比,平均性能提高50%,并与定点 C28x 控制器软件兼容,从而简化软件开发,缩短开发周期,降低开发成本。得益于片上丰富的电机控制外设,它能够将高速运算与灵活控制融于一个芯片。目前,F28335 已经广泛应用于电机控制、数字电源、再生能源、电动汽车及 LED照明等领域。

 思考题及习题

1. 数字信号与模拟信号有什么区别?

2. DSP 的含义是什么?

3. 哈佛结构的特点是什么?

4. 采用流水线结构的目的是什么?

5. 为了提高处理速度,DSP 采取了哪些措施?

6. TI 公司的主流 DSP 有哪几大系列? 它们都面向哪些领域?

7. DSP 系统的开发需要哪些软硬件工具?

8. F28335 芯片的主要应用领域有哪些?

第 2 章

F28335的结构原理

✖ 学习目标

(1) 理解 F28335 的内部结构；

(2) 掌握 F28335 的 CPU 及存储器配置；

(3) 了解 F28335 芯片时钟的产生及控制。

✖ 重点内容

(1) F28335 的总线体系及 CPU 寄存器功能；

(2) F28335 的存储器空间特点及使用；

(3) F28335 的时钟产生及功耗控制。

TI 公司 C2000 系列 DSP 目前有近 100 种主流产品在生产,我们主要以控制应用中最具代表性的 TMS320F28335 为例进行讲述。

2.1 F28335 的内部结构

TMS320F28335 是 32 位浮点 DSP,它是 C2000 系列的典型产品。该系列的其他产品均是在其基本结构的基础上进行了资源的简化或增强而派生出的,用户可以根据应用系统的实际需求进行产品的选择。

2.1.1 F28335 的基本组成

F28335 由 4 个部分组成:一是中央处理器(CPU,简称为 C28x),包括单时钟周期能够完成"读-修改-写"操作的算术逻辑单元(ALU)、32 位×32 位的乘法器、32 位辅助寄存器组;二是系统控制逻辑,包括定时、中断、时钟及仿真逻辑;三是存储器,包括 256 KW 的 flash 存储器、34 KW 的 SARAM 存储器、8 KW 的 BootROM 和 1 KW 的 OT-

PROM;四是片上外设,包括 ePWM、eCAP、eQEP、12 位 ADC、几种串行接口及并行接口。F28335 的内部结构如图 2.1 所示。

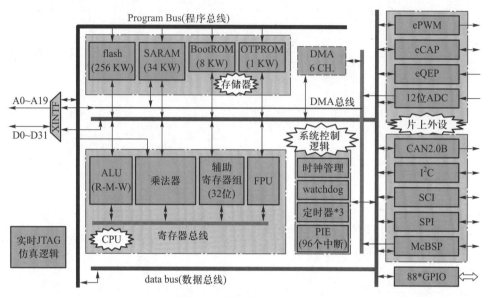

图 2.1   F28335 的内部结构图

由图可见,F28335 的各部分通过内部总线有机地联系在一起。F28335 的组成结构决定了其在 CPU 的数据处理能力、存储器的容量、使用的灵活性、片上外设的种类和功能等方面具有卓越的控制能力。

一、F28335 的 CPU

- 32 位 ALU,能够快速高效地完成读–修改–写类原子操作(不被中断)指令;
- 乘法器,能完成 32 位×32 位或双 16 位×16 位定点乘法操作;
- 辅助寄存器组,在辅助寄存器算术单元(ARAU)的支持下参与数据的间接寻址;
- 浮点处理单元 FPU。

二、系统控制逻辑

- 系统时钟的产生与控制;
- 看门狗(watchdog)定时器;
- 3 个 32 位定时器,Timer0、Timer1 和 Timer2(Timer2 可用于实时操作系统);
- 外设中断扩展(PIE)模块,支持 96 个外部中断(目前仅用了 56 个);
- 6 通道 DMA 控制器;

- 实时 JTAG 仿真逻辑。

三、F28335 的存储器

- flash 存储器,共 256 KW,分成 8 个 32 KW 的扇区,各区段可以单独擦写。flash 存储器可以映射到程序空间,也可以映射到数据空间;

- SARAM,随机访问存储器,共有 34 KW。在 F28335 中,SARAM 可以映射到数据空间,也可以映射到程序空间;

- OTPROM,一次可编程存储器,共 1 KW;

- BootROM,引导 ROM,共 8 KW。出厂时已经固化了引导程序,并存有 TI 公司产品版本号等信息,还存有定点/浮点数学表及 CPU 中断矢量表(用户仅使用上电复位矢量,其他矢量用于 TI 公司的测试)。

四、F28335 的片上外设

- 增强的脉宽调制模块 ePWM,输出脉宽调制信号控制电机的转速;

- 增强的捕获模块 eCAP,通过信号的边沿检测获取电机的转速;

- 增强的正交脉冲编码电路 eQEP,通过编码器获取电机的速度和方向;

- 12 位 16 路模数转换器(ADC),最快转换时间 80 ns;

- 1 个串行外设接口 SPI,用于扩展其他存储器芯片、A/D 芯片、D/A 芯片等;

- 3 个串行通信接口 SCI,用于与其他 CPU 通信;

- 1 个内部集成电路接口 I^2C,用于与其他器件的 I^2C 接口连接;

- 2 个增强型控制局域网 CAN2.0B,抗干扰能力强,主要用于分布式实时控制;

- 2 个多通道缓冲串行接口 McBSP,用于与其他外围器件或主机进行数据传输;

- 88 个通用输入输出接口 GPIO 引脚。

另外,图 2.1 左上侧的数据多路器 D(D0~D31)和地址多路器 A(A0~A19)是外部设备连接 F28335 的接口。从这个接口可以看出两个特点,一是外部数据总线宽度为 32 位;二是 F28335 不能同时访问外部程序存储器的数据和数据存储器的数据。与内部总线单周期能同时访问 2 个 32 位操作数相比,完成同样的任务采用外部存储器至少要花费 4 个时钟周期。

2.1.2 F28335 的总线结构

F28335 的片内总线采用图 2.2 所示的结构。由图可见,F28335 总线包含:

- 程序总线(22 位程序地址总线 PAB、32 位的程序读数据总线 PRDB);

- 数据读总线(32 位的数据读地址总线 DRAB、32 位的数据读数据总

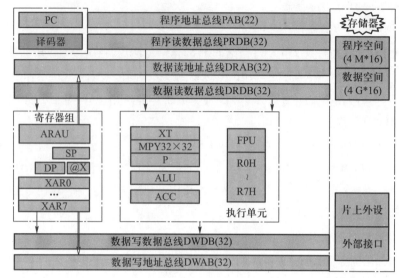

图 2.2   F28335 的片内总线结构

DRDB）；

• 数据写总线（32 位的数据写地址总线 DWAB、32 位的数据写数据总线 DWDB）。

为了使 CPU 能够在单时钟周期内从存储器读取 2 个操作数，F28335 配置了独立的程序总线（program bus）和数据总线（data bus），这种方式称为哈佛结构（Harvard-architecture）。由于 F28335 取操作数不但能从数据存储器读取，也能从程序存储器读取，所以 TI 公司采用的是功能更为先进的改进的哈佛结构（modified Harvard-architecture）。

采用这种总线结构，F28335 可以在单个周期完成从程序存储器读一个系数乘以从数据存储器读到的一个数据、乘积加到累加器、累加结果经写总线写到数据存储器。

2.2   F28335 的 CPU

F28335 的 CPU 由运算器和控制器构成。从应用的角度，我们更关心的是运算器的操作。F28335 的运算器由运算执行单元和寄存器组构成，其运算执行单元如图 2.3 所示。

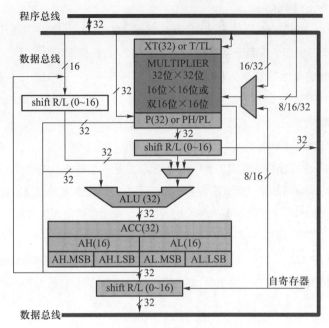

图 2.3　F28335 的运算执行单元

2.2.1　F28335 的运算执行单元

一、F28335 的乘法器

F28335 的乘法器(图 2.3 中 MULTIPLIER)可执行 32 位×32 位或 16 位×16 位乘法,还可执行双 16 位×16 位乘法。

1. 32 位×32 位乘法

进行 32 位×32 位的乘法时,乘法器的输入来自:

- 32 位被乘数寄存器 XT;
- 数据存储器、程序存储器或寄存器。

得到的乘积为 64 位,存储于乘积寄存器 P 中和累加器 ACC 中。P 中存储高 32 位还是低 32 位,是有符号数还是无符号数要由指令确定。

2. 16 位×16 位乘法

进行 16 位×16 位的乘法时,乘法器的输入来自:

- 输入被乘数寄存器 T(16 位);
- 数据存储器、包含在指令码中的操作数或寄存器。

得到的乘积依指令的不同存储于乘积寄存器 P 或累加器 ACC 中。

3. 双 16 位×16 位乘法

当进行双 16 位×16 位的乘法时,乘法器输入的是两个 32 位的操作数。这时 ACC 存储 32 位操作数中高位字相乘的积,P 存储 32 位操作数中低位字相乘的积。

二、F28335 的算术逻辑单元(ALU)

ALU 的基本功能是完成算术运算和逻辑操作,包括 32 位加法运算、32 位减法运算、布尔逻辑操作、位操作(位测试、移位和循环移位)。

1. ALU 的输入输出

ALU 的一个操作数来自累加器(ACC)的输出,另一个操作数由指令选择,可来自输入移位器(input shifter)、乘积移位器(product shifter)或直接来自乘法器。ALU 的输出直接送到 ACC,然后可以重新作为输入或经过输出移位器送到数据存储器。

2. ALU 的原子操作

F28335 的 ALU 可以实现原子操作指令,这类指令执行时不被中断所打断,如果同样的要求采用常规的非原子指令,则占用内存多且执行时间长,两种操作的比较如图 2.4 所示。

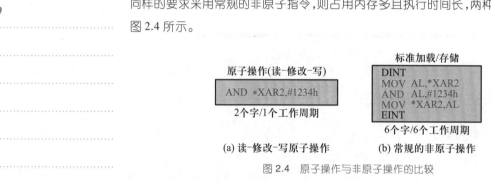

图 2.4   原子操作与非原子操作的比较

三、F28335 的累加器(ACC)

ACC 是 32 位的,主要用于存储 ALU 的结果,它不但可以分为 AH(高 16 位)和 AL(低 16 位),还可以进一步分成 4 个 8 位的单元(AH.MSB、AH.LSB、AL.MSB 和 AL.LSB)。在 ACC 中可完成移位和循环移位(包含进位位)的位操作,以实现数据的定标及逻辑位的测试。

四、F28335 的移位器

移位器能够快速完成移位操作。F28335 的移位操作主要用于数据对齐和缩放,以避免发生上溢和下溢。移位器还用于进行定点数与浮点数间的转换。DSP 中的移位器要求在一个周期内完成指定位数的数据移动。

32 位的输入定标移位器的作用是把来自存储器的 16 位数据与 32 位的 ALU 对齐,它还可以对来自 ACC 的数据进行放缩;32 位的乘积移位器可以把补码乘法产生

的额外符号位去除,还可以通过移位防止累加器溢出,乘积移位模式由状态寄存器
ST1 中的乘积移位模式位(PM)的设置决定;累加器输出移位器用于完成数据的存储
前处理。

2.2.2 F28335 的寄存器组

F28335 的寄存器组由辅助寄存器算术单元(ARAU)和一些寄存器组成。

一、F28335 的 ARAU

F28335 有一个与 ALU 无关的算术单元 ARAU,其作用是与 ALU 中进行的操作并
行地实现对 8 个辅助寄存器(XAR0 ~ XAR7)的算术运算,从而使 8 个辅助寄存器完
成灵活高效的间接寻址功能,其结构如图 2.5 所示。

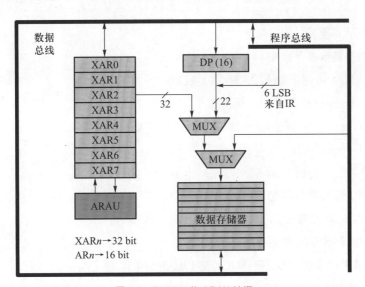

图 2.5 F28335 的 ARAU 结构

指令执行时,当前 XARn 的内容用作访问数据存储器的地址:如果是从数据存储
器中读数据,ARAU 就把这个地址送到数据读地址总线(DRAB);如果是向数据存储
器中写数据,ARAU 就把这个地址送到数据写地址总线(DWAB)。ARAU 能够对
XARn 进行加 1、减 1 及加减某一常数等运算,以产生新的地址。辅助寄存器还可用
作通用寄存器、暂存单元或软件计数器。

二、F28335 的 CPU 寄存器

F28335 的 CPU 寄存器分布如图 2.6 所示。

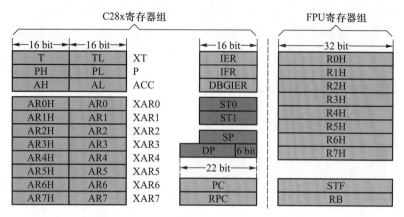

图 2.6　F28335 的 CPU 寄存器分布

1. 与运算器相关的寄存器

（1）被乘数寄存器 XT（32 位）

XT 可以分成两个 16 位的寄存器 T 和 TL：

- XT——存放 32 位有符号整数；
- TL——存放 16 位有符号整数，符号自动扩展；
- T——存放 16 位有符号整数，另外还用于存放移位的位数。

（2）乘积寄存器 P（32 位）

P 可以分成两个 16 位的寄存器 PH 和 PL：

- 存放 32 位乘法的结果（由指令确定哪一半）；
- 存放 16 位或 32 位数据；
- 读 P 时要经过移位器，移位值由 PM（在 ST0 中）决定。

（3）累加器 ACC（32 位）

ACC 可以分为 AH 和 AL，还可分为 4 个 8 位的操作单元（AH.MSB、AH.LSB、AL.MSB 和 AL.LSB）。ACC 主要用于：

- 存放大部分算术逻辑运算的结果；
- 可以以 32 位、16 位及 8 位的方式访问。

对累加器的操作影响状态寄存器 ST0 的相关状态位。

2. 辅助寄存器 XAR0~XAR7（8 个，32 位）

辅助寄存器 XAR0~XAR7 常用于间接寻址，作用是：

- 存储操作数地址指针；
- 作为通用寄存器；

- 低 16 位 AR0~AR7：循环控制或作为 16 位通用寄存器（注意：高 16 位可能受影响）；

- 高 16 位不能单独访问。

3. 与中断相关的寄存器

与中断相关的寄存器有中断允许寄存器 IER、中断标志寄存器 IFR 和调试中断允许寄存器 DBGIER，它们的定义及功能在中断章节叙述。

4. 状态寄存器

F28335 有 2 个非常重要的状态寄存器：ST0 和 ST1。它们控制 DSP 的工作模式并反映 DSP 的运行状态。

（1）ST0（16 位）

ST0 包含使用或影响指令操作的控制位或标志位，其格式如图 2.7 所示。

D15		D10	D9	D8	D7	D6	D5	D4	D3	D2	D1	D0
OVC/OVCU				PM		V	N	Z	C	TC	OVM	SXM
R/W-0				R/W-0		R/W-0	R/W-0	R/W-0	R/W-0	R/W-0	R/W-0	R/W-0

注：R 表示该位可读；W 表示该位可写；"-"后为复位值，若为 x 则表示无影响。

图 2.7 状态寄存器 ST0 的格式

状态寄存器 ST0 各位的含义如表 2.1 所示。

表 2.1 状态寄存器 ST0 各位的含义

符号	含义
OVC/OVCU	溢出计数器。有符号运算时为 OVC（-32~31），若 OVM 为 **0**，则每次正向溢出时加 1，负向溢出时减 1（但是，如果 OVM 为 **1**，则 OVC 不受影响，此时 ACC 被填为正或负的饱和值）；无符号运算时为 OVCU，有进位时 OVCU 增加，有借位时 OVCU 减少
PM	乘积移位方式。**000**，左移 1 位，低位填 0；**001**，不移位；**010**，右移 1 位，低位丢弃，符号扩展；**011**，右移 2 位，低位丢弃，符号扩展；……；**111**，右移 6 位，低位丢弃，符号扩展。应特别注意，此 3 位与 SPM 指令参数的特殊关系
V	溢出标志。**1**，运算结果发生了溢出；**0**，运算结果未发生溢出
N	负数标志。**1**，运算结果为负数；**0**，运算结果为非负数
Z	零标志位。**1**，运算结果为 0；**0**，运算结果为非 0
C	进位标志。**1**，运算结果有进位/借位；**0**，运算结果无进位/借位
TC	测试/控制标志，反映 TBIT 或 NORM 指令执行的结果

续表

符号	含义
OVM	溢出模式。ACC 中加减运算结果有溢出时置位。**1**,进行饱和处理;**0**,不进行饱和处理
SXM	符号扩展模式。32 位累加器进行 16 位操作时置位。**1**,进行符号扩展;**0**,不进行符号扩展

（2）ST1（16 位）

ST1 包含处理器运行模式、寻址模式及中断控制位等,其格式如图 2.8 所示。

D15	D14	D13	D12	D11	D10	D9	D8
ARP			XF	M0M1MAP	Reserved	OBJMODE	AMODE
R/W-0			R/W-0	R/W-1	R/W-0	R/W-0	R/W-0

D7	D6	D5	D4	D3	D2	D1	D0
IDLESTAT	EALLOW	LOOP	SPA	VMAP	PAGE0	DBGM	INTM
R/W-0	R/W-0	R/W-0	R/W-0	R/W-1	R/W-0	R/W-1	R/W-1

图 2.8　状态寄存器 ST1 的格式

状态寄存器 ST1 各位的含义如表 2.2 所示。

表 2.2　状态寄存器 ST1 各位的含义

符号	含义
ARP	辅助寄存器指针。**000**,选择 XAR0;**001**,选择 XAR1;……;**111**,选择 XAR7
XF	XF 状态。**1**,XF 输出高电平;**0**,XF 输出低电平
M0M1MAP	M0 和 M1 映射模式。对于 C28x 器件,该位应为 **1**(**0**,仅用于 TI 内部测试)
Reserved	保留
OBJMODE	目标兼容模式。对于 C28x 器件,该位应为 **1**(注意,复位后为 **0**,需用指令置 1)
AMODE	寻址模式。对于 C28x 器件,该位应为 **0**(**1**,对应 C27xLP 器件)
IDLESTAT	IDLE 指令状态。**1**,IDLE 指令正执行;**0**,IDLE 指令执行结束
EALLOW	寄存器访问使能。**1**,允许访问被保护的寄存器;**0**,禁止访问被保护的寄存器

续表

符号	含义
LOOP	循环指令状态。**1**,循环指令正进行;**0**,循环指令完成
SPA	堆栈指针偶地址对齐。**1**,堆栈指针已对齐偶地址;**0**,堆栈指针未对齐偶地址
VMAP	向量映射。**1**,映射到 0x3F FFC0 ~ 0x3F FFFF;**0**,向量映射到 0x00 0000 ~ 0x00 003F
PAGE0	PAGE0 寻址模式。对于 C28x 器件,应该设为 **0**(**1**,对应于 C27x 器件)
DBGM	调试使能屏蔽。**1**,调试使能禁止;**0**,调试使能允许
INTM	全局中断屏蔽。**1**,禁止全局可屏蔽中断;**0**,开全局可屏蔽中断

5. 指针类寄存器

（1）程序计数器 PC（22 位）

- 存放 CPU 正在操作指令的地址（对于流水线,是指处于译码阶段的指令）;
- PC 的复位值为 0x3F FFC0H。

（2）返回 PC 指针寄存器 RPC（22 位）

返回 PC 指针寄存器用于加速调用返回过程。

（3）数据页指针 DP（16 位）

数据页指针 DP 存储数据存储器的页号（每页 64 个地址）,用于操作数的直接寻址。

（4）堆栈指针 SP（16 位）

堆栈指针 SP 的生长方向为:低位地址到高位地址,并具有如下特点:

- 复位后,SP 内容为 0x00 0400H;
- 入栈 32 位数据时:低位对低位,高位对高位（小端模式）;
- 32 位数读写,约定偶地址访问（例:SP 为 0083H,32 位读从 0082H 开始）。

6. 与浮点运算相关的寄存器

- 浮点结果寄存器 8 个:R0H ~ R7H;
- 浮点状态寄存器 STF;
- 重复块寄存器 RB。

2.3 F28335 的存储器配置

F28335 具有 34 KW 的 SARAM 存储器、256 KW 的 flash 存储器、1 KW 的

OTPROM 和 8 KW 的 BootROM 存储器,它们的配置如图 2.9 所示。

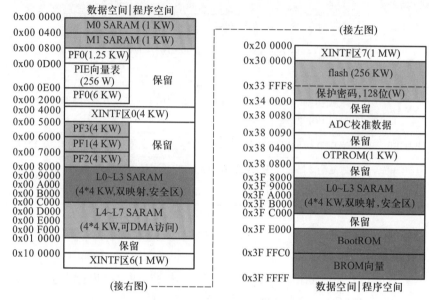

图 2.9   F28335 的存储器配置

在图 2.9 中,存储空间分成两块,一是片外扩展存储空间(3 个 XINTF 区);二是片内存储空间(XINTF 以外区域)。对于片内存储空间,除了外设帧 PF0、PF1、PF2 和 PF3 外,其余空间既可以映射为数据存储空间,又可以映射为程序存储空间。

2.3.1   内部存储器

一、F28335 的 SARAM 存储器

F28335 在物理上提供了 34 KW 的 SARAM 存储器,它们分布在几个不同的存储区域。

1. M0 和 M1

M0 和 M1 均为 1 KW。M0 地址为 0x00 0000 ~ 0x00 03FF,M1 地址为 0x00 0400 ~ 0x00 07FF。M0 和 M1 可以映射为数据存储空间,也可以映射为程序存储空间。由于复位后,SP 的内容为 0x00 0400,因此,M1 默认作为堆栈。

2. L0~L7

L0~L7 每块大小为 4 KW(分块配置便于独立访问,并减小流水线阻塞延迟),它们可以映射为数据空间,也可以映射为程序空间。其中 L0~L3 是双映射的(为兼容F2812 应用提供方便),既映射到 0x00 8000 ~ 0x00 BFFF,又映射到 0x3F 8000 ~

0x3F BFFF。L0~L3 模块的内容受内部 CSM(代码安全模块)保护,可以防止非法用户读取;L4~L7 是单映射的,映射地址为 0x00 C000~0x00 FFFF,该区域可以 DMA 访问。

二、F28335 的 flash 存储器

flash 存储器为 256 KW,地址为 0x30 0000~0x33 FFFF。flash 存储器通常映射为程序存储空间,但也可以映射为数据存储空间。flash 存储器受 CSM 保护。

1. flash 存储器的分区

为便于用户使用,flash 又分成了 8 个扇区,各扇区范围如下:

- H 扇区,32 KW,起始地址 0x30 0000;
- G 扇区,32 KW,起始地址 0x30 8000;
- F 扇区,32 KW,起始地址 0x31 0000;
- E 扇区,32 KW,起始地址 0x31 8000;
- D 扇区,32 KW,起始地址 0x32 0000;
- C 扇区,32 KW,起始地址 0x32 8000;
- B 扇区,32 KW,起始地址 0x33 0000;
- A 扇区,32 KW,起始地址 0x33 8000。

2. A 扇区尾部 128 位的特殊用途

- 0x33 FF80~0x33 FFF5,使用 CSM 时,该区域要清 0;
- 0x33 FFF6 是 flash 引导程序入口,即应在 0x33 FFF6 和 0x33 FFF7 存储跳转指令;
- 0x33 FFF8~0x33 FFFF,8 个单元共 128 个位,用于存储密码。

扩展阅读:
密码区使用小
贴士

三、OTPROM

OTPROM 是一次可编程存储区,F28335 有两个 OTPROM 区,其中一个已经被 TI 公司用作 ADC 校准数据区,另一区域地址为 0x38 0400~0x38 07FF,可以由用户使用。

四、BootROM 存储器

BootROM 存储器共 8 KW,地址为 0x3F E000~0x3F FFFF。它又分成几个区域:

- 数学函数表,起始地址为 0x3F E000;
- 上电引导程序区,起始地址为 0x3F F34C;
- 版本号及校验和,起始地址为 0x3F FFB9;
- 复位及中断向量,起始地址为 0x3F FFC0。

F28335 的 BootROM 存储器的映像如图 2.10 所示。

F28335 上电复位后,首先执行的是上电引导程序,该程序由初始化引导函数 InitBoot、引导模式选择函数 SelectBootMode 及退出引导函数 ExitBoot 等加载引导函数组成。

地址 0x3F FFC0 和 0x3F FFC1 的内容是复位向量,DSP 复位后会读取该向量,并使程序的执行转向 BootROM 中的引导程序,进而完成用户程序的定位或加载。除复位向量外的其他向量为 CPU 中断向量,这些向量仅用于 TI 公司的芯片测试,用户不需要关心。

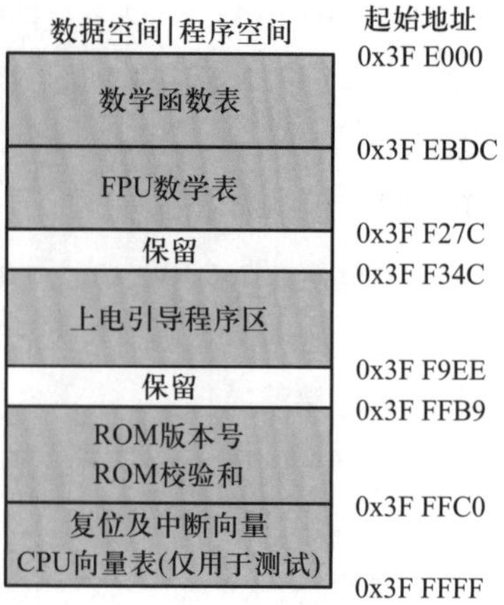

数据空间|程序空间	起始地址
数学函数表	0x3F E000
FPU数学表	0x3F EBDC
保留	0x3F F27C
上电引导程序区	0x3F F34C
保留	0x3F F9EE
ROM版本号 ROM校验和	0x3F FFB9
复位及中断向量 CPU向量表(仅用于测试)	0x3F FFC0
	0x3F FFFF

图 2.10　F28335 的 BootROM 存储器的映像

五、F28335 的外设帧

外设帧(PF)包含四个部分:PF0、PF1、PF2 和 PF3。除了 CPU 寄存器以外的其他寄存器,包括 CPU 定时器、中断向量及各种片内外设的寄存器均在这个存储区域配置。这些寄存器的功能会在相应模块功能的叙述中进行说明。

1. 外设帧 PF0

外设帧 PF0 包括以下寄存器:

- PIE 中断使能寄存器
- PIE 控制寄存器
- PIE 中断向量表
- flash 等待状态寄存器
- XINTF 寄存器
- DMA 寄存器
- CPU 定时器寄存器
- CSM 寄存器
- ADC 模块寄存器(双映射)

2. 外设帧 PF1

外设帧 PF1 受 EALLOW 保护,包括以下寄存器:

- GPIO 寄存器
- eCAN 寄存器
- ePWM 寄存器
- eCAP 寄存器

- eQEP 寄存器

3. 外设帧 PF2

外设帧 PF2 受 EALLOW 保护,包括以下寄存器:

- 系统控制寄存器

- 外部中断寄存器

- SCI 寄存器

- SPI 寄存器

- I^2C 寄存器

- ADC 模块寄存器(双映射)

4. 外设帧 PF3

外设帧 PF3 受 EALLOW 保护,可 DMA 访问,包括以下寄存器:

- McBSP_A 寄存器

2.3.2　外部扩展接口 XINTF

F28335 采用外部扩展接口(XINTF)扩展外部 flash、SRAM 存储器及 DAC、ADC 等接口器件,外部接口信号如图 2.11 所示。

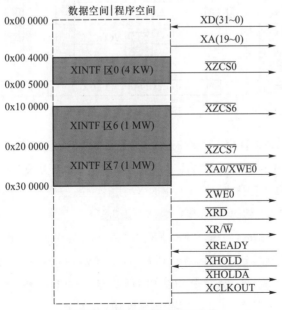

图 2.11　F28335 的外部接口信号

外部接口被映射到 3 个固定的存储区域,每个存储区域都有一个片选信号。

XINTF 的每个存储区域都可以独立地设置等待状态数、选通信号建立时间和保持时间,而且读写访问可以独立设置。此外,各 XINTF 区域还可以选择是否通过外部信号 XREADY 来扩展其等待状态。外部扩展接口 XINTF 的这些特性允许其访问不同速率的外部存储设备。

对 XINTF 的配置要通过设置 XINTF 寄存器实现,具体可以查阅 TI 的用户手册《TMS320x2833x,2823x DSC External Interface(XINTF)Reference Guide》。

2.4   F28335 的时钟及其控制

稳定的系统时钟是芯片工作的基本条件,F28335 的时钟电路由片内振荡器和锁相环组成,利用相应的控制寄存器可以方便地进行时钟设置。

2.4.1   F28335 时钟的产生

一、F28335 的振荡器及锁相环

F28335 片内振荡器及锁相环(phase locked loop,PLL)电路如图 2.12 所示。

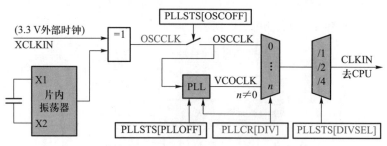

图 2.12   F28335 片内振荡器及锁相环电路

F28335 芯片的时钟产生有 3 种方式。一是将 XCLKIN 引脚接地,在 X1 与 X2 引脚间跨接晶振,片内振荡电路就会输出时钟信号 OSCCLK;二是将 XCLKIN 引脚接地,X1 引脚接入外部时钟脉冲(1.9 V),这时 X2 引脚悬空;三是在 XCLKIN 引脚接入外部时钟脉冲(3.3 V),这时 X1 引脚接地,X2 引脚悬空。

振荡电路产生的时钟信号 OSCCLK 可以不经 PLL 模块而直接通过多路器,再经分频得到 CLKIN 信号送往 CPU。OSCCLK 也可以作为 PLL 模块的输入时钟,经 PLL 模块倍频后通过多路器,再经分频得到 CLKIN 信号送往 CPU。PLL 模块输出时钟的频率受锁相环控制寄存器 PLLCR 中倍频系数 DIV 的影响。

经过多路器的时钟信号经过分频后才能作为 CLKIN 信号送往 CPU。分频数受锁相环状态寄存器 PLLSTS 中位域 DIVSEL 的影响。

二、锁相环控制寄存器 PLLCR 和锁相环状态寄存器 PLLSTS

1. 锁相环控制寄存器 PLLCR

PLLCR 寄存器的位定义如图 2.13 所示。

D15~D4	D3~D0
Reserved	DIV
R-0	R/W-0

图 2.13 PLLCR 寄存器的位定义

PLLCR 寄存器的位域含义如表 2.3 所示。

表 2.3 PLLCR 寄存器的位域含义

位号	名称	说明
15~4	Reserved	保留
3~0	DIV	控制 PLL 是否旁路,并在不旁路时设置时钟倍率: **0000**,CLKIN = OSCCLK/2,PLL 旁路 **0001**,CLKIN = (OSCCLK * 1.0)/2 **0010**,CLKIN = (OSCCLK * 2.0)/2 … **1010**,CLKIN = (OSCCLK * 10.0)/2 **1011**,保留 … **1111**,保留

2. 锁相环状态寄存器 PLLSTS

PLLSTS 寄存器的位定义如图 2.14 所示。

D15~D9							D8
Reserved							DIVSEL
			R-0				R/W-0

D7	D6	D5	D4	D3	D2	D1	D0
DIVSEL	MCLKOFF	OSCOFF	MCLKCLR	MCLKSTS	PLLOFF	Reserved	PLLLOCKS
R/W-0	R/W-0	R/W-0	R/W-0	R-0	R/W-0	R-0	R/W-0

图 2.14 PLLSTS 寄存器的位定义

PLLSTS 寄存器的位域含义如表 2.4 所示。

如果 F28335 外接晶振频率为 30 MHz,DIV 设置为 **1010**(二进制)或 10(十进制)或 0xA(十六进制),DIVSEL 设置为 2,则时钟模块输出时钟(也是 CPU 的输入时钟)CLKIN 频率为:

$$f_{\text{CLKIN}} = (\text{OSCCLK} * 10.0)/2 = 30 \text{ MHz} * 10/2 = 150 \text{ MHz}$$

表 2.4　PLLSTS 寄存器的位域含义

位号	名称	说明
15~9	Reserved	保留
8~7	DIVSEL	分频选择位。**00** 或 **01**,为 4 分频;**10**,为 2 分频;**11**,为不分频
6	MCLKOFF	丢失时钟检测关闭位。**0**,主振时钟丢失检测功能打开;**1**,检测功能关闭
5	OSCOFF	振荡器时钟关闭位。**0**(默认),OSCCLK 被送入 PLL 模块;**1**,OSCCLK 不送入 PLL 模块
4	MCLKCLR	丢失时钟清除位。**0**,无影响;**1**,强制清除和复位时钟丢失检测
3	MCLKSTS	丢失时钟信号状态位。**0**,未检测到时钟丢失;**1**,检测到时钟丢失
2	PLLOFF	锁相器关闭位。**0**(默认),PLL 开启;**1**,PLL 关闭
1	Reserved	保留
0	PLLLOCKS	锁相器锁状态位。**0**,锁相正在进行;**1**,锁相已经完成,处于稳态

三、PLL 时钟初始化示例

　　TI 的官网已经给出了 PLL 时钟初始化的完整函数 void InitPll(Uint16 val, Uint16 divsel),用户调用即可。

```
void InitPll( Uint16 val, Uint16 divsel)
{
    if ( SysCtrlRegs.PLLSTS.bit.MCLKSTS ！ =0)   // 确保 PLL 非工作在低功耗模式
    {
    }
    if ( SysCtrlRegs.PLLSTS.bit.DIVSEL ！ =0)
    {
        EALLOW;
        SysCtrlRegs.PLLSTS.bit.DIVSEL=0;
        EDIS;
    }
```

```
if (SysCtrlRegs.PLLCR.bit.DIV ! = val)              // 改变 PLLCR 寄存器
{
    EALLOW;
    DisableDog();
    while(SysCtrlRegs.PLLSTS.bit.PLLLOCKS ! = 1)
    {
    }
    EALLOW;
    SysCtrlRegs.PLLSTS.bit.MCLKOFF = 0;
    EDIS;
}
if((divsel = = 1)||(divsel = = 2))                  // 如果 DIVSEL 为 1 或 2
{
    EALLOW;
    SysCtrlRegs.PLLSTS.bit.DIVSEL = divsel;
    EDIS;
}
if(divsel = = 3)                                    // 如果 DIVSEL = 3
{
    EALLOW;
    SysCtrlRegs.PLLSTS.bit.DIVSEL = 2;
    DELAY_US(50L);
    SysCtrlRegs.PLLSTS.bit.DIVSEL = 3;
    EDIS;
}
}
```

为了得到 150 MHz 的系统时钟,一般做法是先将 30 MHz 的晶振 10 倍频后再 2 分频。系统初始化时调用 InitPll(0x0A,0x02)函数。

2.4.2 F28335 系统时钟的分配

一、F28335 系统时钟的分配

CLKIN 经 CPU 后,作为系统时钟 SYSCLKOUT 分发给系统各单元,如图 2.15

所示。

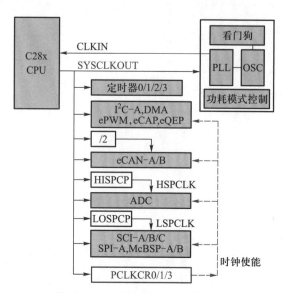

图 2.15　系统时钟 SYSCLKOUT 的分发

二、时钟控制相关寄存器

与时钟控制相关的寄存器汇总如表 2.5 所示。

表 2.5　与时钟控制相关的寄存器汇总

地址号	名称	说明	占单元数
0x7010	Reserved	保留	1
0x7011	PLLSTS	PLL 状态寄存器	1
0x7012 ⋮ 0x7019	Reserved	保留	8
0x701A	HISPCP	高速外设时钟预定标寄存器,低 3 位配置 HSP-CLK	1
0x701B	LOSPCP	低速外设时钟预定标寄存器,低 3 位配置 LSP-CLK	1
0x701C	PCLKCR0	外设时钟控制寄存器 0,开放或禁止各外设的时钟信号	1
0x701D	PCLKCR1	外设时钟控制寄存器 1,开放或禁止各外设的时钟信号	1

续表

地址号	名称	说明	占单元数
0x701E	LPMCR0	低功耗模式控制寄存器 0	1
0x701F	Reserved	保留	1
0x7020	PCLKCR3	外设时钟控制寄存器 3,开放或禁止各外设的时钟信号	1
0x7021	PLLCR	锁相环控制寄存器,低 4 位配置 DIV	1
0x7022	SCSR	系统控制及状态寄存器	1
0x7023	WDCNTR	看门狗计数寄存器,低 8 位配置 WDCNTR	1
0x7024	Reserved	保留	1
0x7025	WDKEY	看门狗复位密钥寄存器,低 8 位先写 0x55,再写 0xAA	1
0x7026 0x7027 0x7028	Reserved	保留	3
0x7029	WDCR	看门狗控制寄存器	1
0x702A … 0x702F	Reserved	保留	6

注:上述所有寄存器只能通过执行 EALLOW 指令才能访问。

三、各相关寄存器的定义

1. 外设时钟控制寄存器

外设时钟控制寄存器 PCLKCR0、PCLKCR1 和 PCLKCR3 的位定义如图 2.16 所示。

对各个外设,该寄存器的相应位为 1 时表示使能该外设时钟,为 0 时表示禁止该外设时钟。另外,PCLKCR0 中的 TBCLKSYNC 位是 PWM 模块时基时钟的同步位使能位,0 表示禁止,1 表示使能。有关 PWM 模块时基时钟同步的概念可以参考 PWM 模块的相关章节。

2. 高速外设时钟预定标寄存器

HISPCP 寄存器的位定义如图 2.17 所示,各位的含义如表 2.6 所示。

扩展阅读:
EALLOW
与 EDIS

	D15	D14	D13	D12	D11	D10	D9	D8
PCLKCR0	ECANBENCLK	ECANAENCLK	MBENCLK	MAENCLK	SCIBENCLK	SCIAENCLK	Reserved	SPIAENCLK
	R/W-0	R/W-0	R/W-0	R/W-0	R/W-0	R/W-0	R-0	R/W-0

D7	D6	D5	D4	D3	D2	D1	D0
Reserved		SCICENCLK	I2CAENCLK	ADCENCLK	TBCLKSYNC	Reserved	
R-0		R/W-0	R/W-0	R/W-0	R/W-0	R-0	

	D15	D14	D13	D12	D11	D10	D9	D8
PCLKCR1	EQEP2 ENCLK	EQEP1 ENCLK	ECAP6 ENCLK	ECAP5 ENCLK	ECAP4 ENCLK	ECAP3 ENCLK	ECAP2 ENCLK	ECAP1 ENCLK
	R/W-0	R/W-0	R/W-0	R/W-0	R/W-0	R/W-0	R/W-0	R/W-0

D7	D6	D5	D4	D3	D2	D1	D0
Reserved		EPWM6 ENCLK	EPWM5 ENCLK	EPWM4 ENCLK	EPWM3 ENCLK	EPWM2 ENCLK	EPWM1 ENCLK
R-0		R/W-0	R/W-0	R/W-0	R/W-0	R/W-0	R/W-0

	D15	D14	D13	D12	D11	D10	D9	D8
PCLKCR3	Reserved		GPIOIN ENCLK	XINTF ENCLK	DMA ENCLK	CPUTIMER2 ENCLK	CPUTIMER1 ENCLK	CPUTIMER0 ENCLK
	R-0		R/W-0	R/W-0	R/W-0	R/W-0	R/W-0	R/W-0

D7~D0
Reserved
R-0

图 2.16   外设时钟控制寄存器的位定义

D15~D3	D2~D0
Reserved	HSPCLK
R-0	R/W-001

图 2.17   HISPCP 寄存器的位定义

表 2.6   HISPCP 寄存器各位的含义

位号	名称	说明
15~3	Reserved	保留
2~0	HSPCLK	**000**,高速时钟=SYSCLKOUT/1 **001**,高速时钟=SYSCLKOUT/2(复位后默认值) **010**,高速时钟=SYSCLKOUT/4 **011**,高速时钟=SYSCLKOUT/6 **100**,高速时钟=SYSCLKOUT/8 **101**,高速时钟=SYSCLKOUT/10 **110**,高速时钟=SYSCLKOUT/12 **111**,高速时钟=SYSCLKOUT/14

3. 低速外设时钟预定标寄存器

LOSPCP 寄存器的位定义如图 2.18 所示,各位的含义如表 2.7 所示。

D15~D3	D2~D0
Reserved	LSPCLK
R-0	R/W-010

图 2.18　LOSPCP 寄存器的位定义

表 2.7　LOSPCP 寄存器各位的含义

位号	名称	说明
15~3	Reserved	保留
2~0	LSPCLK	**000**,低速时钟 = SYSCLKOUT/1 **001**,低速时钟 = SYSCLKOUT/2 **010**,低速时钟 = SYSCLKOUT/4(复位后默认值) **011**,低速时钟 = SYSCLKOUT/6 **100**,低速时钟 = SYSCLKOUT/8 **101**,低速时钟 = SYSCLKOUT/10 **110**,低速时钟 = SYSCLKOUT/12 **111**,低速时钟 = SYSCLKOUT/14

4. 系统控制与状态寄存器

SCSR 寄存器的位定义如图 2.19 所示,各位的含义如表 2.8 所示。

D15~D8			
Reserved			
R-0			
D7~D3	D2	D1	D0
Reserved	WDINTS	WDENINT	WDOVERRIDE
R-0	R-1	R/W-0	RW1C-1

注:RW1C-1表示可读写, 写**1**清**0**,复位值为**1**。

图 2.19　SCSR 寄存器的位定义

表 2.8　SCSR 寄存器各位的含义

位号	名称	说明
15~3	Reserved	保留
2	WDINTS	$\overline{\text{WDINT}}$信号状态位。**0**,处于有效状态;**1**,处于无效状态

位号	名称	说明
1	WDENINT	$\overline{\text{WDINT}}$信号使能位。**0**,禁止看门狗中断;**1**,使能看门狗中断
0	WDOVERRIDE	WDDIS 修改允许位。**0**,不允许修改 WDDIS 位;**1**,可以修改 WDDIS 位

2.4.3　F28335 的低功耗模式

一、F28335 的低功耗模式

配置好低功耗模式控制寄存器,然后执行 IDLE 指令,F28335 可以进入低功耗模式。IDLE 指令执行时,CPU 停止所有操作、清除流水线、结束内存访问周期,状态寄存器 ST1 的 IDLESTAT 位置位,F28335 处于低功耗模式工作。低功耗模式有如下三种:

1. IDLE(空闲)模式

进入 IDLE 模式,指令计数器 PC 不再增加,即 CPU 停止执行指令,处于休眠状态。复位信号$\overline{\text{XRS}}$、XNMI 信号、$\overline{\text{WDINT}}$信号及任何使能的中断信号均可使系统退出该模式。

2. STANDBY(待机)模式

在该模式下,进出 CPU 的时钟均关闭,但看门狗模块时钟未关闭,看门狗模块仍然工作。复位信号$\overline{\text{XRS}}$、XNMI 信号、$\overline{\text{WDINT}}$信号及指定的 GPIOA 口信号可使系统从该模式退出。

3. HALT(暂停)模式

在该模式下,振荡器和 PLL 模块关闭,看门狗模块也停止工作。复位信号$\overline{\text{XRS}}$、XNMI 信号及指定的 GPIOA 口信号可使系统从该模式退出。

三种低功耗模式的比较如表 2.9 所示。

二、低功耗模式控制寄存器 LPMCR0

LPMCR0 寄存器的位定义如图 2.20 所示,各位的含义如表 2.10 所示。

表 2.9 三种低功耗模式的比较

功耗模式	LPMCR0 (1：0)	OSCCLK	CLKIN	SYSCLKOUT	唤醒信号	
IDLE	00	on	on	on	复位信号 $\overline{XRS}$、XNMI 信号	$\overline{WDINT}$信号，任何使能的中断信号
STANDBY	01	on（看门狗仍运行）	off	off		$\overline{WDINT}$信号，指定的 GPIOA 口信号
HALT	1x	off（振荡器和 PLL 关闭，看门狗无效）	off	off		指定的 GPIOA 口信号

D15	D14~D8
WDINTE	Reserved
R/W-0	R-0

D7~D2	D1 D0
QUALSTDBY	LPM
R/W-1	R/W-0

图 2.20 LPMCR0 寄存器的位定义

表 2.10 LPMCR0 寄存器各位的含义

位号	名称	说明
15	WDINTE	看门狗中断通过 STANDBY 唤醒使能位。**0**,不允许（缺省）;**1**,允许
14~8	Reserved	保留
7~2	QUALSTDBY	从 STANDBY 模式唤醒至正常模式所需的 GPIO 信号电平保持时间： **000000** = 2 * OSCCLKs（缺省） **000001** = 3 * OSCCLKs ⋮ **111111** = 65 * OSCCLKs
1,0	LPM	低功耗模式： **00**,IDLE 模式（缺省） **01**,STANDBY 模式 **1**x,HALT 模式

2.4.4   F28335 的看门狗电路

所谓看门狗电路,其实就是一个定时器电路。该定时器只要被使能,它就会不停地进行计数。如果没有在规定的时间内对看门狗电路的计数值进行清 0,它就会发生计满溢出,并产生复位中断。

在正常情况下,应用程序在规定的时间内对看门狗定时器进行清 0(人们称之为"喂狗",如果按时喂狗,狗不会叫),看门狗定时器在这种情况下是不会溢出的。当程序跑飞或死机时,看门狗定时器由于没有被按时清 0(相当于没有按时喂狗,狗会叫)而发生溢出,并使系统复位,即使系统由不正常的状态进入复位状态,使系统重新开始运行。

一、看门狗电路的组成原理

看门狗电路的组成如图 2.21 所示。看门狗电路的核心部件是看门狗计数器。

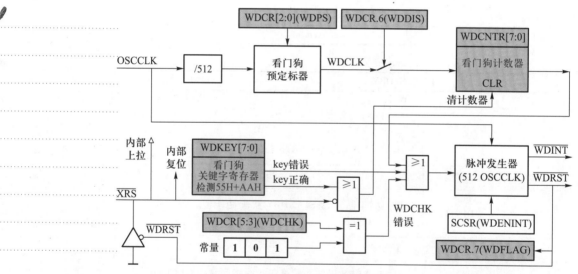

图 2.21   看门狗电路的组成

看门狗计数器 WDCNTR 是一个 8 位的可复位计数器,是否允许计数时钟 WDCLK 输入,要由看门狗控制寄存器 WDCR 中 WDDIS 位控制。WDCLK 时钟是由晶振时钟 OSCCLK 先除以 512 再经预定标器产生。预定标因子由 WDCR 寄存器设置。WDCNTR 计数过程中,它的 CLR 端可输入"清计数器"信号,使计数器发生清 0 并重新计数。如果没有清计数器信号输入,该计数器计满后产生的溢出信号会送到脉冲发生器,产生复位信号。

为了不使计数器计满溢出,需要不断地在计数器未满之前产生"清计数器"信号(该信号一方面可由复位信号产生,另一方面可由看门狗关键字寄存器 WDKEY 产生)。WDKEY 寄存器的特点是,先写入 55H,紧接着再写入 AAH 时,就会发出"清计数器"信号。写入其他任何值及组合不但不会发出"清计数器"信号,而且还会使看门狗电路产生复位动作。

看门狗电路复位信号还会由另一路"WDCHK 错误"控制信号产生。WDCR 控制寄存器中的检查位 WDCHK 必须要写入二进制的 **101**,因为这 3 位的值要与二进制常量 **101** 进行连续比较,如果不匹配,看门狗电路就会产生复位信号。

应该注意,系统上电时,看门狗默认为使能状态。对于 30 MHz 的晶振频率,对应的 WDCNTR 计数溢出时间大约是 4.37 ms。为了避免看门狗使系统过早复位,应该在系统初始化时首先对看门狗寄存器进行配置。

二、看门狗电路的相关寄存器

1. 看门狗计数寄存器 WDCNTR,地址 7023H

这是 8 位的只读寄存器,存放计数器的当前值。复位后为 00H,写寄存器无效。

2. 看门狗关键字寄存器 WDKEY,地址 7025H

这是 8 位的读写寄存器,复位后为 00H。读该寄存器并不能返回关键字的值,返回的是 WDCR 的内容。按照先写 55H,再写 AAH 的顺序写入关键字时,将产生"清计数器"信号,写入其他任何值及组合不但不会发出"清计数器"信号,还会使看门狗电路产生复位动作。

3. 看门狗控制寄存器 WDCR,地址 7029H

WDCR 寄存器的位定义如图 2.22 所示,各位的含义如表 2.11 所示。

扩展阅读:
看门狗时钟的
配置与选择

D15~D8
Reserved
R-0

D7	D6	D5~D3	D2~D0
WDFLAG	WDDIS	WDCHK	WDPS
RW1C-0	R/W-0	R/W-0	R/W-0

图 2.22 WDCR 寄存器的位定义

表 2.11 WDCR 寄存器各位的含义

位号	名称	说明
15~8	Reserved	保留
7	WDFLAG	看门狗复位状态标志位。写 **1** 清 **0**;写 **0** 无效

续表

位号	名称	说明
6	WDDIS	看门狗禁止位。**1**,禁止;**0**,使能
5~3	WDCHK	看门狗检查位。这 3 位必须写入 **101**,系统才能正常工作。在 WD 使能时,写入 **101** 以外的其他值,都将使看门狗立即复位
2~0	WDPS	看门狗预定标因子选择位,可以设置为: **000**,WDCLK = OSCCLK/512/1 **001**,WDCLK = OSCCLK/512/1 **010**,WDCLK = OSCCLK/512/2 **011**,WDCLK = OSCCLK/512/4 **100**,WDCLK = OSCCLK/512/8 **101**,WDCLK = OSCCLK/512/16 **110**,WDCLK = OSCCLK/512/32 **111**,WDCLK = OSCCLK/512/64

三、看门狗相关配置程序示例

本例看门狗时钟为:WDCLK = OSCCLK/512/4。

看门狗检查位 WDCHK 必须写入 **101**,因此对照表 2.11,使能及禁止看门狗程序为:

1. 使能看门狗

```
voidEnableDog(void)
{
    EALLOW;
    SysCtrlRegs.WDCR = 0x002B;        // WDDIS 位写 0
    EDIS;
}
```

2. 禁止看门狗

```
void DisableDog(void)
{
    EALLOW;
    SysCtrlRegs.WDCR = 0x006B;        // WDDIS 位写 1
    EDIS;
}
```

3. 喂狗程序(与看门狗时钟无关)

```
void KickDog(void)
{
    EALLOW;
    SysCtrlRegs.WDKEY = 0x0055;
    SysCtrlRegs.WDKEY = 0x00AA;        // 此处将看门狗计数器清零
    EDIS;
}
```

 本章小结

F28335 主要由四个部分组成:一是中央处理器;二是系统控制逻辑;三是存储器;四是片上外设。F28335 采用改进的哈佛结构,可以在单个周期完成从程序存储器读一个系数乘以从数据存储器读到的一个数据,乘积加到累加器,累加结果经写总线写到数据存储器。

F28335 的 CPU 由运算器和控制器构成。从应用的角度,我们更关心的是运算器的操作。F28335 的运算器由运算执行单元和寄存器构成。运算执行单元主要包括乘法器、算术逻辑单元 ALU、累加器 ACC 和移位器等。在 CPU 寄存器中有 2 个非常重要的状态寄存器:ST0 和 ST1,它们控制 DSP 的工作模式并反映 DSP 的运行状态。

F28335 具有 34 KW 的 SARAM 存储器、256 KW 的 flash 存储器、1 KW 的 OTPROM 和 8 KW 的 BootROM 存储器。存储空间分成两块,一是片内存储空间,二是扩展的片外存储空间。对于片内存储空间,除了外设帧 0(PF0)、外设帧 1(PF1)、外设帧 2(PF2)和外设帧 3(PF3)外,其余空间既可以映射为数据存储空间,又可以映射为程序存储空间。

F28335 的时钟电路由片内振荡器和锁相环组成,利用相应的控制寄存器可以方便地进行时钟设置。当 F28335 外接晶振频率为 30 MHz 时,DIV 设置 **1010**,PLL 模块输出时钟(也是 CPU 的输入时钟)CLKIN 频率为 150 MHz。

CLKIN 经 CPU 后,作为系统时钟 SYSCLKOUT 分发给系统各单元。利用看门狗电路可以提高系统工作的可靠性,当程序跑飞或死机时,看门狗定时器发生溢出,会使系统复位。

 思考题及习题

1. 在总线结构上,F28335 主要特点是什么?

2. 为了提高运算速度,F28335 配置了哪些重要单元?

3. F28335 配置了哪些存储器,这些存储器主要用于存储什么内容?

4. F28335 外接 30 MHz 的晶振时,如果要求系统时钟为 150 MHz,PLLCR 中的分频值是多少?

5. 为了不使看门狗计数器溢出复位,应用程序需要进行怎样的操作?

第 3 章

CCS5及汇编语言应用

✕ 学习目标

(1) 掌握 CCS5 的安装和使用方法；

(2) 了解 F28335 汇编语言的基本指令；

(3) 熟悉简单的汇编程序的仿真调试方法。

✕ 重点内容

(1) CCS5 的基本配置和常用操作；

(2) 常用 F28335 汇编指令的格式及功能；

(3) CCS5 汇编程序的编译及仿真调试方法。

F28335 应用系统的程序设计，可以采用汇编语言完成，也可以采用 C 语言实现。汇编语言对 F28335 内部资源的操作简便直接；C 语言在可读性和可重用性上更具优势。实际应用中，设计人员通常采用 C 语言结合汇编语言的方式进行应用程序的程序设计。

3.1　CCS5 集成开发环境

CCS(code composer studio)是 TI 公司推出的用于开发 DSP 芯片的集成开发环境，它集编辑、编译、链接、仿真调试和实时跟踪等功能于一体，极大地方便了 DSP 应用系统的开发，是目前使用最广泛的 DSP 开发软件平台。

3.1.1　CCS5 集成工具

图 3.1 所示为典型的 DSP 软件开发流程图。图中阴影部分为通常的 C 语言源程序到可执行目标程序的主要流程，其他部分是增强的功能扩展部分。

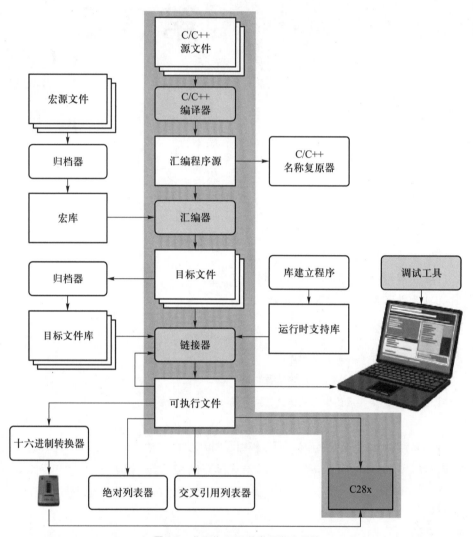

图 3.1　典型的 DSP 软件开发流程图

一、主要工具软件

1. C/C++编译器(C/C++ compiler)

编译器用于将 C 源文件(或 C++源文件)翻译成 C28x 汇编语言源文件。

2. 汇编器(assembler)

汇编器用于将汇编语言源文件翻译成通用对象文件格式(common object file format,COFF)目标文件,COFF 文件的特点是将目标程序的代码和数据分成段(section)。段是目标文件中的最小单位,每个段的代码或数据要占用一段连续的地

址单元,目标程序中的各段都是相互独立的。汇编语言生成的目标程序通常包含 3
个缺省段:

- .text 段,存储指令代码;
- .data 段,存储数据表或需要初始化的变量(如 const 变量);
- .bss 段,给末初始化的变量保留的空间(如全局变量)。

3. 链接器(linker)

链接器用于将多个目标文件(.obj)及库文件组合成单个可执行的目标文件(.out),
并完成符号与代码的存储器重新定位,存储器由链接命令文件(.cmd)进行描述。

4. 调试工具(debugging tools)

调试器有如下功能:

- 基本工具:单步及全速运行、设置断点、变量查看、寄存器及存储器查看、反汇
编等;
- 图形工具:对连续内存区域的数据进行图示。

二、库管理工具软件

1. 归档器(archiver)

归档器可以将多个文件归档到一个库文件中(即创建库文件),这些文件可以是
源文件,也可以是汇编后的目标文件。归档器能够对库文件进行操作,以完成删除、
替换及添加等操作。

2. 运行时支持库(library-build process)

利用 C 语言编写应用程序,经常要调用字符串处理函数、数学函数及标准输入输
出函数等,这些函数虽然不是 C 语言的内部函数,但却可以同内部函数一样调用,只
要在源程序中加入对应的头文件(string.h、math.h 及 stdio.h)即可。这些函数就是 C
编译器的运行时支持函数。

CCS5 系统提供两个经过编译的运行时支持函数库文件:rts2800_fpu32.lib 和
rts2800_ml.lib。前者为浮点器件支持库,后者为定点器件支持库。它们都支持 4 MW
的存储空间寻址。CCS5 中,有 Runtime support library 选项,可以设置为 automatic,此
设置会自动选择相应的库。

建库器也能够同归档器一样用于建立用户自己的运行时支持库。

三、列表工具软件

1. 绝对列表器(absolute lister)

绝对列表器可以通过输入链接后的目标文件生成绝对列表文件(.abs)。在绝对
列表文件中可以方便地查看链接后的目标代码的绝对地址。

扩展阅读:
TI 支持的 RTS
库文件

2. 交叉引用列表器(cross-reference lister)

交叉引用列表器可以通过输入链接后的目标文件生成交叉引用列表文件(.xrf)。在交叉引用列表文件中,编程人员可以方便地查看链接后的目标文件的所有符号名、它们的定义以及它们在链接源文件中的引用位置。

四、转换工具软件

1. 十六进制转换器(Hex-conversion utility)

COFF 格式通常不能被通用的 EPROM 编程器识别,这时可以用十六进制转换器把 COFF 格式的目标文件转换成其他十六进制目标文件格式,以便于对 EPROM 存储器进行写入。

2. C/C++名称复原器(C/C++ name demangling utility)

C/C++源程序中的函数经过编译后将被修改成链接层的名称,用户查看生成的汇编语言文件时往往不容易与原来的源文件中的名称对应起来。C/C++名称复原器可以用于将修改后的名称复原成源文件中的名称。

3.1.2　CCS5 的安装

视频:
CCS 的下载与安装

CCS 的早期版本是 CCS2.2,后来 TI 公司又推出了 CCS3.1、CCS3.2、CCS3.3、CCS4.x、CCS5.x 及 CCS6.x。自 CCS4.x 开始,CCS 采用了开源的 Eclipse 软件框架。Eclipse 软件框架是众多嵌入式软件供应商采用的标准框架。目前,F28335 的应用开发人员正由以前常用的 CCS3.3 版本转向较新的版本。本书以 CCS5 版为例进行介绍。以下为 CCS5 软件的安装步骤:

一、打开 CCS5 软件的安装程序文件夹,双击安装文件 ccs_setup_5.5.0.00077.exe。首先会弹出许可协议接受选择界面,选择"I accept the term of the license agreement."选项,单击 Next 按钮;进入安装文件夹选择界面,文件夹可以选择"D:\ti",然后再单击 Next 按钮;进入安装类型选择界面,选择"Custom"选项,然后单击 Next 按钮,进入如图 3.2 所示的处理器选择界面。

二、在处理器选择界面勾选"C28x 32-bit Real-time MCUs"选项,单击 Next 按钮进入编译器、支持软件和软件仿真器选择界面,如图 3.3 所示。

在该选择界面下,选择"TI C2800 Compiler Tools"和"TI Simulators"选项,单击 Next 按钮进入硬件仿真器选择界面。

三、在硬件仿真器选择界面,"TI Emulators"为默认选项。通常硬件仿真器驱动程序是在安装完 CCS 系统后安装的。因此,此处其他选项可以不选,单击 Next 按钮,进入 CCS 设置确认界面;如果确认前面完成的安装设置无误,可单击 Next 按钮,系统开始进行安装。

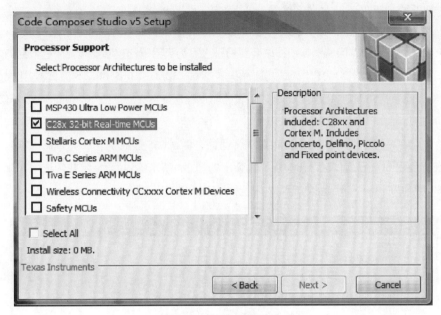

图 3.2 处理器选择界面

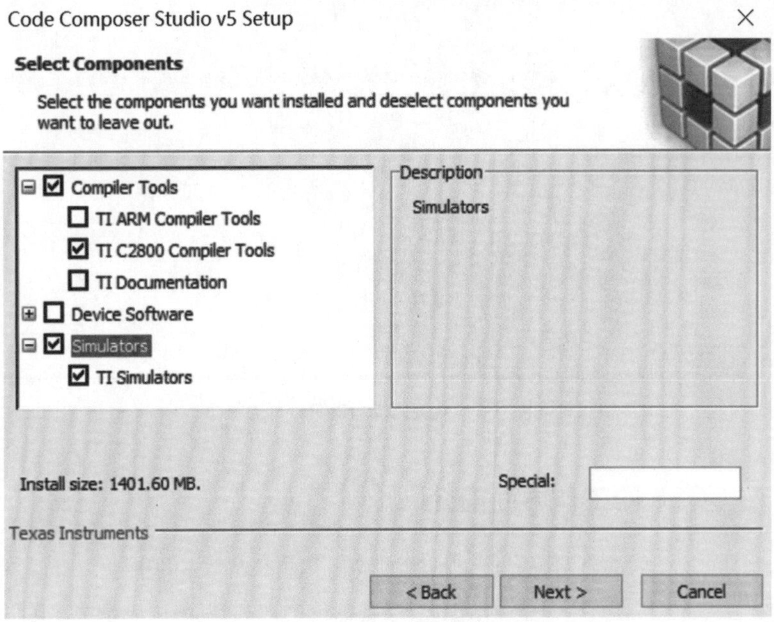

图 3.3 编译器、支持软件和软件仿真器选择界面

四、几分钟后会出现安装完成提示界面，单击 Finish 按钮，在桌面会产生"Code Composer Studio 5.5.0"快捷键图标。

五、将许可证文件拷贝到"D:\ti\ccsv5\ccs_base\DebugServer\license"文件夹下。

六、安装硬件仿真器驱动程序。要特别注意仿真器驱动程序安装要严格依据仿真器说明书进行，安装文件夹必须选择正确（对于 SEED-XDS510PLUS 仿真器，如果 CCS5 安装文件夹为"D:\ti"，则要求仿真器驱动程序文件夹必须为"D:\ti\ccsv5\ccs_base"）。

七、特别强调一点，如果没有购买许可证文件，CCS5 提供了"free licence"选项。在安装完 CCS 后，首次打开时，系统会弹出如图 3.4 所示的界面，一定要勾选"FREE LICENSE-for use with"选项，但此时只能使用 XDS100 仿真器。

视频：
工程项目运行

扩展阅读：
CCS5 版本仿真
器的安装

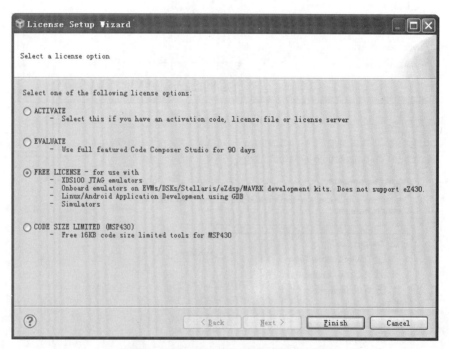

图 3.4　CCS 安装完成后首次打开的界面

3.1.3　CCS5 的工作界面简介

CCS5 的工作界面分为编辑状态和调试状态。基本界面主要由主菜单、工具条、工程窗口、程序窗口、运行信息显示窗口、寄存器窗口、存储器窗口等组成。图 3.5 所示为 CCS5 调试状态的界面。

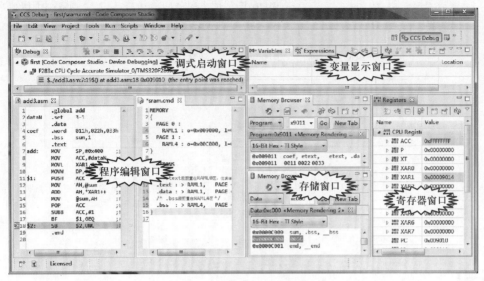

图 3.5　CCS5 的调试状态界面

扩展阅读：
CCS 使用中的
常见问题

一、CCS5 的主菜单

CCS5 的主菜单的主要功能（注：编辑状态和调试状态的菜单会有不同）：

● File：新文件的建立，已有文件的打开、关闭、存储、移动和重新命名，工作区的切换，系统重启，文件的导入导出，文件属性等；

● Edit：编辑操作的撤销及重做，编辑内容的复制、粘贴及删除等，编辑内容的查找及替换，编码类型的选择和设置等；

● View：各种工具的显示及隐藏，各种观察窗口的显示配置（包括工程窗口、大纲窗口、问题窗口、控制台窗口，调试启动窗口、寄存器窗口、存储窗口、变量显示窗口、反汇编等窗口和断点观察窗口等）；

● Project：新工程的创建，已有工程的打开及编译，编译链接选项的设置，已有工程的导入，传统 CCS3.3 工程的导入等；

● Tools：存储器的存储、装入、填充及映射，引脚连接，接口连接等；

● Run：目标板的连接及断开，程序的装入、重装及运行，各种单步控制，断点设置等；

● Window：打开的窗口排列及列表等；

● Help：为用户提供在线帮助。

二、CCS5 的常用工具图标

CCS5 界面依工作状态的不同会显示不同的工具条，各工具条又包含多个快捷工具图标。图 3.6 为 CCS5 调试状态的常用快捷工具。应该注意,CCS 不同版本的快捷工具的配置可能存在差异。

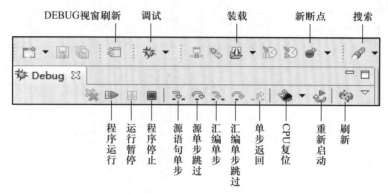

图 3.6   CCS5 调试状态的常用快捷工具

3.2   F28335 汇编语言概述

DSP 应用系统的软件设计通常采用 C 语言与汇编语言结合的方法。C 语言具有较好的可读性和可移植性,常用于编写程序主框架;汇编语言有较高的运行效率,常用于编写对时间要求比较苛刻的实时子程序。本节主要介绍汇编语言编程的基本概念及基本汇编指令。

3.2.1   F28335 汇编指令描述

一、F28335 汇编语句格式

汇编语句格式如下:

〔标号〕〔:〕　〔‖〕　助记符　〔操作数 1,操作数 2,…〕　〔;注释〕

几点规定如下:

* 所有语句必须以标号、空格、星号或分号开头;

* 若用标号,它必须写在第一列的开始(否则编译出错),标号由字符(A—Z、a—z、_或 $)和数字 0—9 构成,开头不能为数字,最多 128 个字符;

* 必须用一个或多个空格分隔每一个域,制表符 TAB 同空格等效;

* 在第一列开始的注释可以用星号或者分号打头,但在其他列开始的注释必须以分号开头;

* 助记符不能从第一列开始,否则将被视为标号;

* "〔〕"表示可选的选项。

二、F28335 汇编指令描述符号

XAR*n* ---------------- 32 位辅助寄存器 XAR0～XAR7;

AR*n*,AR*m* -------- 32 位辅助寄存器 XAR0～XAR7 的低 16 位;

AR*n*H -------------- 32 位辅助寄存器 XAR0～XAR7 的高 16 位;

ARP*n* -------------- 3 位辅助寄存器指针,ARP0 指向 XAR0,ARP1 指向 XAR1……

AR(ARP) -------- ARP 指向的辅助寄存器的低 16 位;

XAR(ARP) -------- ARP 指向的辅助寄存器;

AX ---------------------- 累加器的高 16 位寄存器 AH 或者低 16 位寄存器 AL;

---------------------- 立即数;

PM ------------------ 乘积移位方式(+4,1,0,-1,-2,-3,-4,-5,-6);

~ ---------------------- 按位取反;

[loc16] ----------- 16 位地址内容;

0:[loc16] -------- 16 位地址内容进行零扩展;

S:[loc16] -------- 16 位地址内容进行符号扩展;

0:[loc32] -------- 32 位地址内容进行零扩展;

S:[loc32] -------- 32 位地址内容进行符号扩展;

7bit ------------------ 表示 7 位立即数;

0:7bit ---------------- 7 位立即数,零扩展;

S:7bit --------------- 7 位立即数,符号扩展;

8bit ------------------ 表示 8 位立即数;

0:8bit ---------------- 8 位立即数,零扩展;

S:8bit -------------- 8 位立即数,符号扩展;

10bit ----------------- 表示 10 位立即数;

0:10bit -------------- 10 位立即数,零扩展;

S:10bit -------------- 10 位立即数,符号扩展;

16bit ----------------- 表示 16 位立即数;

0:16bit -------------- 16 位立即数,零扩展;

S:16bit ------------- 16 位立即数,符号扩展;

22bit ----------------- 表示 22 位立即数;

0:22bit -------------- 22 位立即数,零扩展;

S:22bit -------------- 22 位立即数,符号扩展;

LSb -------------- 最低有效位;

LSB -------------- 最低有效字节;

LSW -------------- 最低有效字;

MSb -------------- 最高有效位;

MSB -------------- 最高有效字节;

MSW -------------- 最高有效字;

OBJ -------------- 对于某条指令,位 OBJMODE 的状态;

N -------------- 重复次数(N = 0,1,2,3,4,5,6,…);

{ } -------------- 可选字段。

3.2.2 寻址方式及常用汇编指令

一、F28335 的寻址方式

F28335 的寻址方式受 CPU 状态寄存器 ST1 中的寻址方式选择位 AMODE 的影响。为了叙述的方便,不考虑向下的兼容性,默认 AMODE = 0,这也是复位默认值。F28335 的寻址方式有寄存器寻址、堆栈寻址、直接寻址、间接寻址等。

1. 寄存器寻址

寄存器寻址时,操作数在寄存器中。寄存器寻址有 32 位和 16 位两种形式。

(1) 32 位寄存器寻址

MOVL ACC,P   ;将 P 寄存器中的 32 位操作数送 ACC。

(2) 16 位寄存器寻址

MOV   AL,SP   ;将 SP 寄存器中的 16 位操作数送到 AL,SP 前可加前缀@ 。

2. 堆栈寻址

对于堆栈寻址,操作数的地址由堆栈指针 SP 直接给出或变址给出,寻址空间为数据存储器的低端 64 KW。堆栈寻址分三种不同的形式。

(1) ＊SP++(先寻址后增量)

MOV ＊SP++,AL   ;AL 的 16 位内容送 SP 指向的单元,然后 SP = SP+1

MOVL ＊SP++,P   ;P 寄存器的 32 位内容送 SP 指向的单元,然后 SP = SP+2

(2) ＊--SP(先减量后寻址)

ADD AL, ∗ --SP   ;先完成 SP = SP - 1,然后将 SP 指向单元的 16 位数据加
                        ;到 AL
ADDL ACC, ∗ --SP   ;先完成 SP = SP - 2,然后将 SP 指向单元的 32 位数据加
                        ;到 ACC

（3）∗ -SP[6bit]（SP 减偏移量寻址）

MOV SP,#0x0408   ;SP 指向 408H 单元
ADD AL, ∗ -SP[3]   ;408H - 3 = 405H 单元内容加到 AL 寄存器

3. 直接寻址

在直接寻址方式中,操作数的 22 位地址被分成两部分:高 16 位放在 DP 寄存器中作为页地址（每页有 64 个地址）,低 6 位页内的偏移地址由指令提供。采用直接寻址必须首先确定 DP 决定的页地址,然后才能采用直接寻址方式实现操作数的访问。例如:

MOVW DP,#0x204;
MOV AL,@ 2H   ;" @ "表示数据页,与其后的偏移量一起给出存储单元的
                        ;地址

第一条指令执行后,确定的数据页为 **10 0000 0100B**,可访问的空间为:**10 0000 0100 000000B** 至 **10 0000 0100 111111B**,即 8100H ~ 813FH 共 64 个单元。第二条指令实现的功能是将 8102H 单元的内容送入 AL。直接寻址能访问数据存储器低端的 4 MW空间。

4. 间接寻址

（1）数据空间间址

操作数地址存放在 32 位辅助寄存器 XAR0 ~ XAR7 中,有以下几种形式:

- ∗ XARn++:先寻址后增量;
- ∗ --XARn:先减量后寻址;
- ∗ +XARn[AR0]:加 AR0 变址寻址;
- ∗ +XARn[AR1]:加 AR1 变址寻址;
- ∗ +XARn[3bit]:加偏移量变址寻址。

（2）程序空间间址

程序空间间址有以下几种形式:

- ∗ AL:操作数的 22 位程序空间地址为 0x3F;访问高 64 KW 空间。若指令重复执行,AL 内容被复制到影像寄存器,每执行一次地址都会增加,但 AL 的内容不变;

• ＊XAR7：操作数的 22 位程序空间地址为 XAR7 的低 22 位。重复执行
XPREAD 和XPWRITE指令时，XAR7 内容被复制到影像寄存器，每执行一次地址都会
增加，但 XAR7 的内容不变，重复执行其他指令时，地址不会增加；

• ＊XAR7++：操作数的 22 位程序空间地址为 XAR7 的低 22 位，操作后 XAR7
增量。

（3）循环间址

循环间址要用到 XAR6 和 XAR1 寄存器，形式为 ＊AR6%++，即操作数的 32 位地
址在 XAR6 中。若 XAR6 的低 8 位内容与 XAR1 的低 8 位相等，则 XAR6 低 8 位清 **0**、
高位不变，否则 XAR6 的低 16 位增量，高 16 位不变。

F28335 还可以利用立即寻址访问数据空间、I/O 空间和程序空间，读者可以查阅
TI 的手册。

二、F28335 的常用汇编指令

F28335 有超过 150 条汇编指令，表 3.1 为常用的汇编指令。全部汇编指令参见
二维码资源"F28x 汇编指令表"。

文档：
F28x 汇编指令表

表 3.1   常用的汇编指令

助记符	功能说明
MOVZ ARn,loc16	加载 XARn 的低 16 位，清除高 16 位
MOVL XARn,loc32	［loc32］加载 32 位辅助寄存器
MOVL loc32,XARn	存 32 位辅助寄存器内容到 loc32
MOVL XARn,#22bit	用 22 位立即数加载 32 位辅助寄存器 XARn
MOVW DP,#16bit	加载完整的 DP
PUSH ACC	［SP］=ACC,SP=SP+2
POP ACC	SP=SP−2,ACC=［SP］
SUB AX,loc16	AX=AX−［loc16］
ADD AX,loc16	AX=AX+［loc16］
ADDU ACC,loc16	ACC=ACC+0:［loc16］
MOV ACC,loc16{<<0..16}	将［loc16］移位后加载 ACC,默认不移位
MOV ACC,#16bit{<<0..15}	16 位立即数移位后加载 ACC,AH 受 SXM 的影响
SUBB ACC,#8bit	ACC 减去 8 位立即数
PREAD loc16,＊XAR7	［loc16］=Prog［＊XAR7］

续表

助记符	功能说明
PWRITE ∗XAR7,loc16	Prog[∗XAR7]=[loc16]
XPREAD loc16,∗(pma)	[loc16]=Prog[0x3F:pma],高端 64 K
B 16bitoff,COND	条件跳转,PC=PC+16 位偏移地址(-32 768 ~ +32 767)
BANZ 16bitoff,ARn--	若辅助寄存器为 0,进行跳转,PC 变化同上
BF 16bitoff,COND	快速跳转,PC 变化同上
LB 22bitAddr	长跳转,PC=22 位程序地址
LB ∗XAR7	间接长跳转,保存在 XAR7 中的 22 位程序地址到 PC
LCR 22bitAddr	使用 RPC 的长调用,PC 为 22 位程序地址
LRETR	使用 RPC 的长返回
RPT #8bit/loc16	重复下一条指令 N 次,N 由 8 位立即数或[loc16]决定
SB #8bitoff,COND	有条件短跳转,PC 的变化同上

三、F28335 汇编指令条件判断符号

汇编指令条件判断符号如表 3.2 所示。

表 3.2 汇编指令条件判断符号

COND	符号	描述	测试标志位
0000	NEQ	不等于	Z=0
0001	EQ	等于	Z=1
0010	GT	大于(有符号减法)	Z=0 且 N=0
0011	GEQ	大于或等于(有符号减法)	N=0
0100	LT	小于(有符号减法)	N=1
0101	LEQ	小于或等于(有符号减法)	Z=1 或 N=1
0110	HI	高于(无符号减法)	C=1 且 Z=0
0111	HIS,C	高于或相同(无符号减法)	C=1
1000	LO,NC	低于(无符号减法)	C=0

续表

COND	符号	描述	测试标志位
1001	LOS	低于或相同（无符号减法）	C = 1 或 Z = 1
1010	NOV	无溢出	V = 0
1011	OV	溢出	V = 1
1100	NTC	测试位为 **0**	TC = 0
1101	TC	测试位为 **1**	TC = 1
1110	NBIO	BIO 输入等于零	BIO = 0
1111	UNC	无条件	无

3.2.3　伪指令及 CMD 文件

一、常用汇编伪指令

常用汇编伪指令如表 3.3 所示。

表 3.3　常用汇编伪指令

伪指令	格式	功能说明
.text	.text	汇编到代码段
.data	.data	汇编到已初始化数据段
.bss	.bss symbol, size	在未初始化数据段保留空间
.sect	.sect "name", size	创建已初始化段,可放数据表及可执行代码
.usect	.usect "name", size	创建未初始化段
.long	symbol .long value	初始化 32 位整数
.word	symbol .word value	初始化 16 位整数
.global	.global symbol	定义全局变量
.end	.end	汇编结束

二、CMD 文件的编写

1. CMD 文件的概念

F28335 物理上的 flash 和 SARAM 存储器在逻辑上既可以映射到程序空间,也可以映射到数据空间。到底映射到哪个空间,这要由 CMD 文件来指定。

CCS 生成的可执行文件(.out)采用 COFF 格式,这种格式的突出优点是便于模块化编程,程序员能够自由地决定把由源程序文件生成的不同代码及数据定位到哪种物理存储器及确定的地址空间指定段。

由编译器生成的可重定位的代码或数据块叫作"SECTIONS"(段),对于不同的系统资源情况,SECTIONS 的分配方式也不相同。链接器通过 CMD 文件的 SECTIONS 关键字来控制代码和数据的存储器分配。

图 3.7 所示为汇编语言源文件生成的段在存储器中的定位。

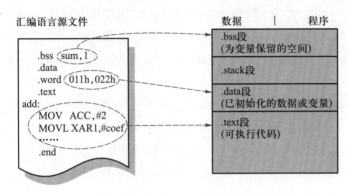

图 3.7　汇编语言源文件生成的段在存储器中的定位

由汇编源文件生成的段可以分为两类:初始化段和未初始化段。

初始化段有如下几种:

- .text 段,存放汇编生成的可执行代码;
- .data 段,存放数据表或已初始化的变量;
- .sect 段,用于创建新的初始化段。

未初始化段有如下几种:

- .bss 段,为未初始化变量保留的空间;
- .usect 段,用于创建新的未初始化段。

2. 典型的 CMD 文件

CMD 文件能够指示链接程序如何计算和分配存储器空间。因为不同的芯片会有不同大小的 flash 和 SARAM,所以 CMD 文件内容需要根据不同的芯片进行调整。下面是一个简单的 CMD 文件。

```
MEMORY
{
  PAGE 0:
    RAML1:o=0x009000,l=0x1000
```

```
PAGE 1:
    RAML4: o = 0x00C000, l = 0x1000
}


SECTIONS
{
    .text :>RAML1,    PAGE = 0        /* .text 段配置在 RAML1 区 */
    .data :>RAML1,    PAGE = 0        /* .data 段配置在 RAML1 区 */
    .bss  :>RAML4,    PAGE = 1        /* .bss  段配置在 RAML4 区 */
}
```

在该 CMD 文件中,采用 MEMORY 伪指令建立目标存储器的模型(列出存储器资源清单)。PAGE 关键词用于对独立的存储区进行标记。页号的最大值为 255,通常的应用中分为两页,PAGE 0 为程序存储区、PAGE 1 为数据存储区。

RAML1 和 RAML4 是为定义的存储区起的名字,不超过 8 个字符,同一个 PAGE 内不允许有相同的存储区名,但不同的 PAGE 上可以出现相同的名字。

"o"和"l"是 origin 和 length 的缩写。origin 标识该段存储区的起始地址,length 标识该段存储区的长度。

有了存储器模型,就可以定义各个段在不同存储区的具体位置了。这要使用 SECTIONS 伪指令。每个输出段的说明都是从段名开始,段名之后是给段分配存储器的参数说明。

CCS5 系统会自动生成 CMD 文件,用户可以根据需要对该文件进行修改补充。关于 CMD 文件更详细的说明,读者可以参阅 TI 的用户手册。

3.3　汇编程序渐进示例

本节采用渐进的方式提供几个汇编语言运行的示例,提供这些示例并不是引导大家投入精力进行汇编语言的程序设计,而是为下一章学习 C 语言编程提供原理性的进阶平台。

3.3.1　建立首个 CCS5 工程——Simulator 运行

【例 3-1】　任务:在 CCS5 开发平台下编写一个汇编语言程序,任务是将数据区的几个常数相加,结果存到内存的某一单元。程序验证采用模拟仿真(Simulator)。完成步骤如下:

一、建立工程框架。点击 Code Composer Studio 5.5.0 图标,桌面弹出 CCS5 启动 LOGO,经过短暂延迟后,弹出 CCS5 的软件启动初始界面。

选择"New Project"命令或执行"File->New->CCS Project"命令,在弹出界面的 Project name 文本框中输入工程文件名"exp3-1",在 Project templates and examples 窗口中选择"Empty Assembly-only Project"选项。其他窗口及选项暂时不选,如图 3.8 所示。

图 3.8 CCS5 建立新工程界面

点击 Finish 按钮,进入工程编辑状态,如图 3.9 所示。

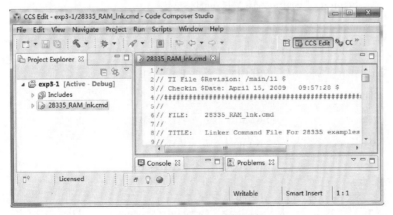

图 3.9 CCS5 的工程编辑状态

二、建立 CMD 文件。文件"28335_RAM_lnk.cmd"是系统自动生成的,它是对 F28335 芯片存储器资源的全面描述。本例为了理解方便,对其进行了简化(也可以采取禁用操作,禁用的方法是在该文件上点鼠标右键,在弹出菜单上选择"Resource-> Configurations->Exclude from Build"命令)。

对 28335_RAM_lnk.cmd 文件的简化结果如下。

```
MEMORY
{
PAGE 0:
   /* BEGIN is used for the "boot to SARAM"  */
   BEGIN           : origin = 0x000000 , length = 0x000002
   RAML0           : origin = 0x008000 , length = 0x001000
   RAML1           : origin = 0x009000 , length = 0x001000
   RAML2           : origin = 0x00A000 , length = 0x001000
   RAML3           : origin = 0x00B000 , length = 0x001000
PAGE 1:
   RAMM1           : origin = 0x000400 , length = 0x000400
   RAML4           : origin = 0x00C000 , length = 0x001000
   RAML5           : origin = 0x00D000 , length = 0x001000
   RAML6           : origin = 0x00E000 , length = 0x001000
   RAML7           : origin = 0x00F000 , length = 0x001000
}

SECTIONS
{ /* Setup for "boot to SARAM" mode:
    The codestart section(found in DSP2833_CodeStartBranch.asm)
    re-directs execution to the start of user code.  */
   codestart         :>BEGIN ,       PAGE = 0
   .data             :>RAML0 ,       PAGE = 0
   .text             :>RAML1 ,       PAGE = 0
   .stack            :>RAMM1 ,       PAGE = 1
   .bss              :>RAML4 ,       PAGE = 1
}
```

三、建立配置文件。执行"File-> New->Target Configuration File"菜单命令,打开

Target Configuration界面,在文件名文本框中输入文件名,如"f28335_simulator.ccxml",弹出图 3.10 所示界面。

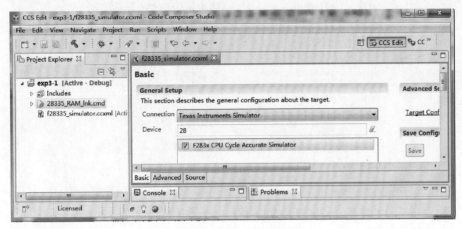

图 3.10　建立配置文件界面

在弹出界面的 Connection 下拉菜单中,选择"Texas Instruments Simulator",在 Device 文本框中输入搜索关键字"28",这时会弹出"F283x CPU Cycle Accurate Simulator"选项,选中后单击 Save 按钮。

四、建立汇编语言源文件。执行"File-> New-> File from Template"命令,在 File Name 文本框中输入"add3.asm",点击 Finish 按钮,该源文件会自动加入工程。输入如下文件内容,存盘。

```
            .global   code_start              ;定义符号常数
dataN       .set      4-1                     ;初始化数据段,本例存放预累加的常数表
            .data
coef        .word     011h,022h,011h,033h     ;未初始化变量段,本例存放累加和 sum
            .bss      sum,1                   ;自定义已初始段,本例存放 1 条跳转指令
            .sect     "codestart"
code_start:
            LB        add                     ;默认的已初始化段,存放可执行程序代码
            .text
add:        MOV       SP,#0x400               ;加载堆栈首地址
            MOV       ACC,#dataN              ;加载循环个数
            MOVL      XAR1,#coef              ;加载首数据地址
```

```
              MOVW   DP,#sum              ;加载 sum 的数据页
       $1：   PUSH   ACC                  ;暂存循环个数
              MOV    AH,@ sum             ;取 sum 内容送 AH
              ADD    AH，* XAR1++          ;数据累加
              MOV    @ sum,AH             ;存累加结果
              POP    ACC                  ;恢复循环个数
              SUBB   ACC,#1               ;循环个数减 1
              BF     $1,GEQ               ;判循环是否结束
       $2：   SB     $2,UNC               ;踏步运行
              .end
```

五、配置源程序的符号入口。在工程文件上点右键,执行弹出菜单的"Properties"命令,在 Symbol Management 界面的 Specify program entry point for the output module 文本框中输入符号"code_start",如图 3.11 所示,点击 OK 按钮。

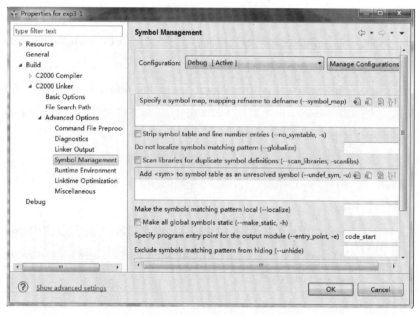

图 3.11　配置源程序的符号入口界面

六、工程编译。执行"Project-> Build All"命令,或点编译命令快捷图标,如果程序输入无误,编译结果会显示无错误、无警告,如图 3.12 所示。在系统自动产生的文件夹 Debug 中会生成可执行文件"exp3-1.out"。

图 3.12 程序编译正确界面

七、仿真运行。单击调试命令图标或执行"Run->Debug"菜单命令,应用程序会自动下载并进入仿真调试界面,如图 3.13 所示。

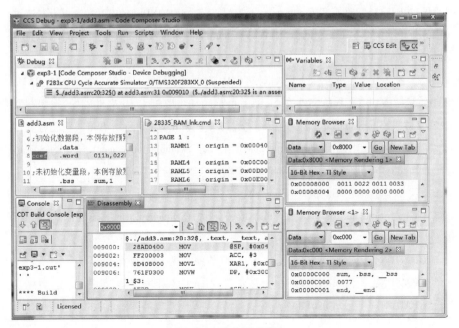

图 3.13 仿真调试界面

可以执行单步菜单命令。在 View 菜单中建立"Memory"及"Registers"观察窗口；排布文件,比对 CMD 文件与其他各文件和存储器间的关系；在 Debug 菜单中执行"Reset CPU"命令,观察寄存器的初始化状态；观察分析寄存器和存储器内容的变化。

程序执行结果:sum 所在单元内容为 0x0077。

3.3.2　硬件仿真 RAM 运行——Emulator 运行

【例 3-2】　任务:DSP 应用板上的 F28335 芯片的引脚 5 和引脚 6 经过整形驱动后控制两个发光二极管,接线原理如图 3.14 所示。编写汇编语言程序,实现控制发光二极管的点亮和熄灭。

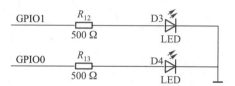

图 3.14　LED 与 GPIO 的接线原理图

程序调试采用硬件仿真器(Emulator),完成步骤如下:

一、建立新工程。启动 CCS5,在 Project name 文本框中输入工程文件名"exp3-2",在 Family 下拉框中选"C2000"选项,在 Variant 下拉框中选"2833x Delfino"和"TMS320F28335"选项,在 Connection 下拉框中选"SEEDXDS510PLUS Emulator"选项(以 SEED-XDS510PLUS 为例);在 Project templates and examples 窗口中选择"Empty Assembly-only Project"选项。点击 Finish 按钮,完成新工程的建立。

二、配置工程。采用与上例相同的 CMD 文件,只要将上例的文件"28335_RAM_lnk.cmd"拷贝到本工程的文件夹下,覆盖系统自动生成的 CMD 文件即可;系统在默认的文件夹 targetConfigs 下自动生成了配置文件"TMS320F28335.ccxml";在工程文件上点右键,执行弹出菜单的"Properties"命令,在 Symbol Management 界面的 Specify program entry point for the output module 文本框中输入符号"code_start"。

三、编写应用程序。执行"File->New->File from Template"命令,在 File Name 文本框中输入"ramemu.asm",单击 Finish 按钮,然后在 ramemu.asm 编辑窗口输入如下内容:

```
GPAMUX1       .set 0x6F86              ;A 口复用寄存器 1
GPAMUX2       .set 0x6F88              ;A 口复用寄存器 2
GPADIR        .set 0x6F8A              ;A 口方向寄存器
```

```
GPADAT      .set 0x6FC0            ;A 口数据寄存器
GPASET      .set 0x6FC2            ;A 口置位寄存器
GPACLEAR    .set 0x6FC4            ;A 口复位寄存器
GPATOGGLE   .set 0x6FC6            ;A 口翻转寄存器


PLLCR       .set 0x7021            ;PLL 控制寄存器
WDKEY       .set 0x7025            ;WD 密钥寄存器
WDCR        .set 0x7029            ;WD 控制寄存器


        .global code_start
        .ref   _DSP28x_usDelay


        .data
cont    .long   30000 * 500        ;500 ms=0.5 s,30 000 对应 1 ms


        .sect   "codestart"
code_start:
        LB      funfrom


        .text
funfrom:
        LCR     wd_disable         ;禁用 WD
        LCR     initPLL            ;配置时钟:150 MHz@ 6.67 ns
        LCR     initGPIO           ;配置 GPIO 引脚功能


$2:     MOVL    XAR6,#GPATOGGLE    ;GPATOGGLE 地址
        MOV    *XAR6,#0x0003       ;设置 GPIO1,00 引脚翻转
        LCR     Delay
        SB      $2,UNC


;_DSP28x_usDelay 子程序(在 SRAM 中运行)延时值计算公式:
;DELAY_CPU_CYCLES=9+5 * LoopCount,近似为 5 * LoopCount
```

```
;1 ms 时,DELAY_CPU_CYCLES=(1 000 000 ns/6.67 ns)=150 000
;对应的 LoopCount=150 000/5=30 000
Delay:    MOVL    XAR6,#cont              ;取 cont 地址送入间接寻址寄存器
          MOVL    ACC,*XAR6               ;循环次数送 ACC
          LCR     _DSP28x_usDelay         ;调用循环子程序
          LRETR


initGPIO:
          EALLOW                          ;修改使能
          MOVL    XAR6,#GPADIR            ;GPADIR 地址
          MOV     *XAR6,#0x0003           ;配置 GPIO1,00 为输出引脚
          RPT     #5||NOP
          MOVL    XAR6,#GPASET            ;GPASET 地址
          MOV     *XAR6,#0x0001           ;设置 GPIO0 为 1
          RPT     #5||NOP
          EDIS                            ;修改禁止
          LRETR
initPLL:
          EALLOW
          MOVL    XAR6,#PLLCR             ;PLLCR 地址送 XAR6
          MOVB *XAR6,#0x000A,UNC          ;设置 DIV 为 10,时钟频率 150 MHz,周期 6.67 ns
          EDIS
          LRETR
wd_disable:
          SETC    OBJMODE                 ;设置 C28x 为目标码模式
          EALLOW
          MOVZ    DP,#7029h >>6           ;设置 WDCR 数据页
          MOV     @7029h,#0068h           ;设置 WDCR 中的 WDDIS 位,屏蔽 WD
          EDIS
          LRETR
          .end
```

程序中,initGPIO 是 GPIO 初始化子程序,由于默认为 GPIO 功能,这里仅设置了

GPIO1 和 GPIO0 的方向。需要说明的是,F28335 的 GPIO 控制寄存器的首地址是 0x6F80,GPIO 数据寄存器的首地址是 0x6FC0。

_DSP28x_usDelay 是 TI 公司提供的延时子程序,其源代码在"DSP2833x_usDelay. asm"文件中。使用延时子程序时,只需把该文件拷贝到工程文件夹下即可,其代码如下:

```
        .def _DSP28x_usDelay
        .sect "ramfuncs"


        .global   _DSP28x_usDelay
_DSP28x_usDelay:
        SUB     ACC,#1
        BF      _DSP28x_usDelay,GEQ    ; Loop if ACC >= 0
        LRETR
```

四、编译,仿真运行。将硬件仿真器 JTAG 插头插入开发板插座,接通开发板电源,将仿真器 USB 连线与电脑连接,单击菜单的快捷工具 Debug 按钮,进入 Debug 工作状态;点击 Resume 按钮,观察开发板上发光二极管的变化。

程序执行结果:两个发光二极管交错点亮 0.5 s、熄灭 0.5 s,如此循环。

3.3.3 目标程序 flash 运行——实板运行

【例 3-3】 任务:硬件连接及功能同上例。利用硬件仿真(Emulator)将目标程序写入 F28335 的片内 flash 存储器,使应用程序能够脱离仿真器直接运行,完成步骤如下:

一、建立新工程。双击 Code Composer Studio 5.5.0 图标,建立一个新工程"exp3-3",同时建立配置文件"TMS320F28335.ccxml"。

二、建立适于 flash 存储器的 CMD 文件。修改"28335_RAM_lnk.cmd"的名字为"28335_flash.cmd",修改其内容使之适合于程序的 flash 存储,内容如下:

```
MEMORY
{
PAGE 0 :
    /* BEGIN is used for the "boot to FLASH " */
    BEGIN   : origin = 0x33FFF6, length = 0x000002
    FLASH0  : origin = 0x300000, length = 0x002000/* 8 kW */
```

```
PAGE 1 :
}

SECTIONS
{
    codestart    :>BEGIN ,   PAGE = 0   / *  codestart 段存放一条跳转指令      */
    .text   :>FLASH0 , PAGE = 0   / * .text 段配置在 FLASH0 区 , 裸机运行   */
    .data   :>FLASH0 , PAGE = 0
    ramfuncs : >FLASH0 , PAGE = 0
}
```

该文件有两点变化,一是将".text"段放在 FLASH0 区,二是增加了两个存储单元的 codestart 段,它与汇编程序中的语句.sect   "codestart" 相对应,定位在用 BEGIN 描述的 2 个存储单元,起始地址为 0x33 FFF6(这就是 flash 应用程序的入口地址)。另外,该文件新增了一个 ramfuncs 段,用于存放延时程序,尽管这个延时程序是针对RAM 存储区运行的,此处放在 flash 存储区旨在验证程序在 flash 存储区运行与在RAM 存储区运行的速度相比明显变慢。

三、将 TI 提供的源文件"DSP2833x_usDelay"拷贝到工程文件夹下,该文件提供了延时子程序。

四、编写汇编语言应用程序 runinflash.asm 如下:

```
GPAMUX1      .set 0x6F86              ;A 口复用寄存器 1
GPAMUX2      .set 0x6F88              ;A 口复用寄存器 2
GPADIR       .set 0x6F8A              ;A 口方向寄存器


GPADAT       .set 0x6FC0              ;A 口数据寄存器
GPASET       .set 0x6FC2              ;A 口置位寄存器
GPACLEAR     .set 0x6FC4              ;A 口复位寄存器
GPATOGGLE    .set 0x6FC6              ;A 口翻转寄存器


PLLCR        .set 0x7021              ;PLL 控制寄存器
WDKEY        .set 0x7025              ;WD 密钥寄存器
WDCR         .set 0x7029              ;WD 控制寄存器
```

```
        .global  code_start
        .ref   _DSP28x_usDelay


        .data
cont  .long   30000 * 500              ;500 ms = 0.5 s,30 000 对应 1 ms


        .sect   "codestart"
code_start：
        LB      funfrom


        .text
funfrom：
        LCR     wd_disable              ;禁用 WD
        LCR     initPLL                 ;配置时钟：150 MHz@ 6.67 ns
        LCR     initGPIO                ;配置 GPIO 引脚功能


$2：    MOVL    XAR6,#GPATOGGLE         ;GPATOGGLE 地址
        MOV     * XAR6,#0x0003          ;设置 GPIO1,00 引脚翻转
        LCR     Delay
        SB      $2,UNC
```

;_DSP28x_usDelay 子程序（SRAM 中运行）延时值计算公式：
;DELAY_CPU_CYCLES = 9+5 * LoopCount,近似为 5 * LoopCount
;1 ms 时,DELAY_CPU_CYCLES = (1 000 000 ns/6.67 ns) = 150 000
;对应的 LoopCount = 150 000/5 = 30 000

```
Delay：  MOVL    XAR6,#cont             ;取 cont 地址送间址寄存器
         MOVL    ACC, * XAR6            ;循环次数送 ACC
         LCR     _DSP28x_usDelay        ;调用循环子程序
         LRETR


initGPIO：
         EALLOW                         ;修改使能
```

```
        MOVL    XAR6,#GPADIR            ;GPADIR 地址
        MOV     *XAR6,#0x0003           ;配置 GPIO1,00 为输出引脚
        RPT     #5‖NOP
        MOVL    XAR6,#GPASET            ;GPASET 地址
        MOV     *XAR6,#0x0003           ;设置 GPIO1,00 为 1
        RPT     #5‖NOP
        EDIS                            ;修改禁止
        LRETR
initPLL:
        EALLOW
        MOVL    XAR6,#PLLCR             ;PLLCR 地址送 XAR6
        MOVB    *XAR6,#0x000A,UNC       ;设置 DIV 为 10,时钟频率 150 MHz,周
                                        ;期 6.67 ns
        EDIS
        LRETR
wd_disable:
        SETC    OBJMODE                 ;设置 C28x 为目标码模式
        EALLOW
        MOVZ    DP,#7 029h >>6          ;设置 WDCR 数据页
        MOV     @7 029h,#0068h          ;设置 WDCR 中 WDDIS 位,屏蔽 WD
        EDIS
        LRETR
kickDOG:
        EALLOW
        MOVL    XAR6,#WDKEY             ;WDKEY 地址
        MOVB    *XAR6,#0x0055,UNC       ;WDKEY
        MOVB    *XAR6,#0x00AA,UNC
        LRETR
        .end
```

该程序是在 TI 的示例程序的基础上进行了一点修改得到的,程序的任务是对于 flash 应用时,方便地进入应用程序入口(code_start),该入口是一个跳转指令,安排在 flash 区域的 0x3F 7FF6 和 0x3F 7FF7 这两个单元。

　　本例中,为了调试方便,加入了一段禁止 watchdog 的子程序。如果调试完成,且在主循环中配置了喂狗程序,则将"WD_DISABLE .set 1"指令中的"1"改为"0"即可。

　　五、编译,下载。编译无误后,将硬件仿真器 JTAG 插头插入开发板插座,接通开发板电源,将仿真器的 USB 连线与电脑连接,单击菜单的快捷工具 Debug 按钮,进入 Debug 工作状态,目标程序会自动写入 flash 存储器,点击 Resume 按钮,观察开发板上发光二极管的变化。

　　六、脱离仿真器独立运行。关开发板电源,拔下硬件仿真器,再给开发板上电。观察开发板上发光二极管的变化。

　　程序执行结果:两个发光二极管交错点亮,但闪亮的速度与 RAM 中运行时相比明显变慢。

 本章小结

　　F28335 应用系统的程序设计,可以采用汇编语言完成,也可以采用 C 语言实现。汇编语言对于 F28335 内部资源的操作直接简捷;C 语言在可读性和可重用性上具有明显优势。设计人员通常采用 C 语言结合汇编语言的方式进行 F28335 应用程序的设计。

　　C 语言具有较好的可读性和可移植性,通常用于编写程序的主框架;汇编语言有较高的运行效率,常用于编写对时间要求比较苛刻的中断服务子程序;采用 C 语言与汇编语言混合编程可以发挥两种语言各自的优势。

　　CCS5 是 TI 公司推出的用于开发 DSP 芯片的集成开发环境,它集编辑、编译、链接、软件仿真、硬件调试和实时跟踪等功能于一体,极大地方便了 DSP 应用系统的开发,是目前使用最广泛的 DSP 开发软件平台。

　　F28335 常用的寻址方式为寄存器寻址、堆栈寻址、直接寻址和间接寻址。

　　COFF 是一种流行的二进制可执行文件格式,TI 的 DSP 软件平台 CCS 生成的可执行文件(.out)格式就是 COFF。采用这种格式的优点是便于模块化编程,程序员能够自由决定把由源程序文件生成的不同代码及数据定位到哪种物理存储器及确定的地址空间指定段。

　　在 CMD 文件中,采用 MEMORY 伪指令建立目标存储器的模型(列出存储器资源清单)。PAGE 关键词用于对独立的存储区进行标记。页号 m 的最大值为255,应用中一般分为两页,PAGE0 为程序存储区、PAGE1 为数据存储区。

　　由编译器生成的可重定位的代码或数据块叫作"SECTIONS"(段),对于不同的系统资源情况,段的分配方式也不相同。链接器通过 CMD 文件的 SECTIONS 关键字来控制代码和数据的存储器分配。

 思考题及习题

1. F28335 汇编语言编程与 C 语言编程各有何特点？

2. CCS5 软件有哪些基本功能？

3. CMD 文件的主要作用是什么？

4. MEMORY 关键字的功能是什么？

5. SECTIONS 关键字的功能是什么？

6. F28335 的寄存器寻址能够完成怎样的操作？

7. F28335 的堆栈寻址能够完成怎样的操作？

8. F28335 的直接寻址能够完成怎样的操作？

9. F28335 的间接寻址能够完成怎样的操作？

第 4 章

C语言编程及GPIO应用

学习目标

(1) 熟悉 F28335 的 C 语言数据类型和关键字;

(2) 掌握 C 语言 CMD 文件的功能和编写方法;

(3) 掌握 F28335 的 GPIO 的结构和使用方法。

重点内容

(1) F28335 的 C 语言数据类型和关键字;

(2) CMD 文件的功能和编写方法;

(3) GPIO 的结构和程序控制方法。

4.1　F28335 的 C 语言编程基础

F28335 的 C 编译器符合美国国家标准协会(ANSI)的 C 语言标准,支持国际标准化组织/国际电工技术委员会(ISO/IEC)定义的 C++语言规范。

采用 C/C++语言编程不容易产生流水线冲突,使程序的修改和移植变得非常方便,从而可以使开发周期大大缩短。

4.1.1　F28335 的 C 语言数据类型

F28335 的 C 编译器对于标识符的前 100 个字符可以区分,并且对大小写敏感。虽然 F28335 的 CPU 是 32 位的,但是其 char 型数据仍然是 16 位的。F28335 的 C 语言常用数据类型如表 4.1 所示。

表 4.1　F28335 的 C 语言常用数据类型

数据类型	字长/bit	最小值	最大值
char,signed char	16	−32 768	32 767
unsigned char	16	0	65 535
short	16	−32 768	32 767
unsigned short	16	0	65 535
int,signed int	16	−32 768	32 767
unsigned int	16	0	65 535
long,signed long	32	−2 147 483 648	2 147 483 647
unsigned long	32	0	4 294 967 295
enum	16	−32 768	32 767
float	32	1.19 209 290e−38	3.40 282 35e+38
double	32	1.19 209 290e−38	3.40 282 35e+38
pointers	16	0	0xFFFF
far pointers	22	0	0x3FFFFF

注：此表未列出 64 位数据类型,请参考 TI 公司的手册《TMS320C28x Optimizing C/C++Compiler v6.0》。

为便于编程,在 TI 提供的 DSP2833x_Device.h 文件中,对数据类型进行了重新定义：

```
typedef int                int16;
typedef long               int32;
typedef unsigned int       uint16;
typedef unsigned long      uint32;
typedef float              float32;
typedef long double        float64;
```

例如,一个 16 位的无符号整数就可以直接定义为：Uint16　x。在此基础上,TI 公司对 F28335 的各种外设采用位域结构体的方法进行了规范定义。

4.1.2　几个重要的关键字

一、volatile

有的变量不仅可以被程序本身修改,还可以被硬件修改,即变量是"易变的"(volatile)。如果变量用关键字 volatile 进行修饰,就是告诉编译器,该变量随时可能

扩展阅读：
F28335 的数值概念

发生变化,每次使用该变量时要从该变量的地址中读取。这样可以确保在用到这个变量时每次都重新读取这个变量的值,而不是使用保存在寄存器里的备份。volatile常用于声明存储器、外设寄存器等,使用示例如下:

volatile struct CPUTIMER_REGS *RegsAddr;

二、cregister

cregister 是 F28335 的 C 语言扩充的关键字,用于声明寄存器 IER 和 IFR,表示允许高级语言直接访问控制寄存器。使用示例如下:

cregister volatile unsigned int IER;

cregister volatile unsigned int IFR;

三、interrupt

interrupt 是 F28335 的 C 语言扩充的关键字,用于指定一个函数是中断服务函数。CCS 在编译时会自动进行保护现场、恢复现场等操作。使用示例如下:

interrupt void INT14_ISR(void)

{

    … …;

}

四、const

const 通常用于定义常数表,CCS 在进行编译的时候会将这些常数放在 .const 段,并置于程序存储空间中。使用示例如下:

const int digits[] = {0,1,2,3,4,5,6,7,8,9};

五、asm

利用 asm 关键字可以在 C 语言源程序中嵌入汇编语言指令,从而使操作 F28335的某些寄存器的位变得非常容易。使用示例如下:

asm(" SETC INTM");

这里应该注意,汇编指令前面必须留有空格。

4.1.3 C 语言 CMD 文件的编写

一、C 编译器产生的段

与汇编器类似,C 编译器也可以生成初始化段和未初始化段。

初始化段有如下几种:

.text 段,存放编译生成的可执行代码;

.cinit 段,存放全局变量和静态变量的初始化数据;

.const 段,存放字符串常数及用 const 限定的全局变量和静态变量的初始化数据（字符串常数及 const 由 far 限定时,要存放在.econst 段）；

.switch 段,存储 C 语言 switch 语句产生的跳转表。

未初始化段有如下几种：

.bss 段,为全局变量和静态变量保留的空间。当用户程序启动时,在.cinit 空间中的数据会由引导程序复制到.bss 空间；

.stack 段,存放 C 语言系统栈,用于为函数传递参数及为局部变量保留空间；

.sysmem 段,用于调用 malloc( )函数时为动态内存分配空间；

.ebss 段,在大内存模式下,在远内存中定义的全局变量和静态变量的保留空间；

.esysmem 段,对于大内存模型,声明 far malloc( )函数时分配的空间。

此外,编译器还可以自定义段,有以下 2 条语句：

#pragma DATA_SECTION（函数名或全局变量名,"用户自定义在数据空间的段名"）；

#pragma CODE_SECTION（函数名或全局变量名,"用户自定义在程序空间的段名"）。

二、C 程序与各段的对应关系

C 语言源程序生成的段在存储器的定位如图 4.1 所示。

扩展阅读：
什么是大内存模式？

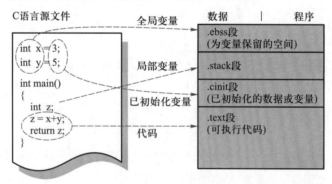

图 4.1　C 语言源程序生成的段在存储器的定位

与汇编语言编程时使用的 CMD 文件相比,C 语言编程时采用的 CMD 文件需要进行简单的调整：一是用.cinit 代替.data；二是增加了.reset 段,虽然在 SRAM 仿真模式没有用到.reset 段,但加上后可以避免编译时的警告提示。

C 语言程序经常要调用一些标准函数,如动态内存分配、字符串操作、求绝对值、计算三角函数、计算指数函数以及一些输入输出函数等。这些函数并不是 C 语言的一部分,却像内部函数一样,只要在源程序中加入对应的头文件（如 stdlib.h、string.h、math.h 和 stdio.h 等）即可。这些标准函数就是 ANSI C/C++编译器的运行时支持函数。运行时支持库作为链接器的输入,要与用户程序一起链接以生成可执行的目标代码。

三、CMD 文件的编写

CMD 文件可以由用户自己编写，也可以由 CCS5 集成开发环境自动生成。为了便于理解，下面的程序对 CCS5 系统生成的 CMD 文件（28335_RAM_lnk.cmd）进行了简化。

```
MEMORY
{
PAGE 0 :
        / *  BEGIN is used for the "boot to SARAM"   * /
        BEGIN        : origin = 0x000000 , length = 0x000002

        RAML0        : origin = 0x008000 , length = 0x001000
        RAML1        : origin = 0x009000 , length = 0x001000
        RAML2        : origin = 0x00A000 , length = 0x001000
        RAML3        : origin = 0x00B000 , length = 0x001000

        RESET        : origin = 0x3FFFC0 , length = 0x000002

PAGE 1 :
        RAMM1        : origin = 0x000400 , length = 0x000400

        RAML4        : origin = 0x00C000 , length = 0x001000
        RAML5        : origin = 0x00D000 , length = 0x001000
        RAML6        : origin = 0x00E000 , length = 0x001000
        RAML7        : origin = 0x00F000 , length = 0x001000
}

SECTIONS
{
        / *  Setup for "boot to SARAM" mode :
             The codestart section (found in DSP2833x_CodeStartBranch.asm)
             re-directs execution to the start of user code.   * /
```

```
        codestart    :>BEGIN,       PAGE = 0


        ramfuncs    :>RAML0,      PAGE = 0

        .cinit      :>RAML0,      PAGE = 0

        .pinit      :>RAML0,      PAGE = 0

        .switch     :>RAML0,      PAGE = 0

        .text       :>RAML1,      PAGE = 0

        .reset      :>RESET,      PAGE = 0,TYPE = DSECT/ *  not used  * /


        .stack      :>RAMM1,      PAGE = 1

        .esysmem    :>RAMM1,      PAGE = 1

        .ebss       :>RAML4,      PAGE = 1

        .econst     :>RAML5,      PAGE = 1

    }
```

4.2   F28335 的上电引导过程

4.2.1   F28335 的引导模式

F28335 复位后,CPU 将从内部 BootROM 的 0x3F FFC0 处读取复位向量(0x3F F9CE),该向量指向内部 BootROM 中的引导程序入口。CPU 从这个地址开始执行初始化引导函数 InitBoot。

InitBoot 函数执行时,首先将 F28335 配置成 C28x 工作模式(M0M1MAP = 1,OBJ-MODE = 1,AMODE = 0),然后调用引导模式选择函数 SelectBootMode 检测 4 个引脚 GPIO87,GPIO86,GPIO85 和 GPIO84 的状态,最后根据表 4.2 进入相应的引导模式。

表 4.2   F28335 的引导模式

模式号	GPIO87	GPIO86	GPIO85	GPIO84	Boot 模式
F	1	1	1	1	跳转到 flash 的 0x33 FFF6 处
E	1	1	1	0	SCI_A 模式
D	1	1	0	1	SPI_A 模式

续表

模式号	GPIO87	GPIO86	GPIO85	GPIO84	Boot 模式
C	1	1	0	0	I2C-A 模式
B	1	0	1	1	eCAN-A 模式
A	1	0	1	0	McBSP-A 模式
9	1	0	0	1	跳到 XINTF 区 6 的 0x10 0000(16 位宽)
8	1	0	0	0	跳到 XINTF 区 6 的 0x10 0000(32 位宽)
7	0	1	1	1	跳到 OTP 的 0x38 0400 处
6	0	1	1	0	并行 GPIO I/O(GPIO0~GPIO15)模式
5	0	1	0	1	并行 XINTF XD[15：0]模式
4	0	1	0	0	跳转到 SARAM 的 0x00 0000 处
3	0	0	1	1	跳转到检查模式(用于 DEBUG)
2	0	0	1	0	跳转到 flash,清除 ADC 校准
1	0	0	0	1	跳转到 SARAM,清除 ADC 校准
0	0	0	0	0	跳转到 SCI,清除 ADC 校准

引导模式多达 16 种,但常用的是以下 2 种:

• 跳转到 flash。用户只需要在 0x33 FFF6 处预先烧写一条跳转指令就可以实现把执行的程序定位到用户程序的目的(跳转指令使程序跳过 0x33 FFF8~0x33 FFFF 这 8 个地址,因为这 8 个存储单元用于存储 128 位代码安全模块 CSM 的密码。CSM

可以保护 flash、OTP 等存储器,防止非法用户通过仿真器读取其内容);

• 跳转到 SARAM。引导程序完成配置后会直接跳到 H0 SARAM 的首地址 0x00 0000 处执行用户程序。

F28335 有多种加载引导模式,详细过程请参阅 TI 公司的相关手册。

4.2.2 F28335 的复位启动过程

采用 C 语言编写应用程序时,程序总是从 main( )函数开始。在进入 main( )函数前,需要对 C 语言运行环境进行初始化。为此,TI 公司在运行时,支持库(RTS)文件 rts2800_fpu32.lib 或 rts2800_ml.lib 中除了提供一些标准的 ANSI C/C++运行时支持函数外,还提供了系统启动子程序_c_int00,该程序以库函数形式提供,由它来完成 C 运行环境的初始化。

系统启动子程序的入口是:_c_int00,调用这个子程序之后才能转入用户程序的 main( )函数。调用办法是执行一条汇编指令:LB   _c_int00。该语句在 TI 公司提供的汇编语言源程序 DSP2833x_CodeStartBranch.asm 中可以找到。

F28335 复位时的启动过程如图 4.2 所示(这里仅表示出了跳转到 flash 和跳转到 SARAM 两种方式,其他启动方式参见 TI 公司的相关手册)。

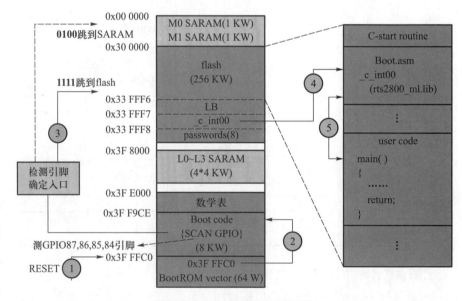

图 4.2　F28335 复位时的启动过程

4.3 F28335 的 GPIO 控制原理

4.3.1 GPIO 引脚分组及控制

为了有效地利用引脚资源,F28335 提供了 88 个可复用的多功能引脚,它们分成 3 组,对应 3 个输入输出口,即 GPIOA 口、GPIOB 口和 GPIOC 口,如图 4.3 所示。

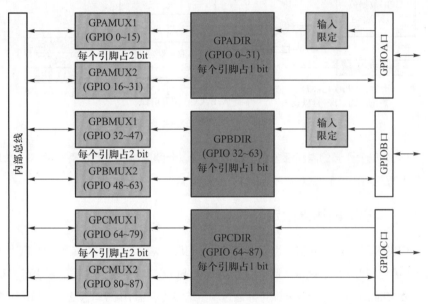

图 4.3 GPIO 引脚的分组

GPIOA 口由 GPIO0~GPIO31 组成,GPIOB 口由 GPIO32~GPIO63 组成,GPIOC 口由 GPIO64~87 组成。这些引脚的第一功能是通用输入输出(general purpose input/output,GPIO)。第二功能、第三功能或第四功能是片内外设(peripheral)功能,具体工作于哪种功能,要由功能配置寄存器 GPxMUX1/2(x 为 A、B、C)进行配置。

功能配置寄存器有 6 个,它们都是 32 位的。每个寄存器的 32 位分成 16 个位域,每个位域的 2 位对应一个引脚(GPCMUX2 的高 16 位没有用到)。如果某个位域为 00(复位时均默认为 00),对应的引脚功能就为 GPIO,如果某个位域设置不是 00,对应的引脚功能就为外设功能。

当引脚配置为 GPIO 功能时的控制逻辑如图 4.4 所示。方向控制寄存器 GPxDIR(有 3 个)控制数据传送的方向(**0**——输入,**1**——输出,默认值为 **0**),当方向设置为输出时,可分别由 3 个置位寄存器 GPxSET、3 个清 **0** 寄存器 GPxCLEAR 及 3 个翻转寄存器 GPxTOGGLE 对输出的数据进行设置;任何时候 GPIO 引脚的电平状态都会分别反映在 3 个数据寄存器 GPxDAT 中。

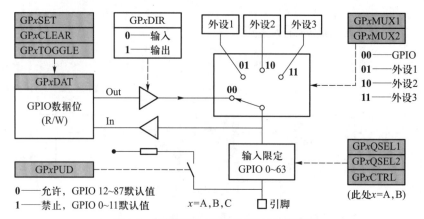

图 4.4　引脚配置为 GPIO 功能时的控制逻辑

　　GPIO 每个引脚的内部都配有上拉电阻,可以分别通过 3 个上拉寄存器 GPxPUD 进行上拉的禁止或允许(**0**——允许,**1**——禁止)。

4.3.2　GPIO 的输入限定

　　GPIOA 口和 GPIOB 口的引脚具有输入限定功能,可分别通过 2 个限定控制寄存器 GPxCTRL 和 4 个限定模式选择寄存器 GPxQSEL1/2 限定输入信号的最小脉冲宽度,从而滤除输入信号存在的噪声。通过 4 个选择寄存器,用户可为每个 GPIO 引脚选择输入限定的类型。

　　• 仅同步(GPxQSEL1/2 = **00**)。这是复位时所有 GPIO 引脚的缺省模式,它只是将输入信号同步至系统时钟 SYSCLKOUT。

　　• 无同步 (GPxQSEL1/2 = **11**)。该模式用于不需要同步的外设。由于器件上所要求的多级复用, 有可能会有一个外设输入信号被映射到多于一个 GPIO 引脚的情况。此外, 当输入信号未被选择时, 输入信号将缺省为一个 **0** 或者 **1** 状态,这由外设而定。

　　• 用采样对输入信号进行限定(GPxQSEL1/2 为 **01** 或 **10**)。对于这种模式,输入信号与系统时钟 SYSCLKOUT 同步后,在输入被允许改变前,被一定数量的采样周期所限定。采样间隔由 GPxCTRL 寄存器内的 QUALPRD 位域指定,并且可在一组 8 个信号中进行配置。采样输入信号指定了多个 SYSCLKOUT 周期。采样窗为 3 个或 6 个采样点宽度,并且只有当所有采样值全 **0** 或者全 **1**,输出才会改变,如图 4.5 所示。

　　图 4.6 所示为使用采样窗对输入信号进行限制以消除噪声的原理图。图中,

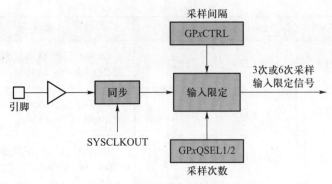

图 4.5 用采样窗对输入信号进行限定

$QUALPRD = 1, GPxQSEL1/2 = 10$（二进制），噪声 A 的时间宽度小于输入限制所设定的采样窗宽度，所以被滤除。

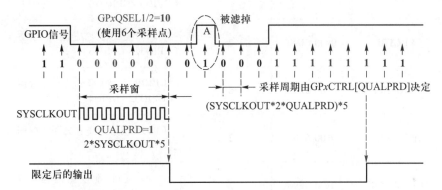

图 4.6 使用采样窗对输入信号进行限制以消除噪声的原理图

4.3.3 GPIO 寄存器

一、GPIO 控制类寄存器

GPIO 控制类寄存器汇总如表 4.3 所示。

表 4.3 GPIO 控制类寄存器汇总

寄存器名称	地址	长度（字）	说明
GPACTRL	0x00 6F80	2	GPIOA 口限定控制寄存器（GPIO0~GPIO31）
GPAQSEL1	0x00 6F82	2	GPIOA 口限定模式选择寄存器 1（GPIO0~GPIO15）

续表

寄存器名称	地址	长度(字)	说明
GPAQSEL2	0x00 6F84	2	GPIOA □限定模式选择寄存器 2(GPIO16~GPIO31)
GPAMUX1	0x00 6F86	2	GPIOA □功能配置寄存器 1 (GPIO0~GPIO15)
GPAMUX2	0x00 6F88	2	GPIOA □功能配置寄存器 2 (GPIO16~GPIO31)
GPADIR	0x00 6F8A	2	GPIOA □方向控制寄存器 (GPIO0~GPIO31)
GPAPUD	0x00 6F8C	2	GPIOA □上拉禁用寄存器 (GPIO0~GPIO31)
GPBCTRL	0x00 6F90	2	GPIOB □限定控制寄存器 (GPIO32~GPIO63)
GPBQSEL1	0x00 6F92	2	GPIOB □限定模式选择寄存器 1(GPIO32~GPIO47)
GPBQSEL2	0x00 6F94	2	GPIOB □限定模式选择寄存器 2(GPIO48~GPIO63)
GPBMUX1	0x00 6F96	2	GPIOB □功能配置寄存器 1 (GPIO32~GPIO47)
GPBMUX2	0x00 6F98	2	GPIOB □功能配置寄存器 2 (GPIO48~GPIO63)
GPBDIR	0x00 6F9A	2	GPIOB □方向控制寄存器 (GPIO32~GPIO63)
GPBPUD	0x00 6F9C	2	GPIOB □上拉禁用寄存器 (GPIO32~GPIO63)
GPCMUX1	0x00 6FA6	2	GPIOC □功能配置寄存器 1 (GPIO64~GPIO79)
GPCMUX2	0x00 6FA8	2	GPIOC □功能配置寄存器 2 (GPIO80~GPIO87)

续表

寄存器名称	地址	长度（字）	说明
GPCDIR	0x00 6FAA	2	GPIOC 口方向控制寄存器（GPIO64～GPIO87）
GPCPUD	0x00 6FAC	2	GPIOC 口上拉禁用寄存器（GPIO64～GPIO87）

1. GPIO 功能配置寄存器

（1）GPAMUX1

GPAMUX1 用于配置 GPIO0～GPIO15 的引脚复用，如表 4.4 所示。

表 4.4 GPAMUX1

GPAMUX1 的位域	复位值 00	复位值 01	复位值 10	复位值 11
	GPIO（I/O）	外设 1	外设 2	外设 3
1～0	GPIO0	EPWM1A（O）	保留	保留
3～2	GPIO1	EPWM1B（O）	ECAP6（I/O）	
5～4	GPIO2	EPWM2A（O）	保留	保留
7～6	GPIO3	EPWM2B（O）	ECAP5（I/O）	
9～8	GPIO4	EPWM3A（O）	保留	保留
11～10	GPIO5	EPWM3B（O）	MFSRA（I/O）	ECAP1（I/O）
13～12	GPIO6	EPWM4A（O）	EPWMSYNCI（I）	EPWMSYNCO（O）
15～14	GPIO7	EPWM4B（O）	MCLKRA（I/O）	ECAP2（I/O）
17～16	GPIO8	EPWM5A（O）	CANTXB（O）	$\overline{ADCSOCAO}$（O）
19～18	GPIO9	EPWM5B（O）	SCITXDB（O）	ECAP3（I/O）
21～20	GPIO10	EPWM6A（O）	CANRXB（I）	$\overline{ADCSOCBO}$（O）
23～22	GPIO11	EPWM6B（O）	SCIRXDB（I）	ECAP4（I/O）
25～24	GPIO12	$\overline{TZ1}$（I）	CANTXB（O）	MDXB（O）
27～26	GPIO13	$\overline{TZ2}$（I）	CANRXB（I）	MDRB（I）
29～28	GPIO14	$\overline{TZ3}/\overline{XHOLD}$（I）	CANRXB（I）	MCLKXB（I/O）
31～30	GPIO15	$\overline{TZ4}/\overline{XHOLDA}$（O）	SCIRXDB（I）	MFSXB（I/O）

（2）GPAMUX2

GPAMUX2 用于配置 GPIO16～GPIO31 的引脚复用,如表 4.5 所示。

表 4.5   GPAMUX2

GPAMUX2 的位域	复位值 **00**	复位值 **01**	复位值 **10**	复位值 **11**
	GPIO(I/O)	外设 1	外设 2	外设 3
1～0	GPIO16	SPISIMOA(I/O)	CANTXB(O)	$\overline{TZ5}$(I)
3～2	GPIO17	SPISOMIA(I/O)	CANRXB(I)	$\overline{TZ6}$(I)
5～4	GPIO18	SPICLKA(I/O)	SCITXDB(O)	CANRXA(I)
7～6	GPIO19	$\overline{SPISTEA}$(I/O)	SCIRXDB(I)	CANTXA(O)
9～8	GPIO20	EQEP1A(I)	MDXA(O)	CANTXB(O)
11～10	GPIO21	EQEP1B(I)	MDRA(I)	CANRXB(I)
13～12	GPIO22	EQEP1S(I/O)	MCLKXA(I/O)	SCITXDB(O)
15～14	GPIO23	EQEP1I(I/O)	MFSXA(I/O)	SCIRXDB(I)
17～16	GPIO24	ECAP1(I/O)	EQEP2A(I)	MDXB(O)
19～18	GPIO25	ECAP2(I/O)	EQEP2B(I)	MDRB(I)
21～20	GPIO26	ECAP3(I/O)	EQEP2I(I/O)	MCLKXB(I/O)
23～22	GPIO27	ECAP4(I/O)	EQEP2S(I/O)	MFSXB(I/O)
25～24	GPIO28	SCIRXDA(I)	$\overline{XZCS6}$(O)	$\overline{XZCS6}$(O)
27～26	GPIO29	SCITXDA(O)	XA19(O)	XA19(O)
29～28	GPIO30	CANRXA(I)	XA18(O)	XA18(O)
31～30	GPIO31	CANTXA(O)	XA17(O)	XA17(O)

（3）GPBMUX1

GPBMUX1 用于配置 GPIO32～GPIO47 的引脚复用,如表 4.6 所示。

表 4.6   GPBMUX1

GPBMUX1 的位域	复位值 **00**	复位值 **01**	复位值 **10**	复位值 **11**
	GPIO(I/O)	外设 1	外设 2	外设 3
1～0	GPIO32	SDAA(I/OC)	EPWMSYNCI(I)	$\overline{ADCSOCAO}$(O)
3～2	GPIO33	SCLA(I/OC)	EPWMSYNCO(O)	$\overline{ADCSOCBO}$(O)
5～4	GPIO34	ECAP1(I/O)	XREADY(I)	XREADY(I)

续表

GPBMUX1 的位域	复位值 00 GPIO(I/O)	复位值 01 外设 1	复位值 10 外设 2	复位值 11 外设 3
7~6	GPIO35	SCITXDA(O)	XR/$\overline{\text{W}}$(O)	XR/$\overline{\text{W}}$(O)
9~8	GPIO36	SCIRXDA(I)	$\overline{\text{XZCS0}}$(O)	$\overline{\text{XZCS0}}$(O)
11~10	GPIO37	ECAP2(I/O)	$\overline{\text{XZCS7}}$(O)	$\overline{\text{XZCS7}}$(O)
13~12	GPIO38	保留	$\overline{\text{XWE0}}$(O)	$\overline{\text{XWE0}}$(O)
15~14	GPIO39	保留	XA16(O)	XA16(O)
17~16	GPIO40	保留	XA0/$\overline{\text{XWE1}}$(O)	XA0/$\overline{\text{XWE1}}$(O)
19~18	GPIO41	保留	XA1(O)	XA1(O)
21~20	GPIO42	保留	XA2(O)	XA2(O)
23~22	GPIO43	保留	XA3(O)	XA3(O)
25~24	GPIO44	保留	XA4(O)	XA4(O)
27~26	GPIO45	保留	XA5(O)	XA5(O)
29~28	GPIO46	保留	XA6(O)	XA6(O)
31~30	GPIO47	保留	XA7(O)	XA7(O)

（4）GPBMUX2

GPBMUX2 用于配置 GPIO48~GPIO63 的引脚复用,如表 4.7 所示。

表 4.7　GPBMUX2

GPBMUX2 的位域	复位值 00 GPIO(I/O)	复位值 01 外设 1	复位值 10 外设 2	复位值 11 外设 3
1~0	GPIO48	ECAP5(I/O)	XD31(I/O)	XD31(I/O)
3~2	GPIO49	ECAP6(I/O)	XD30(I/O)	XD30(I/O)
5~4	GPIO50	EQEP1A(I)	XD29(I/O)	XD29(I/O)
7~6	GPIO51	EQEP1B(I)	XD28(I/O)	XD28(I/O)
9~8	GPIO52	EQEP1S(I/O)	XD27(I/O)	XD27(I/O)
11~10	GPIO53	EQEP1I(I/O)	XD26(I/O)	XD26(I/O)
13~12	GPIO54	SPISIMOA(I/O)	XD25(I/O)	XD25(I/O)
15~14	GPIO55	SPISOMIA(I/O)	XD24(I/O)	XD24(I/O)

续表

GPBMUX2 的位域	复位值 00	复位值 01	复位值 10	复位值 11
	GPIO(I/O)	外设 1	外设 2	外设 3
17~16	GPIO56	SPICLKA(I/O)	XD23(I/O)	XD23(I/O)
19~18	GPIO57	$\overline{\text{SPISTEA}}$(I/O)	XD22(I/O)	XD22(I/O)
21~20	GPIO58	MCLKRA(I/O)	XD21(I/O)	XD21(I/O)
23~22	GPIO59	MFSRA(I/O)	XD20(I/O)	XD20(I/O)
25~24	GPIO60	MCLKRB(I/O)	XD19(I/O)	XD19(I/O)
27~26	GPIO61	MFSRB(I/O)	XD18(I/O)	XD18(I/O)
29~28	GPIO62	SCIRXDC(I)	XD17(I/O)	XD17(I/O)
31~30	GPIO63	SCITXDC(O)	XD16(I/O)	XD16(I/O)

（5）GPCMUX1

GPCMUX1 用于配置 GPIO64~GPIO79 的引脚复用，如表 4.8 所示。

表 4.8　GPCMUX1

GPCMUX1 的位域	复位值 00	复位值 01	复位值 10	复位值 11
	GPIO(I/O)		外设 2	外设 3
1~0	GPIO64	GPIO64	XD15(O)	XD15(O)
3~2	GPIO65	GPIO65	XD14(O)	XD14(O)
5~4	GPIO66	GPIO66	XD13(O)	XD13(O)
7~6	GPIO67	GPIO67	XD12(O)	XD12(O)
9~8	GPIO68	GPIO68	XD11(O)	XD11(O)
11~10	GPIO69	GPIO69	XD10(O)	XD10(O)
13~12	GPIO70	GPIO70	XD9(O)	XD9(O)
15~14	GPIO71	GPIO71	XD8(O)	XD8(O)
17~16	GPIO72	GPIO72	XD7(O)	XD7(O)
19~18	GPIO73	GPIO73	XD6(O)	XD6(O)
21~20	GPIO74	GPIO74	XD5(O)	XD5(O)
23~22	GPIO75	GPIO75	XD4(O)	XD4(O)
25~24	GPIO76	GPIO76	XD3(O)	XD3(O)

续表

GPCMUX1 的位域	复位值 **00**	复位值 **01**	复位值 **10**	复位值 **11**
	GPIO(I/O)		外设 2	外设 3
27~26	GPIO77	GPIO77	XD2(O)	XD2(O)
29~28	GPIO78	GPIO78	XD1(O)	XD1(O)
31~30	GPIO79	GPIO79	XD0(O)	XD0(O)

（6）GPCMUX2

GPCMUX2 用于配置 GPIO80~GPIO87 的引脚复用，如表 4.9 所示。

表 4.9　GPCMUX2

GPCMUX2 的位域	复位值 **00**	复位值 **01**	复位值 **10**	复位值 **11**
	GPIO(I/O)		外设 2	外设 3
1~0	GPIO80	GPIO80	XA8(O)	XA8(O)
3~2	GPIO81	GPIO81	XA9(O)	XA9(O)
5~4	GPIO82	GPIO82	XA10(O)	XA10(O)
7~6	GPIO83	GPIO83	XA11(O)	XA11(O)
9~8	GPIO84	GPIO84	XA12(O)	XA12(O)
11~10	GPIO85	GPIO85	XA13(O)	XA13(O)
13~12	GPIO86	GPIO86	XA14(O)	XA14(O)
15~14	GPIO87	GPIO87	XA15(O)	XA15(O)
31~16	保留	保留	保留	保留

2. GPIO 方向控制寄存器

GPIO 有 3 个方向控制寄存器。

（1）GPADIR

GPADIR 的位定义如图 4.7 所示。该寄存器的 D0~D31 位对应 GPIO0~GPIO31 引脚，某位设置为 **0**（默认）时，对应的引脚为输入功能；设置为 **1** 时，对应的引脚为输出功能。

D31	D30		D0
GPIO31	GPIO30	⋯	GPIO0
R/W-0	R/W-0		R/W-0

图 4.7　GPADIR 的位定义

（2）GPBDIR

GPBDIR 的位定义与 GPADIR 类似,该寄存器的 D0～D31 位对应 GPIO32～
GPIO63 引脚,如图 4.8 所示。

D31	D30		D0
GPIO63	GPIO62	⋯	GPIO32
R/W-0	R/W-0		R/W-0

图 4.8　GPBDIR 的位定义

（3）GPCDIR

GPCDIR 的位定义与 GPADIR 类似,该寄存器的 D0～D23 位对应 GPIO64～
GPIO87 引脚,高端的 D24～D31 位没有用到(保留),如图 4.9 所示。

D31		D24	D23		D0
Reserved	⋯	Reserved	GPIO87	⋯	GPIO64
R/W-0		R/W-0	R/W-0		R/W-0

图 4.9　GPCDIR 的位定义

3. GPIO 上拉禁用寄存器

GPIO 有 3 个上拉禁用寄存器。它们用来禁止或允许 GPIO 引脚内部上拉。当外
部复位信号有效时(低电平),所有可以被配置成 EPWM 输出引脚(GPIO0～GPIO11)
的内部上拉都被禁用,而其他所有引脚的内部上拉均处于允许状态。上拉既适用于
配置为 GPIO 的引脚,也适用于那些配置为外设功能的引脚。

（1）GPAPUD

GPAPUD 的位定义如图 4.10 所示。该寄存器的 D0～D11 位对应 GPIO0～GPIO11
引脚,这 12 个位默认为 **1**,即处于上拉禁止状态;寄存器的 D12～D31 位对应 GPIO12～
GPIO31 引脚,这 20 个位默认为 **0**,即处于上拉允许状态。

D31		D12	D11		D0
GPIO31	⋯	GPIO12	GPIO11	⋯	GPIO0
R/W-0		R/W-0	R/W-1		R/W-1

图 4.10　GPAPUD 的位定义

（2）GPBPUD

GPBPUD 的位定义与 GPAPUD 类似,该寄存器的 D0～D31 位对应 GPIO32～
GPIO63 引脚,如图 4.11 所示。

D31	D30		D0
GPIO63	GPIO62	⋯	GPIO32
R/W-0	R/W-0		R/W-0

图 4.11　GPBPUD 的位定义

（3）GPCPUD

GPCPUD 的位定义与 GPAPUD 类似,该寄存器的 D0～D23 位对应 GPIO64～GPIO87 引脚,这 24 个位默认为 **0**,即处于上拉允许状态,而寄存器的 D24～D31 这 8 个引脚为系统保留,如图 4.12 所示。

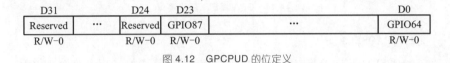

图 4.12　GPCPUD 的位定义

4. GPIO 限定控制寄存器

GPIO 有 2 个限定控制寄存器。

（1）GPACTRL

GPACTRL 的位定义如图 4.13 所示。位域 QUALPRD3 设定引脚 GPIO24～GPIO31 的采样周期数,位域 QUALPRD2 设定引脚 GPIO16～GPIO23 的采样周期数,位域 QUALPRD1 设定引脚 GPIO8～GPIO15 的采样周期数,位域 QUALPRD0 设定引脚 GPIO0～GPIO7 的采样周期数。

4 个位域的设定值为 0,1,2,…,255 时,分别对应采样周期数为 1,2,4,…,510。

D31	D24 D23	D16 D15	D8 D7	D0
QUALPRD3	QUALPRD2	QUALPRD1	QUALPRD0
R/W-0	R/W-0	R/W-0	R/W-0

图 4.13　GPACTRL 的位定义

（2）GPBCTRL

GPBCTRL 的位定义与 GPACTRL 的位定义相同,只是对应的引脚为 GPIO 的 B 口,分别为 GPIO56～GPIO63、GPIO48～GPIO55、GPIO40～GPIO47 和 GPIO32～GPIO39。

5. GPIO 限定模式选择寄存器

GPIO 有 4 个限定模式选择寄存器。

（1）GPAQSEL1

GPAQSEL1 的位定义如图 4.14 所示。位域 D31、D30 对应引脚 GPIO15,位域 D29、D28 对应引脚 GPIO14,……,位域 D1、D0 对应引脚 GPIO0。各位域的 2 个位可以选择 4 种限定模式:

- **00**,与 SYSCLKOUT 同步,GPIO 和外设功能均有效;
- **01**,采样窗为 3 个采样点, GPIO 和外设功能均有效;

- **10**,采样窗为 6 个采样点,GPIO 和外设功能均有效;

- **11**,无同步及采样窗限定,用于外设功能(GPIO 功能时与 **00** 选项相同)。

D31	D30 D29 D28		D1 D0
GPIO15	GPIO14	...	GPIO0
R/W-0	R/W-0		R/W-0

图 4.14　GPAQSEL1 的位定义

(2)GPAQSEL2

GPAQSEL2 的位定义与 GPAQSEL1 的位定义相似,只是对应的引脚变为 GPIO16~GPIO31。

(3)GPBQSEL1

GPBQSEL1 的位定义与 GPAQSEL1 的位定义相似,只是对应的引脚变为 GPIO32~GPIO47。

(4)GPBQSEL2

GPBQSEL2 的位定义与 GPAQSEL1 的位定义相似,只是对应的引脚变为 GPIO48~GPIO63。

二、GPIO 数据类寄存器

GPIO 数据类寄存器如表 4.10 所示。

表 4.10　GPIO 数据类寄存器

寄存器名称	地址	长度(字)	说明
GPADAT	0x00 6FC0	2	GPIOA 数据寄存器(GPIO0~GPIO31)
GPASET	0x00 6FC2	2	GPIOA 置位寄存器(GPIO0~GPIO31)
GPACLEAR	0x00 6FC4	2	GPIOA 清 0 寄存器(GPIO0~GPIO31)
GPATOGGLE	0x00 6FC6	2	GPIOA 翻转寄存器(GPIO0~GPIO31)
GPBDAT	0x00 6FC8	2	GPIOB 数据寄存器(GPIO32~GPIO63)
GPBSET	0x00 6FCA	2	GPIOB 置位寄存器(GPIO32~GPIO63)
GPBCLEAR	0x00 6FCC	2	GPIOB 清 0 寄存器(GPIO32~GPIO63)
GPBTOGGLE	0x00 6FCE	2	GPIOB 翻转寄存器(GPIO32~GPIO63)
GPCDAT	0x00 6FD0	2	GPIOC 数据寄存器(GPIO64~GPIO87)
GPCSET	0x00 6FD2	2	GPIOC 置位寄存器(GPIO64~GPIO87)
GPCCLEAR	0x00 6FD4	2	GPIOC 清 0 寄存器(GPIO64~GPIO87)

续表

寄存器名称	地址	长度(字)	说明
GPCTOGGLE	0x00 6FD6	2	GPIOC 翻转寄存器(GPIO64~GPIO87)
rsvd1[8]	0x00 6FDF	8	保留

1. 数据寄存器 GPxDAT

GPIO 有 3 个数据寄存器,通常仅用于读取引脚的当前状态。

(1) GPADAT

GPADAT 的位定义如图 4.15 所示。引脚配置为 GPIO 输出方式时,向 GPADAT 相应位写入的 0 或 1,会反映在引脚上;读寄存器的相应位,反映的是引脚的当前状态(与配置方式无关)。

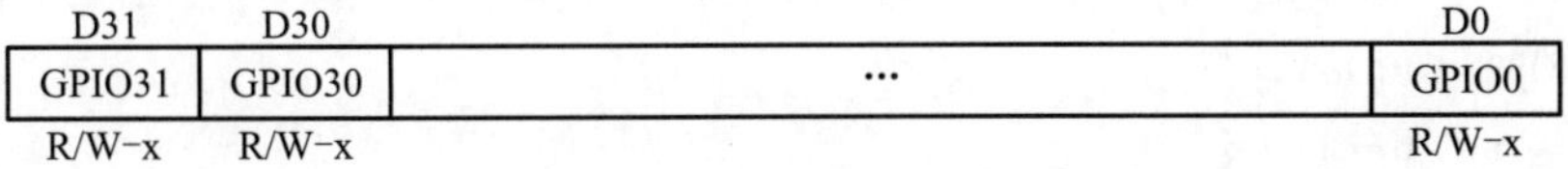

图 4.15 GPADAT 的位定义

(2) GPBDAT

GPBDAT 的位定义与 GPADAT 的位定义相似,只是引脚变为 GPIO32~GPIO63。

(3) GPCDAT

GPCDAT 的位定义与 GPADAT 的位定义相似,只是引脚变为 GPIO64~GPIO87。高 8 位未用到(保留),读这 8 位时会得到 0。

2. 置位寄存器 GPxSET

GPIO 有 3 个置位寄存器,用于使引脚置 1。

(1) GPASET

GPASET 的位定义如图 4.16 所示。该寄存器的相应位写 0 时无作用,读时返回 0。写 1 时,相应的输出值锁存为高(GPIO 为输出方式时会驱动引脚为高电平;外设方式时锁存值为高,但引脚不会被驱动)。GPASET 的控制引脚为 GPIO0~GPIO31。

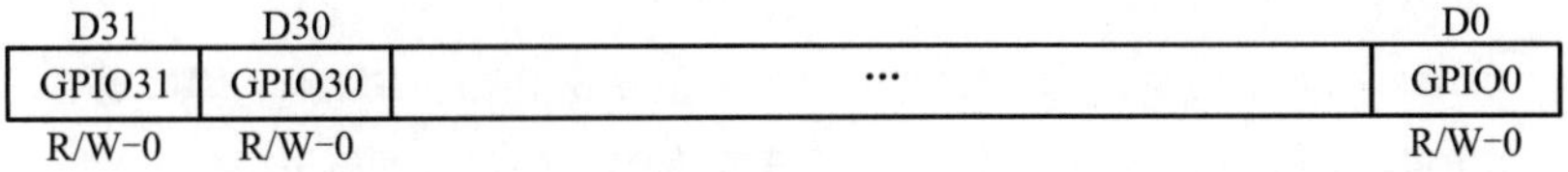

图 4.16 GPASET 的位定义

(2) GPBSET

GPBSET 的位定义与 GPASET 的位定义相似,只是控制引脚变为 GPIO32~GPIO63。

（3）GPCSET

GPCSET 的位定义与 GPASET 的位定义相似,只是控制引脚变为 GPIO64 ~ GPIO87。高 8 位未用到(保留),读这 8 位时会得到 **0**。

3. 清 **0** 寄存器 GPxCLEAR

GPIO 有 3 个清 **0** 寄存器,用于使引脚清 **0**。

（1）GPACLEAR

GPACLEAR 的位定义与 GPASET 的位定义相似。该寄存器的相应位写 **0** 时无作用,读时返回 **0**。写 **1** 时,相应的输出值锁存为低(GPIO 为输出方式时会驱动引脚为低电平;外设方式时锁存值为低,但引脚不会被驱动)。GPACLEAR 的控制引脚为 GPIO0 ~ GPIO31。

（2）GPBCLEAR

GPBCLEAR 的位定义与 GPACLEAR 的位定义相似。GPBCLEAR 的控制引脚为 GPIO32 ~ GPIO63。

（3）GPCCLEAR

GPCCLEAR 的位定义与 GPACLEAR 的位定义相似。GPCCLEAR 的控制引脚为 GPIO64 ~ GPIO87。高 8 位未用到(保留),读这 8 位时会得到 **0**。

4. 翻转寄存器 GPxTOGGLE

GPIO 有 3 个翻转寄存器,用于使引脚状态翻转。

（1）GPATOGGLE

GPATOGGLE 的位定义与 GPASET 的位定义相似。该寄存器的相应位写 **0** 时无作用,读时返回 **0**。写 **1** 时,相应的输出锁存值发生翻转(GPIO 为输出方式时会驱动引脚电平翻转;外设方式时锁存值翻转,但引脚不会被驱动)。GPATOGGLE 的控制引脚为 GPIO0 ~ GPIO31。

（2）GPBTOGGLE

GPBTOGGLE 的位定义与 GPATOGGLE 的位定义相似。GPBTOGGLE 的控制引脚为 GPIO32 ~ GPIO64。

（3）GPCTOGGLE

GPCTOGGLE 的位定义与 GPATOGGLE 的位定义相似。GPCTOGGLE 的控制引脚为 GPIO64 ~ GPIO87。高 8 位未用到(保留),读这 8 位时会得到 **0**。

三、GPIO 综合示例

由于 GPIO 寄存器较多,使用时容易引起混淆,此处以 GPIO9 为例,给出了相关寄存器在不同工作方式下的配置,其逻辑配置导图如图 4.17 所示。

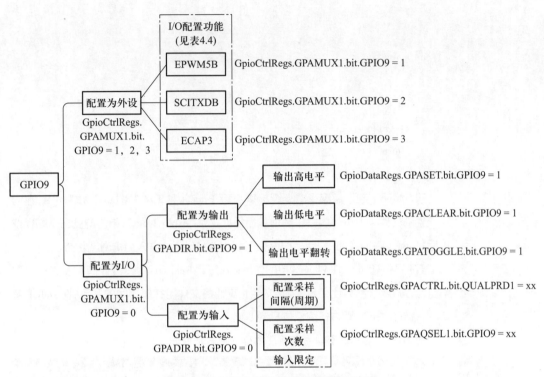

图 4.17　GPIO9 相关寄存器的逻辑配置导图

4.4　C 语言程序渐进示例

4.4.1　软件算法仿真

【例 4-1】　任务：在 CCS5 开发平台下编写 C 语言程序，将数据区的几个常数相加，结果存到内存的某一单元。程序验证采用模拟仿真（Simulator），示例步骤如下。

一、建立工程。双击 Code Composer Studio 5 图标，进入 CCS5 编辑状态；执行"File->New->CCS Project"命令，建立一个新工程（命名为 exp4-1）。

二、配置工程。执行"File->New->Target Configration File"命令，在 Connection 窗口选择"Texas Instruments Simulator"选项，在 Device 列表中选择"F283x CPU Cycle Accurate Simulator"，点击 Save，这时会生成配置文件，命名为"F28335_Simulator_c.ccxml"，系统自动生成了"28335_RAM_lnk.cmd"文件。

三、建立应用程序。建立 C 语言源文件，命名为"main.c"。

int x = 3;

```
                  int y = 5;


              int main( )
              {
                  int z;
                  z = x+y;
                  return z;
              }
```

四、编译下载。点编译命令图标或执行 Project 菜单的"Rebuild All"命令,在自动产生的文件夹 Debug 中会生成可执行目标文件"exp4-1.out";单击调试命令图标或执行"Run->Debug"命令,目标程序会下载到 RAM,系统进入仿真调试状态。

五、运行调试。点 View 菜单的"Memory"及"Registers",设置存储器及寄存器观察窗口;排布文件,对比分析 CMD 文件和其他各文件与存储器间的关系;在 Debug 菜单,执行单步命令,观察各窗口信息的变化。

图 4.18 所示为本例中各变量在内存的映射观察界面。

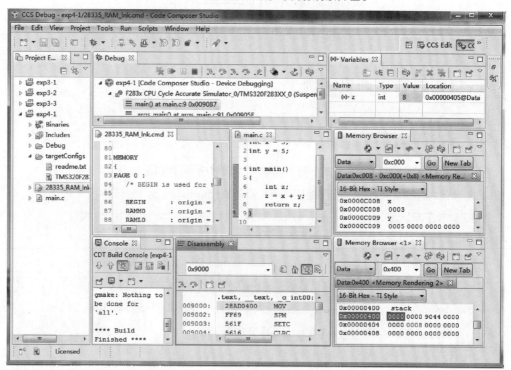

图 4.18 例 4-1 中各变量在内存的映射观察界面

4.4.2 传统寄存器的定义方法

【例 4-2】 任务:采用传统的寄存器定义方法编写 C 语言程序,通过 GPIO0、GPIO1 控制发光二极管的点亮和熄灭。程序验证采用硬件仿真(Emulator),示例步骤如下。

一、建立工程。启动 CCS5,建立新工程"exp4-2";系统自动产生了"28335_RAM_lnk.cmd"命令文件;拷贝文件"DSP2833x_CodeStartBranch.asm"到工程文件夹,该文件首先禁用看门狗,然后跳转到 C 应用接口(_c_int00);拷贝文件"DSP2833x_usDelay.asm"到工程文件夹,该文件包含软件延时代码。

二、编写 C 语言应用程序,以"main.c"存盘,内容如下。

```c
// DSP2833x_usDelay.asm
extern void DSP28x_usDelay(unsigned long Count);

#define CPU_RATE        6.667L   // 150 MHz CPU clock speed (SYSCLKOUT)
#define DELAY_US(A)     DSP28x_usDelay\
(((((long double) A  *  1000.0L)/ (long double)CPU_RATE)-9.0L)/ 5.0L)

#define GPAMUX1     (volatile unsigned int  * )0x6F86
#define GPAMUX2     (volatile unsigned int  * )0x6F88
#define GPADIR      (volatile unsigned int  * )0x6F8A
#define GPADAT      (volatile unsigned int  * )0x6FC0
#define GPASET      (volatile unsigned int  * )0x6FC2
#define GPACLEAR    (volatile unsigned int  * )0x6FC4
#define GPATOGGLE   (volatile unsigned int  * )0x6FC6

#define EALLOW      asm("EALLOW")
#define EDIS        asm("EDIS")

extern wd_disable(void);

void main(void)
{
```

```
        wd_disable();

        EALLOW;
         * GPADIR | = 0x0003;        //GPIO1,GPIO0 为输出
        EDIS;

         * GPASET | = 0x0001;         //GPIO0 引脚置 1
        DELAY_US(100000);

        while(1)
        {
          * GPATOGGLE | = 0x0003;//GPIO1,GPIO0 引脚翻转
          DELAY_US(500000);
        }
    }
```

程序中 wd_disable() 函数的汇编代码如下(以 initWD.asm 存盘)。

```
    .global _wd_disable

    .text
_wd_disable:
    SETC    OBJMODE            ;设置 C28x 为目标码模式
    EALLOW
    MOVZ    DP,#7029h >>6       ;设置 WDCR 数据页
    MOV     @ 7029h,#0068h      ;设置 WDCR 中的 WDDIS 位,屏蔽 WD
    EDIS
    LRETR
```

三、编译、下载及调试。观察应用板上 LED 灯的变化。

4.4.3   寄存器位域结构

一、GPIO 寄存器组类型构造

利用结构体类型进行位域描述,既可以对某个寄存器的全体位同时进行操作,也可以对该寄存器的某个位进行单独操作。这给按位控制的需求带来了极大的方便。

扩展阅读:
头文件及结构
化表达

　　TI 公司提供了 GPIO 模块的头文件"DSP2833x_Gpio.h",为众多 GPIO 控制寄存器及 GPIO 数据寄存器进行位域的组织和描述。下面仅选取文件中对 GPIOA 口数据寄存器进行描述的相关代码进行说明。

```
// GPIO A DIR/TOGGLE/SET/CLEAR register bit definitions * /
struct GPADAT_BITS {              // bits   description
  Uint16 GPIO0:1;                 // 0      GPIO0
  Uint16 GPIO1:1;                 // 1      GPIO1
  ... ... ... ... ...             ...      ...
  Uint16 GPIO31:1;                // 31     GPIO31
};
```

　　结构体类型 GPADAT_BITS 对 GPADAT 寄存器进行了描述,GPADAT 寄存器的 32 位从低到高的每一个位都定义了一个易于识别的名字,以便进行单独操作。为了进行寄存器全体位的整体操作,再用共用体类型进行描述。

```
union GPADAT_REG {
  Uint32             all;
  struct GPADAT_BITS   bit;
};
```

　　按照 GPIOA 口数据寄存器的描述方法,其他数据寄存器可以进行类似地描述。

　　有了各组数据寄存器位域描述后,再把它们的描述组合在一起,构造成如下的 GPIO 数据寄存器组类型:

```
struct GPIO_DATA_REGS {
  union   GPADAT_REG   GPADAT;    // GPIO Data Register（GPIO0 to 31）
  union   GPADAT_REG   GPASET;    // GPIO Data Set Register（GPIO0 to 31）
  union   GPADAT_REG   GPACLEAR;  // GPIO Data Clear Register（GPIO0 to 31）
  union   GPADAT_REG   GPATOGGLE; // GPIO Data Toggle Register（GPIO0 to 31）
  union   GPBDAT_REG   GPBDAT;    // GPIO Data Register（GPIO32 to 63）
  union   GPBDAT_REG   GPBSET;    // GPIO Data Set Register（GPIO32 to 63）
  union   GPBDAT_REG   GPBCLEAR;  // GPIO Data Clear Register（GPIO32 to 63）
  union   GPBDAT_REG   GPBTOGGLE; // GPIO Data Toggle Register（GPIO32 to 63）
  union   GPCDAT_REG   GPCDAT;    // GPIO Data Register（GPIO64 to 87）
  union   GPCDAT_REG   GPCSET;    // GPIO Data Set Register（GPIO64 to 87）
  union   GPCDAT_REG   GPCCLEAR;  // GPIO Data Clear Register（GPIO64 to 87）
```

```
union    GPCDAT_REG    GPCTOGGLE; // GPIO Data Toggle Register（GPIO64 to 87）
Uint16                rsvd1[8];
};
```

应该注意到,在描述中采用保留字的占位,这有利于这些寄存器整体映射到存储区的确定地址段。

GPIO 相关寄存器位结构和变量的完整描述均在"DSP2833_Gpio.h"文件中实现。

有了寄存器位结构的定义后,可以利用如下语句方便地操作外设寄存器:

```
GpioCtrlRegs.GPADIR.bit.GPIO1 = 1;   //置引脚 GPIO1 输出方式
GpioDataRegs.GPASET.bit.GPIO1 = 1;   //置引脚 GPIO1 高电平
```

二、定义存放寄存器组的存储器段

在 DSP2833x_GlobalVariableDefs.c 文件中,有如下一些语句:

```
//----------------------------------------
#ifdef __ cplusplus
#pragma DATA_SECTION("GpioCtrlRegsFile")
#else
#pragma DATA_SECTION(GpioCtrlRegs,"GpioCtrlRegsFile");
#endif
volatile struct GPIO_CTRL_REGS GpioCtrlRegs;
//----------------------------------------
#ifdef __ cplusplus
#pragma DATA_SECTION("GpioDataRegsFile")
#else
#pragma DATA_SECTION(GpioDataRegs,"GpioDataRegsFile");
#endif
volatile struct GPIO_DATA_REGS GpioDataRegs;
//----------------------------------------
```

如果不考虑 C++语言的话,以上语句可以简化为:

```
#pragma DATA_SECTION(GpioCtrlRegs,"GpioCtrlRegsFile");
volatile struct GPIO_CTRL_REGS GpioCtrlRegs;
#pragma DATA_SECTION(GpioDataRegs,"GpioDataRegsFile");
volatile struct GPIO_DATA_REGS GpioDataRegs;
```

这里 GpioCtrlRegs 和 GpioDataRegs 是 GPIO 控制寄存器组和 GPIO 数据寄存器组变量,而 GpioCtrlRegsFile 和 GpioDataRegsFile 是存放这两个变量的两个数据段的段名。

三、寄存器组的存储器段地址定位

控制寄存器组占用 0x006F80 ~ 0x006FBF 共 64 个地址单元,数据寄存器组占用 0x006FC0 ~ 0x006FDF 共 32 个地址单元。寄存器组变量在存储器中的段地址定位由 CMD 文件来实现。打开 TI 提供的"DSP2833x_Headers_nonBIOS.cmd"文件,可以看到如下内容。

```
MEMORY
{
PAGE 0:     / * Program Memory * /
PAGE 1:     / * Data Memory * /
... ...
GPIOCTRL  : origin = 0x006F80 , length = 0x000040/ *  GPIO control registers * /
GPIODAT   : origin = 0x006FC0 , length = 0x000020/ *  GPIO data registers  * /
... ...
}


SECTIONS
{
... ...
/ * * * Peripheral Frame 1 Register Structures * * * /
ECanaRegsFile      :>ECANA ,       PAGE = 1
... ...

GpioCtrlRegsFile   :>GPIOCTRL     PAGE = 1
GpioDataRegsFile   :>GPIODAT      PAGE = 1
GpioIntRegsFile    :>GPIOINT      PAGE = 1

/ * * * Peripheral Frame 2 Register Structures * * * /
SysCtrlRegsFile    :>SYSTEM ,     PAGE = 1
SpiaRegsFile       :>SPIA ,       PAGE = 1
```

… …

　　}

　　将该存储器组变量在存储器中的段定位情况与表 4.3 和表 4.10 进行对照,可以发现外设寄存器与存储器地址间的对应关系,其余外设的定义方法与此类似。

　　【例 4-3】　任务:采用寄存器位结构方法编写程序,通过 GPIO1 和 GPIO0 控制发光二极管的点亮和熄灭。程序验证采用硬件仿真(Emulator),示例步骤如下。

　　一、建立工程。启动 CCS5,建立新工程"exp4-3";系统自动生成"28335_RAM_lnk.cmd"命令文件;添加应用程序需要的源文件连接或拷贝文件应用程序需要的源文件到工程文件夹;建立 Includes 搜索路径;拷贝 F28335 外设命令文件"DSP2833x_Headers_nonBIOS.cmd"到工程文件夹,如图 4.19 所示。

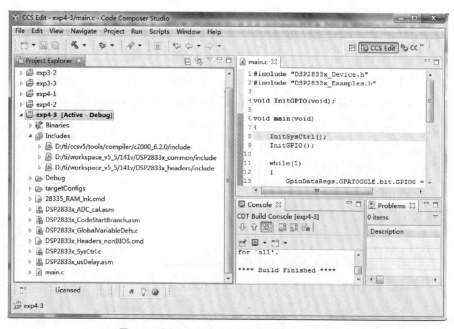

图 4.19　例 4-3 中需要的源文件及 include 路径

　　二、编写 C 语言应用程序,以 main.c 存盘,内容如下。

#include "DSP2833x_Device.h"

#include "DSP2833x_Examples.h"

void InitGPIO(void);

```
void main( void)
{
    InitSysCtrl( );
    InitGPIO( );

    while(1)
    {
        GpioDataRegs.GPATOGGLE.bit.GPIO0 = 1;// GPIO0 翻转
        GpioDataRegs.GPATOGGLE.bit.GPIO1 = 1;// GPIO1 翻转
        DELAY_US(100000);
    }
}


void InitGPIO( void)
{
    EALLOW;
    GpioCtrlRegs.GPAMUX1.bit.GPIO0 = 0;       // GPIO0 为 GPIO 功能
    GpioCtrlRegs.GPADIR.bit.GPIO0 = 1;        // GPIO0 为输出功能
    GpioCtrlRegs.GPAMUX1.bit.GPIO1 = 0;       // GPIO1 为 GPIO 功能
    GpioCtrlRegs.GPADIR.bit.GPIO1 = 1;        // GPIO1 为输出功能

    GpioDataRegs.GPASET.bit.GPIO0 = 1;        // GPIO0 输出高电平
    EDIS;
}
```

三、编译、下载及调试,观察应用板上 LED 灯的变化。

本章小结

F28335 的 C 编译器对于标识符的前 100 个字符可以区分,并且对于大小写敏感。虽然 F28335 是 32 位的 DSP,但其 char 型数据是 16 位的。

volatile 常用于声明存储器、外设寄存器等;cregister 是 F28335 的 C 语言扩充的关键字,用于声明寄存器 IER 和 IFR,表示允许高级语言直接访问控制寄存器;interrupt 用于指定一个函数是中断服务函数;const 通常用于定义常数表,CCS 在进行编译的时候会将这些常数放在 .const 段,并置于程序存储空间中。

　　F28335 有 88 个 GPIO 引脚。这些引脚可以作为通用的输入输出接口,实现普通 I/O 接口输入或输出高低电平信号的功能;另一方面,这些引脚可以作为片内外设的输入或输出引脚,实现片内外设相应的功能。

 思考题及习题

　　1. F28335 的 C 语言的 char 型数据是多少位的?

　　2. 为什么用 volatile 修饰的变量,每次使用时必须从该变量的地址中读取?

　　3. 在 F28335 的 C 语言程序中插入汇编语句时应该注意什么?

　　4. F28335 的引导模式分成哪两大类?

　　5. 外设寄存器的位结构定义有什么优点?

　　6. F28335 的 GPIO 功能与外设功能怎样定义?

第 5 章
F28335的中断系统及定时器

学习目标

（1）理解中断系统的管理机制；

（2）了解中断向量表的存储器映射方法；

（3）熟悉 CPU 定时器控制寄存器位结构的定义。

重点内容

（1）中断系统的三级控制原理；

（2）中断向量表的存储器定位；

（3）CPU 定时器的使用方法。

中断是 CPU 与外设之间数据传送的一种控制方式。利用中断可以方便地实现应用系统的实时控制。F28335 的中断可以由硬件（外部中断引脚、片内外设）或软件（INTR、TRAP 及对 IFR 操作的指令）触发。

发生中断后，CPU 会暂停当前正在执行的程序，转去执行中断服务子程序（ISR）。如果在同一时刻有多个中断触发，CPU 要按照事先设置好的中断优先级来响应中断。

5.1　F28335 的中断系统

F28335 芯片具有多种片上外设，每种外设通常具有多个中断的申请能力。为了有效地管理这些外设产生的中断，F28335 的中断系统配置了高效的外设中断扩展（peripheral interrupt expansion，PIE）管理模块。

5.1.1　F28335 中断系统的结构

一、中断管理机制

　　为了实现对众多外设中断的有效管理,F28335 的中断系统采用了外设级、PIE 级和 CPU 级三级管理机制,如图 5.1 所示。

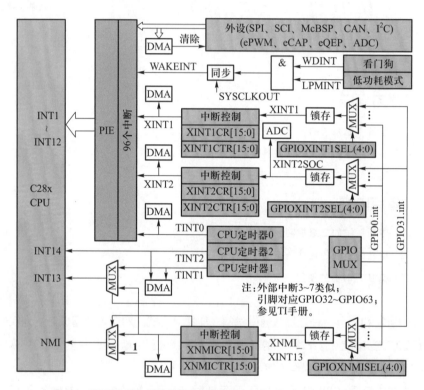

图 5.1　F28335 的中断系统的三级中断管理机制(未示出外部中断 3~7)

　　1. 外设级

　　外设级中断是指 F28335 片上各种外设产生的中断。F28335 片上的外设有很多种,每种外设可以产生多种中断。目前,这些中断包括外设中断、看门狗与低功耗模式唤醒共享的中断、外部中断(XINT1~XINT7)及定时器 0 中断等,共 56 个。这些中断的屏蔽和使能由各自的中断控制寄存器相应的控制位来实现。

　　2. PIE 级

　　PIE 模块将 96 个外设中断分成 INT1~INT12 共 12 组,以分组的形式向 CPU 申请中断,每组占用一个 CPU 级中断。例如,第 1 组占用 INT1 中断,第 2 组占用 INT2 中断……第 12 组占用 INT12 中断(应该注意,定时器 T1 和 T2 的中断及非屏蔽中断 NMI 直接连到了 CPU 级,没有经 PIE 模块的管理)。F28335 的外设中断分组如表 5.1 所示。

表 5.1   F28335 的外设中断分组

CPU 中断	PIE 中断							
	INTx.8	INTx.7	INTx.6	INTx.5	INTx.4	INTx.3	INTx.2	INTx.1
INT1	WAKEINT	TINT0	ADCINT	XINT2	XINT1	保留	SEQ2INT	SEQ1INT
INT2	保留	保留	EPWM6_TZINT	EPWM5_TZINT	EPWM4_TZINT	EPWM3_TZINT	EPWM2_TZINT	EPWM1_TZINT
INT3	保留	保留	EPWM6_INT	EPWM5_INT	EPWM4_INT	EPWM3_INT	EPWM2_INT	EPWM1_INT
INT4	保留	保留	ECAP6_INT	ECAP5_INT	ECAP4_INT	ECAP3_INT	ECAP2_INT	ECAP1_INT
INT5	保留	保留	保留	保留	保留	保留	EQEP2_INT	EQEP1_INT
INT6	保留	保留	MXINTA	MRINTA	MXINTB	MRINTB	SPITXINTA	SPIRXINTA
INT7	保留	保留	DINTCH6	DINTCH5	DINTCH4	DINTCH3	DINTCH2	DINTCH1
INT8	保留	保留	SCITXINTC	SCIRXINTC	保留	保留	I2CINT2A	I2CINT1A
INT9	ECAN1INTB(ECAN-B)	ECAN0INTB(ECAN-B)	ECAN1INTA(ECAN-A)	ECAN0INTA(ECAN-A)	SCITXINTB(SCI-B)	SCIRXINTB(SCI-B)	SCITXINTA(SCI-A)	SCIRXINTA(SCI-A)
INT10	保留	保留	保留	保留	保留	保留	保留	保留
INT11	保留	保留	保留	保留	保留	保留	保留	保留
INT12	LUF	LVF	保留	XINT7	XINT6	XINT5	XINT4	XINT3

3. CPU 级

F28335 的中断主要是可屏蔽中断,包括通用中断 INT1~INT14,另外还有 2 个为仿真而设计的中断(数据标志中断 DLOGINT 和实时操作系统中断 RTOSINT),这 16 个中断组成了可屏蔽中断。可屏蔽中断能够用软件进行屏蔽或使能。

除可屏蔽中断外,F28335 还配置了非屏蔽中断,包括硬件中断 NMI 和软件中断。非屏蔽中断不能用软件进行屏蔽,发生中断时 CPU 会立即响应并转入相应的服务子程序。

二、中断处理及响应过程

1. 产生中断请求

由使能的硬件中断(从某一引脚)或者软件中断(从应用程序中)提出中断请求。

2. 响应判断

对于可屏蔽中断,CPU 会按照一定的顺序进行测试,判断是否满足中断条件,然后进行响应;对于非屏蔽硬件中断或软件中断,CPU 会立即作出响应。

响应中断时,CPU 首先要完整地执行完当前指令,清除流水线中还没有到达第二阶段的所有指令;将寄存器 T、ST1、ST0、AH、AL、PH、PL、AR1、AR0、DP、DBGSTAT、IER 和 PC 的内容保存到堆栈中,完成自动保护现场任务;取中断向量送往 PC。

3. 中断服务

执行中断服务程序,完成指定的处理任务。

三、CPU 中断向量

1. CPU 中断向量是 22 位的地址,它是各中断服务程序的入口。F28335 支持 32 个 CPU 中断向量(包括复位向量)。每个 CPU 中断向量占 2 个连续的存储器单元。低地址单元保存中断向量的低 16 位,高地址单元保存中断向量的高 6 位。当一个中断被确定后,其 22 位(高 10 位忽略)的中断向量会被取出并送往 PC。

2. 32 个 CPU 中断向量占据的 64 个连续的存储单元,形成了 CPU 中断向量表。CPU 中断向量表可以映射到存储空间的 4 个不同的位置,但用户只使用 PIE 向量表。F28335 的 CPU 中断向量和优先级如表 5.2 所示。

表 5.2　F28335 的 CPU 中断向量和优先级

向量	绝对地址		硬件优先级	说明
	VMAP = 0	VMAP = 1		
RESET	00 0000	3F FFC0	1(最高)	复位
INT1	00 0002	3F FFC2	5	可屏蔽中断 1
INT2	00 0004	3F FFC4	6	可屏蔽中断 2
INT3	00 0006	3F FFC6	7	可屏蔽中断 3
INT4	00 0008	3F FFC8	8	可屏蔽中断 4
INT5	00 000A	3F FFCA	9	可屏蔽中断 5
INT6	00 000C	3F FFCC	10	可屏蔽中断 6
INT7	00 000E	3F FFCE	11	可屏蔽中断 7
INT8	00 0010	3F FFD0	12	可屏蔽中断 8

续表

向量	绝对地址		硬件优先级	说明
	VMAP = 0	VMAP = 1		
INT9	00 0012	3F FFD2	13	可屏蔽中断 9
INT10	00 0014	3F FFD4	14	可屏蔽中断 10
INT11	00 0016	3F FFD6	15	可屏蔽中断 11
INT12	00 0018	3F FFD8	16	可屏蔽中断 12
INT13	00 001A	3F FFDA	17	可屏蔽中断 13
INT14	00 001C	3F FFDC	18	可屏蔽中断 14
DLOGINT	00 001E	3F FFDE	19（最低）	可屏蔽数据标志中断
RTOSINT	00 0020	3F FFE0	4	可屏蔽实时操作系统中断
保留	00 0022	3F FFE2	2	保留
NMI	00 0024	3F FFE4	3	非屏蔽中断
ILLEGAL	00 0026	3F FFE6		非法指令捕获
USER1	00 0028	3F FFE8		用户定义软中断
…	…	…		…
USER12	00 003E	3F FFFE		用户定义软中断

向量表的映射由以下几个模式控制位/信号进行控制：

• VMAP，状态寄存器 ST1 的 bit3。VMAP 的复位值默认为 **1**。该位可以由 SETC VMAP 指令进行置 **1**，由 CLRC VMAP 指令清 **0**；

• M0M1MAP，状态寄存器 ST1 的 bit11，复位值默认为 **1**。该位可以由 SETC M0M1MAP 指令进行置 **1**，由 CLRC M0M1MAP 指令清 **0**；

• ENPIE，PIECTRL 寄存器的 bit0，复位值默认为 **0**，即 PIE 处于禁止状态。该位在复位后可以由写 PIECTRL 寄存器（地址 00 0CE0H）进行修改。

由这几个位进行控制而产生的几种可能的中断向量表映射配置如表 5.3 所示。

表 5.3   中断向量表映射配置

向量表	向量获取位置	地址范围	VMAP	M0M1MAP	ENPIE
M1 向量表	M1SARAM	0x00 0000-0x00 003F	0	0	x
M0 向量表	M0SARAM	0x00 0000-0x00 003F	0	1	x
BROM 向量表	片内 BROM	0x3F FFC0-0x3F FFFF	1	x	0
PIE 中断向量表	PIE 存储区	0x00 0D00-0x00 0DFF	1	x	1

注：M1 和 M0 向量表保留，用于 TI 公司的产品测试。

3. 由于复位时 ENPIE 的状态为 0，所以复位向量总是取自 BROM 向量表（实际上该区仅用到了复位向量）。

4. 由于 F28335 要用 PIE 模块进行外设的中断管理，复位后用户程序要完成初始化 PIE 中断向量表，并对 PIE 中断向量表完成使能。当中断发生后，系统会从 PIE 中断向量表中获取中断向量。PIE 向量表的起始地址为 0x00 0D00。

四、CPU 级中断相关寄存器

CPU 级中断设置有中断标志寄存器 IFR、中断使能寄存器 IER 和调试中断使能寄存器 DBGIER。当某外设的中断请求通过 PIE 模块发送到 CPU 级时，IFR 中与该中断相关的标志位 INTx 就会被置位（如 T0 的周期中断 TINT0 的请求到达 CPU 级时，IFR 中的标志位 INT1 就会被置位）。此时，CPU 并不马上进行中断服务，而是要判断 IER 寄存器允许位 INT1 是否已经使能（为 1 时使能），并且 CPU 寄存器 ST1 中的全局中断屏蔽位 INTM 也要处于非禁止状态（INTM 为 0）。如果 IER 中的允许位 INT1 被置位了，并且 INTM 的值为 0，则该中断申请就会被 CPU 响应。

调试中断使能寄存器 DEBIER 用于实时仿真（仿真运行时实时访问存储器和寄存器）模式时可屏蔽中断的使能和禁止。在 ST1 中设有类似 INTM 功能的 DEBM 屏蔽控制位。

IFR、IER 和 DBGIER 寄存器的格式类似，如图 5.2 所示。

D15	D14	D13	D12		D0
RTOSINT	DLOGINT	INT14	INT13	...	INT1
R/W-0	R/W-0	R/W-0	R/W-0		R/W-0

图 5.2   IFR、IER 和 DBGIER 寄存器的格式

IFR 寄存器的某位为 1，表示对应的外设产生中断请求；IER 寄存器的某位为 1，表示对应的外设中断使能；DBGIER 寄存器的某位为 1，表示对应的外设中断的调试中断使能。

5.1.2　PIE 外设中断扩展模块

一、PIE 模块的结构

F28335 片内含有丰富的外设,根据不同的事件,每种外设可以产生一个或多个不同优先级的外设级中断请求,但 F28335 的 CPU 仅能处理 32 个中断申请。因此,F28335 设置了一个专门对外设中断进行分组管理的 PIE 模块,该模块的结构如图 5.3 所示。

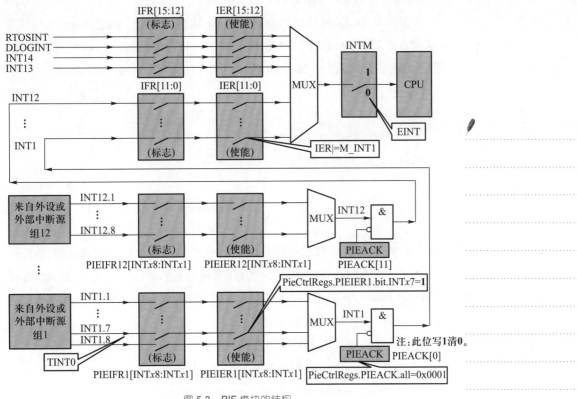

图 5.3　PIE 模块的结构

二、PIE 中断向量表映射

在表 5.3 中可以看到,PIE 中断向量表存储于地址 0x00 0D00 ～ 0x00 0DFF 所在的数据存储区中。为了使这段存储器与中断向量表相对应,需要完成以下工作:

1. 定义函数型指针变量

一个函数会占据一定的程序存储空间,这个空间的起始地址是用函数名来表示的,称为函数的入口地址。可以用指针指向这个入口地址,并通过该指针变量来调用

这个函数。这种指针变量称为函数型指针变量,其一般形式为:

　　　数据类型标识符　（＊指针变量）（）;

　　　例如:int　　（＊f）（ ）;

　　这里定义了指针 f,它指向的函数返回整型数据。注意,（＊f）中的括号不可缺少,标识 f 先与 ＊ 结合,是指针变量,然后再与后面的（）结合,表示此指针指向函数。

　　在 TI 提供的 DSP2833x_PieVect.h 文件中,先定义 PINT 为指向中断函数型指针,然后利用结构体建立中断向量表类型 PIE_VECT_TABLE,即:

　　typedef　interrupt　void（＊PINT）（void）;

　　该语句中,定义指针 PINT 为指向 interrupt 型函数的指针。因使用 interrupt 时,函数应被定义成返回 void,且无参数调用,故在（＊PINT）的后面加上（void）,表示 PINT 是指向函数的指针变量,且属于无参数调用。在（＊PINT）的前面加 interrupt void,表示 PINT 指向中断函数。

　　这样,在描述 PIE 中断矢量表时,可以定义如下的结构:

　　struct　　PIE_VECT_TABLE {

　　PINT　　PIE1_RESERVED;

　　… … … … … … … ;

　　PINT　　LUF;　　　　　　　　 // Latched underflow

　　}

即该结构体的元素为函数指针类型,而 PIE_VECT_TABLE 是一个结构类型,结构体中所有成员均为中断函数的首地址(即指向中断函数的指针)。因此,在定义其成员如 PIE1_RESERVED 时,要在其前面加 PINT,表示 PIE1_RESERVED 是 PINT 类型的变量,即指向中断函数的指针。

　　下面是 PIE_VECT_TABLE 定义的完整内容:

　　// PIE Interrupt Vector Table Definition://

　　// Create a user type called PINT (pointer to interrupt):

　　typedef interrupt void(＊PINT)(void);

　　// Define Vector Table:

　　struct PIE_VECT_TABLE

　　{

　　// Reset is never fetched from this table.

　　// It will always be fetched from 0x3FFFC0 in

```
// boot ROM
PINT    PIE1_RESERVED;
PINT    PIE2_RESERVED;
... ... ... ...
PINT    PIE13_RESERVED;
// Non-Peripheral Interrupts:
PINT    XINT13;          // XINT13/ CPU-Timer1
PINT    TINT2;           // CPU-Timer2
PINT    DATALOG;         // Datalogging interrupt
PINT    RTOSINT;         // RTOS interrupt
PINT    EMUINT;          // Emulation interrupt
PINT    XNMI;            // Non-maskable interrupt
PINT    ILLEGAL;         // Illegal operation TRAP
PINT    USER1;           // User Defined trap 1
PINT    USER2;           // User Defined trap 2
... ... ... ...
PINT    USER12;          // User Defined trap 12
// Group 1 PIE Peripheral Vectors:
PINT    SEQ1INT;
PINT    SEQ2INT;
PINT    rsvd1_3;
PINT    XINT1;
PINT    XINT2;
PINT    ADCINT;          // ADC
PINT    TINT0;           // Timer 0
PINT    WAKEINT;         // WD ,Low Power Mode
// Group 2 PIE Peripheral Vectors:
PINT    EPWM1_TZINT;  // EPWM-1
PINT    EPWM2_TZINT;  // EPWM-2
... ... ... ...
PINT    EPWM6_TZINT;  // EPWM-6
PINT    rsvd2_7;
```

```
PINT      rsvd2_8;
// Group 3 PIE Peripheral Vectors:
… … … …
// Group 12 PIE Peripheral Vectors:
PINT      XINT3;               // External interrupt
PINT      XINT4;
PINT      XINT5;
PINT      XINT6;
PINT      XINT7;
PINT      rsvd12_6;
PINT      LVF;                 // Latched overflow
PINT      LUF;                 // Latched underflow
};
```

实际的 PIE 中断向量表在存储器中的定位如表 5.4 所示。

表 5.4　实际的 PIE 中断向量表在存储器中的定位

中断名称	向量 ID 号	低位地址	说明	CPU 优先级	PIE 组优先级
Reset	0	0x00 0D00	复位向量取自 3FFFC0H	1（最高）	
INT1	1	0x00 0D02	不使用,见 PIE 组 1	5	
INT2	2	0x00 0D04	不使用,见 PIE 组 2	6	
…	…	…	…	…	
INT12	12	0x00 0D18	不使用,见 PIE 组 12	16	
INT13	13	0x00 0D1A	XINT13 或 CPU 定时器 1	17	
INT14	14	0x00 0D1C	CPU 定时器 2（RTOS use）	18	
DATALOG	15	0x00 0D1E	CPU 数据记录中断	19（最低）	
RTOSINT	16	0x00 0D20	CPU 实时操作系统中断	4	
EMUINT	17	0x00 0D22	CPU 仿真中断	2	
NMI	18	0x00 0D24	外部非屏蔽中断	3	
ILLIGAL	19	0x00 0D26	非法操作		

续表

中断名称	向量 ID 号	低位地址	说明	CPU 优先级	PIE 组优先级
USER1	20	0x00 0D28	用户定义的陷阱（trap）		
USER2	21	0x00 0D2A	用户定义的陷阱（trap）		
…	…	…	…	…	
USER12	31	0x00 0D3E	用户定义的陷阱（trap）		
PIE 组 1 向量——共用 CPU 中断 INT1					
INT1.1	32	0x00 0D40	SEQ1INT（ADC）	5	1
INT1.2	33	0x00 0D42	SEQ2INT（ADC）	5	2
INT1.3	34	0x00 0D44	保留	5	3
INT1.4	35	0x00 0D46	XINT1	5	4
INT1.5	36	0x00 0D48	XINT2	5	5
INT1.6	37	0x00 0D4A	ADCINT（ADC）	5	6
INT1.7	38	0x00 0D4C	TINT0（CPU-Timer0）	5	7
INT1.8	39	0x00 0D4E	WAKEINT（LPM/WD）	5	8
PIE 组 2 向量——共用 CPU 中断 INT2					
INT2.1	40	0x00 0D50	EPWM1_TZINT（EPWM1）	6	1
INT2.2	41	0x00 0D52	EPWM2_TZINT（EPWM2）	6	2
INT2.3	42	0x00 0D54	EPWM3_TZINT（EPWM3）	6	3
INT2.4	43	0x00 0D56	EPWM4_TZINT（EPWM4）	6	4
INT2.5	44	0x00 0D58	EPWM5_TZINT（EPWM5）	6	5
INT2.6	45	0x00 0D5A	EPWM6_TZINT（EPWM6）	6	6
INT2.7	46	0x00 0D5C	保留	6	7
INT2.8	47	0x00 0D5E	保留	6	8
PIE 组 3 向量——共用 CPU 中断 INT3					
INT3.1	48	0x00 0D60	EPWM1_INT（EPWM1）	7	1
INT3.2	49	0x00 0D62	EPWM2_INT（EPWM2）	7	2
INT3.3	50	0x00 0D64	EPWM3_INT（EPWM3）	7	3

续表

中断 名称	向量 ID 号	低位地址	说明	CPU 优 先级	PIE 组优 先级
INT3.4	51	0x00 0D66	EPWM4_INT （EPWM4）	7	4
INT3.5	52	0x00 0D68	EPWM5_INT （EPWM5）	7	5
INT3.6	53	0x00 0D6A	EPWM6_INT （EPWM6）	7	6
INT3.7	54	0x00 0D6C	保留	7	7
INT3.8	55	0x00 0D6E	保留	7	8
PIE 组 4 向量——共用 CPU 中断 INT4					
INT4.1	56	0x00 0D70	ECAP1_INT （ECAP1）	8	1
INT4.2	57	0x00 0D72	ECAP2_INT （ECAP2）	8	2
INT4.3	58	0x00 0D74	ECAP3_INT （ECAP3）	8	3
INT4.4	59	0x00 0D76	ECAP4_INT （ECAP4）	8	4
INT4.5	60	0x00 0D78	ECAP5_INT （ECAP5）	8	5
INT4.6	61	0x00 0D7A	ECAP6_INT （ECAP6）	8	6
INT4.7	62	0x00 0D7C	保留	8	7
INT4.8	63	0x00 0D7E	保留	8	8
PIE 组 5 向量——共用 CPU 中断 INT5					
INT5.1	64	0x00 0D80	EQEP1_INT （EQEP1）	9	1
INT5.2	65	0x00 0D82	EQEP2_INT （EQEP2）	9	2
INT5.3	66	0x00 0D84	保留	9	3
INT5.4	67	0x00 0D86	保留	9	4
INT5.5	68	0x00 0D88	保留	9	5
INT5.6	69	0x00 0D8A	保留	9	6
INT5.7	70	0x00 0D8C	保留	9	7
INT5.8	71	0x00 0D8E	保留	9	8
PIE 组 6 向量——共用 CPU 中断 INT6					
INT6.1	72	0x00 0D90	SPIRXINTA （SPI-A）	10	1

续表

中断名称	向量 ID 号	低位地址	说明	CPU 优先级	PIE 组优先级
INT6.2	73	0x00 0D92	SPITXINTA （SPI-A）	10	2
INT6.3	74	0x00 0D94	MRINTB （McBSP-B）	10	3
INT6.4	75	0x00 0D96	MXINTB （McBSP-B）	10	4
INT6.5	76	0x00 0D98	MRINTA （McBSP-A）	10	5
INT6.6	77	0x00 0D9A	MXINTA （McBSP-A）	10	6
INT6.7	78	0x00 0D9C	保留	10	7
INT6.8	79	0x00 0D9E	保留	10	8
PIE 组 7 向量——共用 CPU 中断 INT7					
INT7.1	80	0x00 0DA0	DINTCH1 （DMA 通道 1）	11	1
INT7.2	81	0x00 0DA2	DINTCH2 （DMA 通道 2）	11	2
INT7.3	82	0x00 0DA4	DINTCH3 （DMA 通道 3）	11	3
INT7.4	83	0x00 0DA6	DINTCH4 （DMA 通道 4）	11	4
INT7.5	84	0x00 0DA8	DINTCH5 （DMA 通道 5）	11	5
INT7.6	85	0x00 0DAA	DINTCH6 （DMA 通道 6）	11	6
INT7.7	86	0x00 0DAC	保留	11	7
INT7.8	87	0x00 0DAE	保留	11	8
PIE 组 8 向量——共用 CPU 中断 INT8					
INT8.1	88	0x00 0DB0	I2CINT1A （I2C-A）	12	1
INT8.2	89	0x00 0DB2	I2CINT2A （I2C-A）	12	2
INT8.3	90	0x00 0DB4	保留	12	3
INT8.4	91	0x00 0DB6	保留	12	4
INT8.5	92	0x00 0DB8	SCIRXINTC （SCI-C）	12	5
INT8.6	93	0x00 0DBA	SCITXINTC （SCI-C）	12	6
INT8.7	94	0x00 0DBC	保留	12	7
INT8.8	95	0x00 0DBE	保留	12	8

中断名称	向量ID号	低位地址	说明	CPU 优先级	PIE 组优先级
PIE 组 9 向量——共用 CPU 中断 INT9					
INT9.1	96	0x00 0DC0	SCIRXINTA （SCI-A）	13	1
INT9.2	97	0x00 0DC2	SCITXINTA （SCI-A）	13	2
INT9.3	98	0x00 0DC4	SCIRXINTB （SCI-B）	13	3
INT9.4	99	0x00 0DC6	SCITXINTB （SCI-B）	13	4
INT9.5	100	0x00 0DC8	ECAN0INTA （ECAN-A）	13	5
INT9.6	101	0x00 0DCA	ECAN1INTA （ECAN-A）	13	6
INT9.7	102	0x00 0DCC	ECAN0INTB （ECAN-B）	13	7
INT9.8	103	0x00 0DCE	ECAN1INTB （ECAN-B）	13	8
PIE 组 10 向量——共用 CPU 中断 INT10					
INT10.1	104	0x00 0DD0	保留	14	1
INT10.2	105	0x00 0DD2	保留	14	2
…	…	…	…	…	…
INT10.8	111	0x00 0DDE	保留	14	8
PIE 组 11 向量——共用 CPU 中断 INT11					
INT11.1	112	0x00 0DE0	保留	15	1
INT11.2	113	0x00 0DE2	保留	15	2
…	…	…	…	…	…
INT11.8	119	0x00 0DEE	保留	15	8
PIE 组 12 向量——共用 CPU 中断 INT12					
INT12.1	120	0x00 0DF0	XINT3	16	1
INT12.2	121	0x00 0DF2	XINT4	16	2
INT12.3	122	0x00 0DF4	XINT5	16	3
INT12.4	123	0x00 0DF6	XINT6	16	4
INT12.5	124	0x00 0DF8	XINT7	16	5

续表

中断 名称	向量 ID 号	低位地址	说明	CPU 优 先级	PIE 组优 先级
INT12.6	125	0x00 0DFA	保留	16	6
INT12.7	126	0x00 0DFC	LVF　（FPU）	16	7
INT12.8	127	0x00 0DFE	LUF　（FPU）	16	8

注：PIE 向量表各单元均受 EALLOW 保护；向量 ID 用于 DSP/BIOS。

2. 定义 PIE 中断向量表类型变量并分配地址

在 TI 提供的"DSP2833x_GlobalVariableDefs.c"文件中,定义了中断向量表类型变量 **PieVectTable**,并通过该变量定义"在数据空间的段名"**PieVectTableFile**。

…　…

struct　PIE_VECT_TABLE　PieVectTable;

#pragma DATA_SECTION(PieVectTable,"**PieVectTableFile**");

…　…

然后,在编译命令文件"DSP2833x_Headers_nonBIOS.cmd"中,为中断向量表确定存储空间。

MEMORY

{

　　PAGE 1：　　/＊ Data Memory ＊/

　　…　…

　　PIE_VECT：origin = 0x000D00,length = 0x000100　　/＊ PIE Vectors Table ＊/

　　…　…

}

SECTIONS

{

　　PieVectTableFile :>**PIE_VECT**,　PAGE = 1

　　…　…

}

3. 定义 PIE 中断向量表变量并初始化

在 TI 提供的"DSP2833x_PieVect.c"文件中有如下内容:

```
const struct   PIE_VECT_TABLE   PieVectTableInit = {

        PIE_RESERVED,      // 0   Reserved space
        PIE_RESERVED,      // 1   Reserved space
        ... ... ... ...
        PIE_RESERVED,      // 12 Reserved space


// Non-Peripheral Interrupts
        INT13_ISR,         // XINT13 or CPU-Timer 1
        INT14_ISR,         // CPU-Timer2
        DATALOG_ISR,       // Datalogging interrupt
        RTOSINT_ISR,       // RTOS interrupt
        EMUINT_ISR,        // Emulation interrupt
        NMI_ISR,           // Non-maskable interrupt
        ILLEGAL_ISR,       // Illegal operation TRAP
        USER1_ISR,         // User Defined trap 1
        USER2_ISR,         // User Defined trap 2
        ... ... ... ...
        USER12_ISR,        // User Defined trap 12


// Group 1 PIE Vectors
        SEQ1INT_ISR,       // 1.1 ADC
        SEQ2INT_ISR,       // 1.2 ADC
        rsvd_ISR,          // 1.3
        XINT1_ISR,         // 1.4
        XINT2_ISR,         // 1.5
        ADCINT_ISR,        // 1.6 ADC
        TINT0_ISR,         // 1.7 Timer 0
        WAKEINT_ISR,       // 1.8 Low Power Mode,WD


// Group 2 PIE Vectors
        EPWM1_TZINT_ISR,   // 2.1 EPWM-1 Trip Zone
```

```
    EPWM2_TZINT_ISR,      // 2.2 EPWM-2 Trip Zone
    … … … …
    EPWM6_TZINT_ISR,      // 2.6 EPWM-6 Trip Zone
    rsvd_ISR,             // 2.7
    rsvd_ISR,             // 2.8


// Group 3 PIE Vectors
    EPWM1_INT_ISR,        // 3.1 EPWM-1 Interrupt
    EPWM2_INT_ISR,        // 3.2 EPWM-2 Interrupt
    … … … …
    EPWM6_INT_ISR,        // 3.6 EPWM-6 Interrupt
    rsvd_ISR,             // 3.7
    rsvd_ISR,             // 3.8


// Group 4 PIE Vectors
    ECAP1_INT_ISR,        // 4.1 ECAP-1
    ECAP2_INT_ISR,        // 4.2 ECAP-2
    … … … …
    ECAP6_INT_ISR,        // 4.6 ECAP-6
    rsvd_ISR,             // 4.7
    rsvd_ISR,             // 4.8


// Group 5 PIE Vectors
    EQEP1_INT_ISR,        // 5.1 EQEP-1
    EQEP2_INT_ISR,        // 5.2 EQEP-2
    rsvd_ISR,             // 5.3
    rsvd_ISR,             // 5.4
    … … … …
    rsvd_ISR,             // 5.8


// Group 6 PIE Vectors
    SPIRXINTA_ISR,        // 6.1 SPI-A
```

```
        SPITXINTA_ISR,      // 6.2 SPI-A
        MRINTB_ISR,         // 6.3 McBSP-B
        MXINTB_ISR,         // 6.4 McBSP-B
        MRINTA_ISR,         // 6.5 McBSP-A
        MXINTA_ISR,         // 6.6 McBSP-A
        rsvd_ISR,           // 6.7
        rsvd_ISR,           // 6.8


// Group 7 PIE Vectors
        DINTCH1_ISR,        // 7.1    DMA channel 1
        DINTCH2_ISR,        // 7.2    DMA channel 2
        ... ... ... ...
        DINTCH6_ISR,        // 7.6    DMA channel 6
        rsvd_ISR,           // 7.7
        rsvd_ISR,           // 7.8


// Group 8 PIE Vectors
        I2CINT1A_ISR,       // 8.1    I2C-A
        I2CINT2A_ISR,       // 8.2    I2C-A
        rsvd_ISR,           // 8.3
        rsvd_ISR,           // 8.4
        SCIRXINTC_ISR,      // 8.5    SCI-C
        SCITXINTC_ISR,      // 8.6    SCI-C
        rsvd_ISR,           // 8.7
        rsvd_ISR,           // 8.8


// Group 9 PIE Vectors
        SCIRXINTA_ISR,      // 9.1 SCI-A
        SCITXINTA_ISR,      // 9.2 SCI-A
        SCIRXINTB_ISR,      // 9.3 SCI-B
        SCITXINTB_ISR,      // 9.4 SCI-B
        ECAN0INTA_ISR,      // 9.5 ECAN-A
```

```
    ECAN1INTA_ISR,         // 9.6 ECAN-A
    ECAN0INTB_ISR,         // 9.7 ECAN-B
    ECAN1INTB_ISR,         // 9.8 ECAN-B


// Group 10 PIE Vectors
    rsvd_ISR,              // 10.1
    rsvd_ISR,              // 10.2
    ... ... ...
    rsvd_ISR,              // 10.8


// Group 11 PIE Vectors
    rsvd_ISR,              // 11.1
    rsvd_ISR,              // 11.2
    ... ... ...
    rsvd_ISR,              // 11.8


// Group 12 PIE Vectors
    XINT3_ISR,             // 12.1
    XINT4_ISR,             // 12.2
    XINT5_ISR,             // 12.3
    XINT6_ISR,             // 12.4
    XINT7_ISR,             // 12.5
    rsvd_ISR,              // 12.6
    LVF_ISR,               // 12.7   FPU
    LUF_ISR,               // 12.8   FPU
};
//--------------------------------------------------------------------------
// InitPieVectTable:
//--------------------------------------------------------------------------
// This function initializes the PIE vector table to a known state.
// This function must be executed after boot time.
```

```
void InitPieVectTable(void)
{
    int16 i;
    Uint32  * Source = (void  *  ) &PieVectTableInit;
    volatile Uint32  * Dest = (void  *  ) &PieVectTable;

    EALLOW;
    for(i = 0; i < 128; i++)
        * Dest++ = * Source++;
    EDIS;

    // Enable the PIE Vector Table
    PieCtrlRegs.PIECTRL.bit.ENPIE = 1;
}
```

4. 编写中断服务程序

在 TI 提供的"DSP2833x_DefaultIsr.c"文件中有如下内容:

```
// INT1.4
interrupt void   XINT1_ISR(void)
{
    // Insert ISR Code here

    // To receive more interrupts from this PIE group,acknowledge this interrupt
    // PieCtrlRegs.PIEACK.all = PIEACK_GROUP1;

    // Next two lines for debug only to halt the processor here
    // Remove after inserting ISR Code
    asm ("          ESTOP0");
    for(;;);
}


// INT1.7
interrupt void   TINT0_ISR(void)          // CPU-Timer 0
```

```
    {
        // Insert ISR Code here

        // To receive more interrupts from this PIE group, acknowledge this interrupt
        // PieCtrlRegs.PIEACK.all = PIEACK_GROUP1;

        // Next two lines for debug only to halt the processor here
        // Remove after inserting ISR Code
        asm(" ESTOP0");
        for(;;);
    }
    ... ...   ... ...
    interrupt void PIE_RESERVED(void)   // Reserved space.   For test.
    {
        asm ("     ESTOP0");
        for(;;);
    }


    interrupt void rsvd_ISR(void)       // For test
    {
        asm("     ESTOP0");
        for(;;);
    }
```

三、PIE 配置和控制寄存器

PIE 配置和控制寄存器共有 26 个,其中有 12 个 PIE 中断标志寄存器 PIEIFRx(x = 1,2,…,12),12 个 PIE 中断使能寄存器 PIEIERx(x = 1,2,…,12),1 个 PIE 控制寄存器 PIECTRL,1 个 PIE 中断响应寄存器 PIEACK。PIE 配置和控制寄存器如表 5.5 所示。

表 5.5 PIE 配置和控制寄存器

寄存器	地址(H)	长度(x16)	说明
PIECTRL	00 0CE0	1	PIE 控制寄存器
PIEACK	00 0CE1	1	PIE 中断响应寄存器

寄存器	地址（H）	长度（x16）	说明
PIEIER1	00 0CE2	1	PIE,INT1 组中断使能寄存器
PIEIFR1	00 0CE3	1	PIE,INT1 组中断标志寄存器
PIEIER2	00 0CE4	1	PIE,INT2 组中断使能寄存器
PIEIFR2	00 0CE5	1	PIE,INT2 组中断标志寄存器
PIEIER3	00 0CE6	1	PIE,INT3 组中断使能寄存器
PIEIFR3	00 0CE7	1	PIE,INT3 组中断标志寄存器
PIEIER4	00 0CE8	1	PIE,INT4 组中断使能寄存器
PIEIFR4	00 0CE9	1	PIE,INT4 组中断标志寄存器
PIEIER5	00 0CEA	1	PIE,INT5 组中断使能寄存器
PIEIFR5	00 0CEB	1	PIE,INT5 组中断标志寄存器
PIEIER6	00 0CEC	1	PIE,INT6 组中断使能寄存器
PIEIFR6	00 0CED	1	PIE,INT6 组中断标志寄存器
PIEIER7	00 0CEE	1	PIE,INT7 组中断使能寄存器
PIEIFR7	00 0CEF	1	PIE,INT7 组中断标志寄存器
PIEIER8	00 0CF0	1	PIE,INT8 组中断使能寄存器
PIEIFR8	00 0CF1	1	PIE,INT8 组中断标志寄存器
PIEIER9	00 0CF2	1	PIE,INT9 组中断使能寄存器
PIEIFR9	00 0CF3	1	PIE,INT9 组中断标志寄存器
PIEIER10	00 0CF4	1	PIE,INT10 组中断使能寄存器
PIEIFR10	00 0CF5	1	PIE,INT10 组中断标志寄存器
PIEIER11	00 0CF6	1	PIE,INT11 组中断使能寄存器
PIEIFR11	00 0CF7	1	PIE,INT11 组中断标志寄存器
PIEIER12	00 0CF8	1	PIE,INT12 组中断使能寄存器
PIEIFR12	00 0CF9	1	PIE,INT12 组中断标志寄存器
保留	0CFA-0CFF	6	保留

注:PIE 配置和控制寄存器未受 EALLOW 保护。

1. PIE 控制寄存器 PIECTRL

PIECTRL 的位定义如图 5.4 所示。

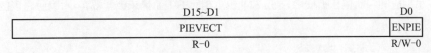

D15~D1	D0
PIEVECT	ENPIE
R-0	R/W-0

图 5.4 PIECTRL 的位定义

PIEVECT：该寄存器的高 15 位（位 1~位 15）表示 PIE 向量表中的中断向量地址（忽略最低位）。读 PIECTRL 寄存器，再把最低位置 0，就可以判断是哪个中断发生了。

ENPIE：PIE 中断向量表的使能位。该位为 **0** 时，PIE 模块被禁止，中断向量从 CPU 向量表（位于 BootROM）中读取；该位如果置 **1**，发生中断时，CPU 会从 PIE 中断向量表中读取中断向量。

2. PIE 中断响应寄存器 PIEACK

PIEACK 的位定义如图 5.5 所示。

D15~D12	D11~D0
Reserved	PIEACKx
R-0	RW1C-0

图 5.5 PIEACK 的位定义

PIEACKx：该寄存器的低 12 位（位 0~位 11）分别对应 12 组 CPU 中断（INT1~INT12）。当 CPU 响应某个中断时，该寄存器的对应位自动置 1，从而阻止了本组其他中断申请向 CPU 的传递。在中断服务程序中，通过对该位清 0（写 1 清 0）才能开放本组后续的中断申请。

PIE 模块设置的 PIEACK 寄存器，使得同组同一时间只能放一个 PIE 中断过去，只有等到这个中断被响应，给 PIEACK 写 **1**，才能让同组的下一个中断过去。

3. PIE 中断标志寄存器 PIEIFRx 和中断使能寄存器 PIEIERx

PIEIFRx(x = 1~12) 和 PIEIERx(x = 1~12) 的位定义相同，如图 5.6 所示。

D15~D8							
Reserved							
R-0							

D7	D6	D5	D4	D3	D2	D1	D0
INTx.8	INTx.7	INTx.6	INTx.5	INTx.4	INTx.3	INTx.2	INTx.1
R/W-0	R/W-0	R/W-0	R/W-0	R/W-0	R/W-0	R/W-0	R/W-0

图 5.6 PIEIFRx 及 PIEIERx 的位定义

INTx.y(y = 1~8)：对于 PIEIFRx，外设产生中断事件时，相应的中断标志位置位。当该中断响应后，相应位会自动清 **0**，也可以用程序写 **0** 清 **0**；对于 PIEIERx，某位为 **1**

表示相应的中断请求被使能,某位为 **0** 表示相应的中断请求被屏蔽,中断响应后该位被自动清 **0**。

4. 外部中断相关寄存器

F28335 支持的外部中断有 XINT1 ~ XINT7 中断和 XINT13 中断。XINT1 ~ XINT7 中断要由 PIE 模块管理,而 XINT13 中断要与非屏蔽中断 XNMI 共用内部逻辑引脚 XNMI_XINT13(图 5.1 所示的逻辑引脚 XNMI_XINT13 并非 DSP 的外部 I/O 口,而是通过寄存器 GPIOXNMISEL 配置的 GPIO0 ~ GPIO31 中的任意一个),功能选择由控制寄存器 XNMICR 实现。如果选择 XINT13 时,该中断使用 CPU 的 INT13 中断(属于可屏蔽中断)。

(1) XINTnCR(n = 1 ~ 7)

这 7 个寄存器的位定义类似,位定义如图 5.7 所示。

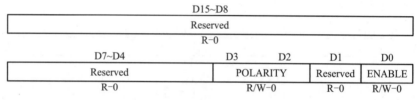

图 5.7　XINTnCR 的位定义

D3 ~ D2 位是触发极性控制位:x**0**,下降沿触发;**01**,上升沿触发;**11**,上升沿或下降沿触发。

D0 位是中断使能或禁止位:**0**,禁止;**1**,使能。

(2) XNMICR

如果不用非屏蔽中断,想用 XINT13 外中断,可以将 XNMICR 寄存器的 D0 设为 **0**,这时 XNMI_ XINT13 对应引脚就配置为 XINT13 的功能。在这种情况下,要将 D1 位置 **1**。XNMICR 寄存器的位定义如图 5.8 所示。POLARITY 位的含义与 XINTnCR 中该位的含义相同。

如果想使用非屏蔽中断,请查看本章非屏蔽中断部分的说明。

D15~D8			
Reserved			
R-0			

D7~D4	D3　　D2	D1	D0
Reserved	POLARITY	SELECT	ENABLE
R-0	R/W-0	R/W-0	R/W-0

图 5.8　XNMICR 寄存器的位定义

四、PIE 模块寄存器的程序操作

1. PIE 控制寄存器的位结构描述

在 TI 提供的文件 DSP2833x_PieCtrl.h 中有如下定义：

```
//-------------------------------------------------------------------------
// PIE Control Register Bit Definitions：
//
// PIECTRL：Register bit definitions：
struct PIECTRL_BITS {    // bits description
    Uint16  ENPIE：1；     // 0    Enable PIE block
    Uint16  PIEVECT：15；// 15：1 Fetched vector address
}；


union PIECTRL_REG {
    Uint16              all；
    struct PIECTRL_BITS   bit；
}；


// PIEIER：Register bit definitions：
struct PIEIER_BITS {          // bits description
    Uint16 INTx1：1；      // 0       INTx.1
    Uint16 INTx2：1；      // 1       INTx.2
    … … … …
    Uint16 INTx8：1；      // 7       INTx.8
    Uint16 rsvd：8；       // 15：8 reserved
}；


union PIEIER_REG {
    Uint16              all；
    struct PIEIER_BITS   bit；
}；


// PIEIFR：Register bit definitions：
```

```
struct PIEIFR_BITS {          // bits description
    Uint16 INTx1:1;           // 0      INTx.1
    Uint16 INTx2:1;           // 1      INTx.2
    ... ... ... ...
    Uint16 INTx8:1;           // 7      INTx.8
    Uint16 rsvd:8;            // 15:8 reserved
};


union PIEIFR_REG {
    Uint16                    all;
    struct PIEIFR_BITS    bit;
};


// PIEACK:Register bit definitions:
struct PIEACK_BITS {    // bits description
    Uint16 ACK1:1;      // 0      Acknowledge PIE interrupt group 1
    Uint16 ACK2:1;      // 1      Acknowledge PIE interrupt group 2
    ... ... ... ...
    Uint16 ACK12:1;     // 11     Acknowledge PIE interrupt group 12
    Uint16 rsvd:4;      // 15:12 reserved
};


union PIEACK_REG {
    Uint16                    all;
    struct PIEACK_BITS    bit;
};


//-------------------------------------------------------------------------
// PIE Control Register File:
//
struct PIE_CTRL_REGS {
    union PIECTRL_REG    PIECTRL;  // PIE control register
```

```
      union PIEACK_REG       PIEACK;      // PIE acknowledge
      union PIEIER_REG       PIEIER1;     // PIE int1 IER register
      union PIEIFR_REG       PIEIFR1;     // PIE int1 IFR register
      union PIEIER_REG       PIEIER2;     // PIE INT2 IER register
      union PIEIFR_REG       PIEIFR2;     // PIE INT2 IFR register
      ... ... ... ...
      ... ... ... ...
      union PIEIER_REG       PIEIER12;    // PIE int12 IER register
      union PIEIFR_REG       PIEIFR12;    // PIE int12 IFR register
};

#define PIEACK_GROUP1      0x0001
#define PIEACK_GROUP2      0x0002
#define PIEACK_GROUP3      0x0004
#define PIEACK_GROUP4      0x0008
#define PIEACK_GROUP5      0x0010
#define PIEACK_GROUP6      0x0020
#define PIEACK_GROUP7      0x0040
#define PIEACK_GROUP8      0x0080
#define PIEACK_GROUP9      0x0100
#define PIEACK_GROUP10     0x0200
#define PIEACK_GROUP11     0x0400
#define PIEACK_GROUP12     0x0800


//-------------------------------------------------------------------------
// PIE Control Registers External References & Function Declarations:
extern volatile struct PIE_CTRL_REGS PieCtrlRegs;
```

2. 定义 PIE 控制寄存器变量并分配地址

在 TI 提供的文件"DSP2833x_GlobalVariableDefs.c"中定义了 PIE 控制寄存器类型变量 PieCtrlRegs,并通过该变量定义"在数据空间的段名"PieCtrlRegsFile。

... ...

```
#pragma DATA_SECTION(PieCtrlRegs,"PieCtrlRegsFile");
```

```
volatile    struct    PIE_CTRL_REGS    PieCtrlRegs;
…    …
```

然后,在编译命令文件"DSP2833x_Headers_nonBIOS.cmd"中,为 PIE 控制寄存器确定存储空间。

```
MEMORY
{
  PAGE 1:      / * Data Memory * /
  …    …
  PIE_CTRL  :origin = 0x000CE0 , length = 0x000020      / * PIE control registers * /
  …    …
}


SECTIONS
{
  PieCtrlRegsFile   :>PIE_CTRL ,      PAGE = 1
  …    …
}
```

3. PIE 控制寄存器初始化

在 TI 提供的文件"DSP2833x_PieCtrl.c"中有如下函数:

```
//----------------------------------------------------------------------------
// InitPieCtrl:
//----------------------------------------------------------------------------
// This function initializes the PIE control registers to a known state.
//
void  InitPieCtrl( void)
{
    // Disable Interrupts at the CPU level:
    DINT;

    // Disable the PIE
    PieCtrlRegs.PIECRTL.bit.ENPIE = 0 ;
```

```
        // Clear all PIEIER registers:
        PieCtrlRegs.PIEIER1.all = 0;
        PieCtrlRegs.PIEIER2.all = 0;
        … … … …
        PieCtrlRegs.PIEIER12.all = 0;


        // Clear all PIEIFR registers:
        PieCtrlRegs.PIEIFR1.all = 0;
        PieCtrlRegs.PIEIFR2.all = 0;
        … … … …
        PieCtrlRegs.PIEIFR12.all = 0;
}


//-----------------------------------------------------------------------
// EnableInterrupts:
//-----------------------------------------------------------------------
// This function enables the PIE module and CPU interrupts
//
void    EnableInterrupts()
{
        // Enable the PIE
        PieCtrlRegs.PIECTRL.bit.ENPIE = 1;

        // Enables PIE to drive a pulse into the CPU
        PieCtrlRegs.PIEACK.all = 0xFFFF;

        // Enable Interrupts at the CPU level
        EINT;
}
```

五、可屏蔽中断综合示例

C28x 采用三级中断的结构,区别于大家熟悉的单片机,其配置方式稍显复杂。此处以 EPWM1 可屏蔽中断为例,给出了逻辑配置导图,如图 5.9 所示。注意:在所有的中断配置前,需查表 5.1 确定该中断在三级中断的位置。例如,EPWM1 为 CPU 级中断的 INT3,是 PIE 级中断的第 3 组中的第 1 个。

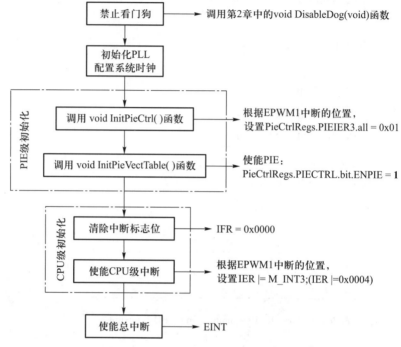

图 5.9　EPWM1 可屏蔽中断的逻辑配置导图

5.1.3　非屏蔽中断

非屏蔽中断是指不能通过软件进行禁止和允许的中断,CPU 检测到这类中断请求时会立即响应,并转去执行相应的中断服务子程序。

F28335 的非屏蔽中断包括:软件中断、非法指令中断、硬件 NMI 中断和硬件复位中断$\overline{\text{XRS}}$。

一、软件中断

1. INTR 指令

INTR 指令用于执行某个特定的中断服务程序。该指令可以避开硬件中断机制而将程序流程直接转向由 INTR 指令的参数所对应的中断服务程序。指令的参数为:INT1 ~ INT14、DLOGINT、RTOSINT 和 NMI。例如:

INTR INT1; 直接执行 INT1 中断服务程序

2. TRAP 指令

TRAP 指令用于通过使用中断向量号来调用相应的中断服务子程序。该指令的中断向量号的范围是:0~31。

二、非法指令中断

当 F28335 的 CPU 执行无效的指令时,会触发非法指令中断。

三、硬件 NMI 中断

XNMI 既可以作为 CPU 的 INT13 中断源,也可以作为 CPU 的 NMI 中断源,如果要用非屏蔽中断功能,就要将控制寄存器 XNMICR 的 D0 位设置为 1(如图 5.8 所示)。

在 D0 位为 1 时,CPU 中断 NMI 和 INT13 都可能发生,具体的配置如表 5.6 所示。

扩展阅读:
如何退出非法中断?

表 5.6 NMI 和 INT13 中断源配置表

D0 位	D1 位	NMI 源	INT13 源	时间标记
0	**0**	禁止	CPU Timer 1	None
0	**1**	禁止	XNMI	None
1	**0**	XNMI	CPU Timer 1	XNMI
1	**1**	禁止	XNMI	XNMI

对于外部引脚中断,可以利用 16 位的计数器记录中断发生的时刻(表中的时间标记),该计数器在中断发生时和系统复位时清 **0**。

四、硬件复位中断 $\overline{\text{XRS}}$

硬件复位中断 $\overline{\text{XRS}}$ 是 F28335 中优先级最高的中断。发生硬件复位时,CPU 会到 0x3F FFC0 地址去取复位向量,执行复位引导程序。

5.2 F28335 的 CPU 定时器

F28335 片上有 3 个 32 位的 CPU 定时器,分别称为 Timer0、Timer1 和 Timer2。其中,Timer2 保留给 DSP/BIOS 使用。如果应用系统不使用 DSP/BIOS,则全部 3 个定时器都可以供用户使用。这些定时器与 ePWM 模块提供的通用(GP)定时器不同。

5.2.1 定时器结构原理

F28335 的 CPU 定时器结构如图 5.10 所示。

当定时器控制寄存器的位 TCR.4 为 **0** 时,定时器就被启动,16 位的预定标计数器(PSCH:PSC)对系统时钟 SYSCLKOUT 进行减 **1** 计数,计数器下溢时产生借位信号,32 位计数器(TIMH:TIM)对此借位信号再进行减 **1** 计数。

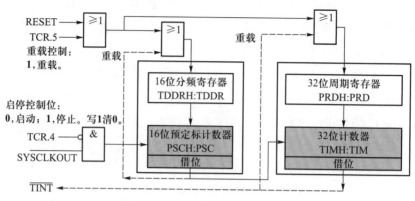

图 5.10 F28335 的 CPU 定时器结构

16 位分频寄存器(TDDRH:TDDR)用于预定标计数器的重载,每当预定标计数器下溢时,分频寄存器中的内容都会装入预定标计数器。与此类似,计数器(TIMH: TIM)的重载会由 32 位周期寄存器(PRDH:PRD)来完成。

当计数器(TIMH:TIM)下溢时,借位信号会产生中断信号$\overline{\text{TINT}}$,但应该注意,3 个 CPU 定时器产生的中断信号向 CPU 传递的通道是不同的。

F28335 复位时,3 个 CPU 定时器均处于使能状态。在复位信号的控制下,16 位预定标计数器和 32 位计数器都会装入预置好的计数值。

5.2.2 定时器中断的申请途径

虽然 3 个 CPU 定时器的工作原理基本相同,但它们向 CPU 申请中断的途径是不同的,如图 5.11 所示。定时器 2 的中断申请信号直接送到 CPU 的中断控制逻辑;定时器 1 的中断申请信号要经过多路器的选择后才能送到 CPU 的中断控制逻辑;定时器 0 的中断申请信号要经过 PIE 模块分组处理后才能送到 CPU 的中断控制逻辑。

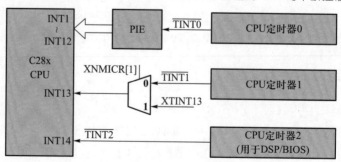

图 5.11 定时器中断的申请途径

5.2.3 定时器寄存器及位域结构体定义

每个 CPU 定时器的工作都是由各自的控制寄存器、32 位计数器、32 位周期寄存器、16 位预定标计数器和 16 位分频寄存器控制的,这些寄存器汇总如表 5.7 所示。

表 5.7 CPU 定时器的相关寄存器汇总

寄存器名称	地址	长度(字)	说明
TIMER0TIM	0x00 0C00	1	CPU 定时器 0 计数器低 16 位
TIMER0TIMH	0x00 0C01	1	CPU 定时器 0 计数器高 16 位
TIMER0PRD	0x00 0C02	1	CPU 定时器 0 周期寄存器低 16 位
TIMER0PRDH	0x00 0C03	1	CPU 定时器 0 周期寄存器高 16 位
TIMER0TCR	0x00 0C04	1	CPU 定时器 0 控制寄存器
Reserved	0x00 0C05	1	保留
TIMER0TPR	0x00 0C06	1	CPU 定时器 0 预定标寄存器低 16 位
TIMER0TPRH	0x00 0C07	1	CPU 定时器 0 预定标寄存器高 16 位
TIMER1TIM	0x00 0C08	1	CPU 定时器 1 计数器低 16 位
TIMER1TIMH	0x00 0C09	1	CPU 定时器 1 计数器高 16 位
TIMER1PRD	0x00 0C0A	1	CPU 定时器 1 周期寄存器低 16 位
TIMER1PRDH	0x00 0C0B	1	CPU 定时器 1 周期寄存器高 16 位
TIMER1TCR	0x00 0C0C	1	CPU 定时器 1 控制寄存器
Reserved	0x00 0C0D	1	保留
TIMER1TPR	0x00 0C0E	1	CPU 定时器 1 预定标寄存器低 16 位
TIMER1TPRH	0x00 0C0F	1	CPU 定时器 1 预定标寄存器高 16 位
TIMER2TIM	0x00 0C10	1	CPU 定时器 2 计数器低 16 位
TIMER2TIMH	0x00 0C11	1	CPU 定时器 2 计数器高 16 位
TIMER2PRD	0x00 0C12	1	CPU 定时器 2 周期寄存器低 16 位
TIMER2PRDH	0x00 0C13	1	CPU 定时器 2 周期寄存器高 16 位

寄存器名称	地址	长度(字)	说明
TIMER2TCR	0x00 0C14	1	CPU 定时器 2 控制寄存器
Reserved	0x00 0C15	1	保留
TIMER2TPR	0x00 0C16	1	CPU 定时器 2 预定标寄存器低 16 位
TIMER2TPRH	0x00 0C17	1	CPU 定时器 2 预定标寄存器高 16 位
Reserved	0x00 0C18 0x00 0C3F	40	保留

一、定时器控制寄存器 TIMERxTCR

1. TIMERxTCR 的位定义

3 个定时器控制寄存器的地址分别为 0x0C04、0x0C0C 和 0x0C14,这 3 个寄存器的位定义如图 5.12 所示。

D15	D14	D13~D12	D11	D10	D9~D8
TIF	TIE	Reserved	FREE	SOFT	Reserved
R/W-0	R/W-0	R-0	R/W-0	R/W-0	R-0

D7~D6	D5	D4	D3~D0
Reserved	TRB	TSS	Reserved
R-0	R/W-0	R/W-0	R-0

图 5.12　TIMERxTCR 的位定义

定时器控制寄存器 TIMERxTCR 各位的含义如表 5.8 所示。

表 5.8　TIMERxTCR 各位的含义

位号	名称	说明
15	TIF	CPU 定时器中断标志位。计数器减到 0 时置 1。该位写 1 清 0,写 0 无影响
14	TIE	CPU 定时器中断使能位。该位置 1 时,若计数器减到 0,则定时器中断生效
13~12	Reserved	保留

续表

位号	名称	说明
11~10	FREE、SOFT	CPU 定时器仿真模式位： **00**,遇到断点后,定时器在 TIMH:TIM 计数器下次减到 1 后停止（hard stop） **01**,遇到断点后,定时器在 TIMH:TIM 计数器减到 0 后才停止（soft stop） **1**x,遇到断点后,定时器运行不受影响
9~6	Reserved	保留
5	TRB	CPU 定时器重载控制位。向该位写 **0**,无影响;写 **1**,产生重载动作
4	TSS	CPU 定时器启停控制位。向该位写 **0**,定时器启动;写 **1**,定时器停止
3~0	Reserved	保留

2. TIMERxTCR 的位结构定义

F28335 外设的位域结构体将属于某个外设的所有寄存器组成一个集合,该结构体对应该外设寄存器的内存映射。采用映射方法可以使用数据页指针（DP）直接访问外设寄存器。由于这些寄存器都定义了位域,从而使编译器能方便地操作某个寄存器的位域。

```
struct   TCR_BITS {        // bits     description
    Uint16    rsvd1:4;     // 3:0      reserved
    Uint16    TSS:1;       // 4        Timer Start/Stop
    Uint16    TRB:1;       // 5        Timer reload
    Uint16    rsvd2:4;     // 9:6      reserved
    Uint16    SOFT:1;      // 10       Emulation modes
    Uint16    FREE:1;      // 11
    Uint16    rsvd3:2;     // 12:13    reserved
    Uint16    TIE:1;       // 14       Output enable
    Uint16    TIF:1;       // 15       Interrupt flag
};
```

这里利用结构体类型 TCR_BITS 建立起定时器控制寄存器 TIMERxTCR 的位功能与定时器变量的对应关系（对照图 5.11）,然后,再定义共用体类型如下：

```
union TCR_REG {
    Uint16              all;
    struct TCR_BITS     bit;
};
```

共用体类型 TCR_REG 使定时器控制寄存器可以按字访问,也可以按位访问。

二、32 位计数器 TIMER*x*TIMH 和 TIMER*x*TIM

1. TIMER*x*TIMH 和 TIMER*x*TIM 的位定义

TIMER*x*TIMH 和 TIMER*x*TIM 的位定义如图 5.13 所示。

D15~D0
TIMH
R/W-0

D15~D0
TIM
R/W-0

图 5.13   TIMER*x*TIMH 和 TIMER*x*TIM 的位定义

2. TIMER*x*TIMH 和 TIMER*x*TIM 的位结构定义

```
struct TIM_REG {
    Uint16    LSW;
    Uint16    MSW;
};


union TIM_GROUP {
    Uint32               all;
    struct   TIM_REG   half;
};
```

三、32 位周期寄存器 TIMER*x*PRDH 和 TIMER*x*PRD

1. TIMER*x*PRDH 和 TIMER*x*PRD 的位定义

TIMER*x*PRDH 和 TIMER*x*PRD 的位定义如图 5.14 所示。

D15~D0
PRDH
R/W-0

D15~D0
PRD
R/W-0

图 5.14   TIMER*x*PRDH 和 TIMER*x*PRD 的位定义

2. TIMER*x*PRDH 和 TIMER*x*PRD 的位结构定义

```
struct PRD_REG {
    Uint16    LSW;
    Uint16    MSW;
};

union PRD_GROUP {
    Uint32              all;
    struct PRD_REG    half;
};
```

四、预定标寄存器高 16 位 TIMER*x*TPRH 和低 16 位 TIMER*x*TPR

1. TIMER*x*TPRH 和 TIMER*x*TPR 的位定义

TIMER*x*TPRH 和 TIMER*x*TPR 都是 16 位的寄存器。它们的高 8 位组合成 16 位的分频寄存器 PSCH：PSC，它们的低 8 位组合成 16 位的预定标计数器 TDDRH：TDDR。TIMER*x*TPRH 和 TIMER*x*TPR 的位定义如图 5.15 所示。

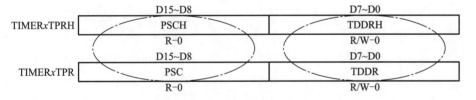

图 5.15 TIMER*x*TPRH 和 TIMER*x*TPR 的位定义

2. TIMER*x*TPRH 和 TIMER*x*TPR 的位结构定义

```
//TPRH：Pre-scale high bit definitions：
struct   TPRH_BITS {           //bits    description
    Uint16      TDDRH：8;    //7：0   Divide-down high
    Uint16      PSCH：8;     //15：8   Prescale counter high
};

union TPRH_REG {
    Uint16                 all;
    struct   TPRH_BITS    bit;
```

```
};

//TPR:Pre-scale low bit definitions:
struct  TPR_BITS {              //bits      description
    Uint16      TDDR:8;         //7:0       Divide-down low
    Uint16      PSC:8;          //15:8      Prescale counter low
};

union TPR_REG {
    Uint16              all;
    struct  TPR_BITS    bit;
};
```

五、CPU 定时器寄存器组定义

```
struct CPUTIMER_REGS {
    union   TIM_GROUP       TIM;        //Timer counter register
    union   PRD_GROUP       PRD;        //Period register
    union   TCR_REG         TCR;        //Timer control register
    Uint16                  rsvd1;      //reserved
    union   TPR_REG         TPR;        //Timer pre-scale low
    union   TPRH_REG        TPRH;       //Timer pre-scale high
};
```

六、CPU 定时器变量定义

```
struct CPUTIMER_VARS {
    volatile struct   CPUTIMER_REGS   * RegsAddr;
    Uint32    InterruptCount;
    float     CPUFreqInMHz;
    float     PeriodInUSec;
};
```

七、CPU 定时器函数原型及外部定义

```
void InitCpuTimers(void);
void ConfigCpuTimer(struct CPUTIMER_VARS * Timer,float Freq,float Period);
```

```
extern    volatile    struct    CPUTIMER_REGS    CpuTimer0Regs;
extern    struct    CPUTIMER_VARS    CpuTimer0;
```

//下面函数初始化 3 个 CPU 定时器为已知状态

```
void InitCpuTimers(void)
{
    //CPU Timer 0
    //Initialize address pointers to respective timer registers:
    CpuTimer0.RegsAddr = &CpuTimer0Regs;
    //Initialize timer period to maximum:
    CpuTimer0Regs.PRD.all = 0xFFFFFFFF;
    //Initialize pre-scale counter to divide by 1 (SYSCLKOUT):
    CpuTimer0Regs.TPR.all = 0;
    CpuTimer0Regs.TPRH.all = 0;
    //Make sure timer is stopped:
    CpuTimer0Regs.TCR.bit.TSS = 1;
    //Reload all counter register with period value:
    CpuTimer0Regs.TCR.bit.TRB = 1;
    //Reset interrupt counters:
    CpuTimer0.InterruptCount = 0;


    //CpuTimer2 is reserved for DSP BIOS & other RTOS
    //Do not use this timer if you ever plan on integrating
    //DSP-BIOS or another realtime OS.


    //Initialize address pointers to respective timer registers:
    CpuTimer1.RegsAddr = &CpuTimer1Regs;
    CpuTimer2.RegsAddr = &CpuTimer2Regs;
    //Initialize timer period to maximum:
    CpuTimer1Regs.PRD.all = 0xFFFFFFFF;
    CpuTimer2Regs.PRD.all = 0xFFFFFFFF;
    //Make sure timers are stopped:
```

```
        CpuTimer1Regs.TCR.bit.TSS = 1;

        CpuTimer2Regs.TCR.bit.TSS = 1;

        //Reload all counter register with period value:

        CpuTimer1Regs.TCR.bit.TRB = 1;

        CpuTimer2Regs.TCR.bit.TRB = 1;

        //Reset interrupt counters:

        CpuTimer1.InterruptCount = 0;

        CpuTimer2.InterruptCount = 0;

}
```

//下面函数初始化选定的定时器为指定的频率和周期,频率以"MHz"为单位
//周期以"us"为单位,配置后,定时器处于停止状态

```
void ConfigCpuTimer( struct CPUTIMER_VARS  * Timer, float Freq, float Period)
{
    Uint32    temp;

    //Initialize timer period:

    Timer->CPUFreqInMHz = Freq;

    Timer->PeriodInUSec = Period;

    temp = (long) (Freq * Period);

    Timer->RegsAddr->PRD.all = temp;

    //Set pre-scale counter to divide by 1 (SYSCLKOUT):

    Timer->RegsAddr->TPR.all    = 0;

    Timer->RegsAddr->TPRH.all   = 0;

    //Initialize timer control register:

    Timer->RegsAddr->TCR.bit.TSS = 1;           //1 = Stop timer, 0 = Start/Re-
                                                //start Timer

    Timer->RegsAddr->TCR.bit.TRB = 1;           //1 = reload timer

    Timer->RegsAddr->TCR.bit.SOFT = 1;

    Timer->RegsAddr->TCR.bit.FREE = 1;          //Timer Free Run
```

```
    Timer->RegsAddr->TCR.bit.TIE = 1 ;              //0 = Disable/ 1 = Enable
                                                    //Timer Interrupt


    //Reset interrupt counter：
    Timer->InterruptCount = 0 ;
}
```

八、常用的 CPU 定时器操作定义

```
//启动定时器：
#define StartCpuTimer0( )    CpuTimer0Regs.TCR.bit.TSS = 0
//停止定时器：
#define StopCpuTimer0( )    CpuTimer0Regs.TCR.bit.TSS = 1
//定时器周期重装：
#define ReloadCpuTimer0( )    CpuTimer0Regs.TCR.bit.TRB = 1
//读 32 位定时器值：
#define ReadCpuTimer0Counter( )    CpuTimer0Regs.TIM.all
//读 32 位周期值：
#define ReadCpuTimer0Period( )    CpuTimer0Regs.PRD.all
```

5.3 中断和 CPU 定时器应用示例

5.3.1 定时器应用示例

【例 5-1】 编写 C 语言定时中断程序，实现 LED 间隔 0.5 s 闪烁。程序验证采用硬件仿真（Emulator）。程序如下：

```
//#####################################################################
//Description：(本例源于 TI 提供的示例，仅将引脚 GPIO32 换成了 GPIO1)
//This example configures CPU Timer0 for a 500 msec period, and toggles the GPIO1
//LED on the 2833x eZdsp once per interrupt.For testing purposes, this example
//also increments a counter each time the timer asserts an interrupt.
//Monitor the GPIO1 LED blink on（for 500 msec）and off（for 500 msec）on
//#####################################################################
#include " DSP28x_Project.h"                    //Device Headerfile and
```

```
                                                    //Examples Include File

        interrupt void cpu_timer0_isr(void);

        void main(void)
        {
             InitSysCtrl();

             DINT;
             InitPieCtrl();
             IER = 0x0000;
             IFR = 0x0000;
             InitPieVectTable();

             EALLOW;
             PieVectTable.TINT0 = &cpu_timer0_isr;
             EDIS;

             InitCpuTimers();                                 //初始化 CPU 定时器
             ConfigCpuTimer(&CpuTimer0,150,500000);           //配置 CPU-Timer 0 定
                                                              //时 0.5 s 中断
             CpuTimer0Regs.TCR.all = 0x4000;                  //允许中断,启动定时器

             EALLOW;
             GpioCtrlRegs.GPAMUX1.bit.GPIO1 = 0;
             GpioCtrlRegs.GPADIR.bit.GPIO1 = 1;
             EDIS;

             IER |= M_INT1;
             PieCtrlRegs.PIEIER1.bit.INTx7 = 1;
             EINT;                                            //使能全局中断 INTM
             ERTM;                                            //使能仿真中断 DBGM
```

```
        for( ; ; );
}


interrupt void cpu_timer0_isr(void)
{

        CpuTimer0.InterruptCount++;
        GpioDataRegs.GPATOGGLE.bit.GPIO1 = 1;        //每 0.5 s GPIO1 翻转 1 次
        PieCtrlRegs.PIEACK.all = PIEACK_GROUP1;      //应答本中断,以便接收本
                                                     //组其他中断

}
```

5.3.2　中断应用示例

【例 5-2】　编写 C 语言中断程序,实现 LED 闪动显示中断号。程序验证采用硬件仿真(Emulator)。程序如下:

```
#include "DSP2833x_Device.h"        //DSP2833x Headerfile Include File
#include "DSP2833x_Examples.h"      //DSP2833x Examples Include File


interrupt void ISRExint3(void);
interrupt void ISRExint4(void);
interrupt void ISRExint5(void);
interrupt void ISRExint6(void);


void configtestled(void);


Uint16 sign;


void main(void)
{
        InitSysCtrl();


        InitXintf16Gpio();
```

```
        DINT;
        InitPieCtrl();
        IER = 0x0000;
        IFR = 0x0000;
        InitPieVectTable();

        EALLOW;
        PieVectTable.XINT3 = &ISRExint3;
        PieVectTable.XINT4 = &ISRExint4;
        PieVectTable.XINT5 = &ISRExint5;
        PieVectTable.XINT6 = &ISRExint6;
        EDIS;

        PieCtrlRegs.PIECTRL.bit.ENPIE = 1;//Enable the PIE block
        PieCtrlRegs.PIEIER12.bit.INTx1 = 1;
        PieCtrlRegs.PIEIER12.bit.INTx2 = 1;
        PieCtrlRegs.PIEIER12.bit.INTx3 = 1;
        PieCtrlRegs.PIEIER12.bit.INTx4 = 1;

        IER |= M_INT12;              //使能 CPU 级中断 INT12
        EINT;                        //使能全局中断
        ERTM;                        //使能仿真中断
        configtestled();

        sign = 0;

        while(1)
        {
            if(sign == 0)            //缺省无中断显示
            {
                GpioDataRegs.GPASET.all = 0x0000000F;
                DELAY_US(50000);
```

```
        DELAY_US(50000);
        GpioDataRegs.GPATOGGLE.all = 0x0000000F;
        DELAY_US(50000);
        DELAY_US(50000);
    }
    if( sign = = 3 )              //XINT3 中断显示
    {
        GpioDataRegs.GPASET.all = 0x00000003;
        DELAY_US(50000);
        GpioDataRegs.GPATOGGLE.all = 0x00000003;
        DELAY_US(50000);
    }
    if( sign = = 4 )              //XINT4 中断显示
    {
        GpioDataRegs.GPASET.all = 0x00000004;
        DELAY_US(50000);
        GpioDataRegs.GPATOGGLE.all = 0x00000004;
        DELAY_US(50000);
    }
    if( sign = = 5 )              //XINT5 中断显示
    {
        GpioDataRegs.GPASET.all = 0x00000005;
        DELAY_US(50000);
        GpioDataRegs.GPATOGGLE.all = 0x00000005;
        DELAY_US(50000);
    }
    if( sign = = 6 )              //XINT6 中断显示
    {
        GpioDataRegs.GPASET.all = 0x00000006;
        DELAY_US(50000);
        GpioDataRegs.GPACLEAR.all = 0x00000006;
        DELAY_US(50000);
```

```
            }
          }
        }


interrupt void ISRExint3(void)
{
    PieCtrlRegs.PIEACK.all = PIEACK_GROUP12;
    sign = 3;
}
interrupt void ISRExint4(void)
{
    PieCtrlRegs.PIEACK.all = PIEACK_GROUP12;
    sign = 4;
}
interrupt void ISRExint5(void)
{
    PieCtrlRegs.PIEACK.all = PIEACK_GROUP12;
    sign = 5;
}
interrupt void ISRExint6(void)
{
    PieCtrlRegs.PIEACK.all = PIEACK_GROUP12;
    sign = 6;
}


void configtestled(void)
{
    EALLOW;
    GpioCtrlRegs.GPAMUX1.bit.GPIO0 = 0;      //GPIO0 为 GPIO
    GpioCtrlRegs.GPADIR.bit.GPIO0 = 1;       //GPIO0 为输出
    GpioCtrlRegs.GPAMUX1.bit.GPIO1 = 0;      //GPIO1 为 GPIO
    GpioCtrlRegs.GPADIR.bit.GPIO1 = 1;       //GPIO1 为输出
```

```
    GpioCtrlRegs.GPAMUX1.bit.GPIO2 = 0;        //GPIO2 为 GPIO
    GpioCtrlRegs.GPADIR.bit.GPIO2 = 1;         //GPIO2 为输出
    GpioCtrlRegs.GPAMUX1.bit.GPIO3 = 0;        //GPIO3 为 GPIO
    GpioCtrlRegs.GPADIR.bit.GPIO3 = 1;         //GPIO3 为输出
    EDIS;
}
```

 本章小结

　　中断是 CPU 与外设之间数据传送的一种控制方式。利用中断可以有效地提高程序执行效率，实现应用系统的实时控制。F28335 的中断可由硬件（外部中断引脚、片内外设）或软件（INTR、TRAP 及对 IFR 操作的指令）触发。

　　为了实现对众多外设中断的有效管理，F28335 的中断系统采用了外设级、PIE 级和 CPU 级三级管理机制。中断处理及响应过程可以分为三个步骤：产生请求、响应判断和中断服务。

　　CPU 中断向量是一个 22 位的地址，该地址是各中断服务程序的入口地址。F28335 支持 32 个 CPU 中断向量（包括复位向量）。32 个 CPU 中断向量占据的 64 个连续的存储单元，形成了 CPU 中断向量表。CPU 中断向量表可以映射到程序空间的底部或顶部，这取决于状态寄存器 ST1 的向量映射位 VMAP。CPU 中断向量表的映射除了与 VMAP 有关外，还与 M0M1MAP 及 ENPIE 有关。F28335 要用 PIE 模块进行外设的中断管理，用户真正使用的中断向量表是 PIE 向量表，但系统复位时是通过 BootROM 区的复位向量完成系统的复位引导过程。

　　F28335 配置了专门对外设中断进行分组管理的模块 PIE。当外设产生中断事件时，相应的中断标志位就置位，如果中断使能位已经使能，外设就会把中断请求提交给 PIE 模块。PIE 模块将片上外设和外部引脚的中断进行了分组，每组 8 个，一共 12 组。

　　F28335 片上有 3 个 32 位的 CPU 定时器，分别称为 Timer0、Timer1 和 Timer2。其中 Timer2 保留给 DSP/BIOS 使用。如果应用系统不使用 DSP/BIOS，则全部 3 个定时器都可以供用户使用。这些定时器与 ePWM 模块提供的通用（GP）定时器不同。F28335 复位时，3 个 CPU 定时器均处于使能状态。

　　虽然 3 个 CPU 定时器的工作原理基本相同，但它们向 CPU 申请中断的途径是不同的。定时器 2 的中断申请信号直接送到 CPU 的中断控制逻辑；定时器 1 的中断申请信号要经过多路器的选择后才能送到 CPU 的中断控制逻辑；定时器 0 的中断申请信号要经过 PIE 模块的分组处理后才能送到 CPU 的中断控制逻辑。

 思考题及习题

    1. F28335 有哪几类中断源？

    2. 什么是中断向量？F28335 有多少个中断向量？

    3. 什么是中断向量表？F28335 的中断向量表是如何映射的？

    4. F28335 的中断响应和处理过程是怎样进行的？

    5. F28335 的 CPU 定时器有哪些？其工作原理是什么？

第6章
F28335的控制类外设

✖ **学习目标**

(1) 掌握增强型脉宽调制模块(ePWM)的使用方法;

(2) 掌握增强型脉冲捕获模块(eCAP)的使用方法;

(3) 了解增强型正交编码模块(eQEP)的控制及应用。

✖ **重点内容**

(1) PWM 波形的实现方法;

(2) 捕获模式的工作过程;

(3) 正交编码测速原理。

在电机交流调速、电源变换及其他电气控制系统中,TMS320F28335 的增强型脉宽调制模块(ePWM)、增强型脉冲捕获模块(eCAP)和增强型正交编码模块(eQEP)的应用十分广泛,其控制便捷、灵活的特点也成为芯片本身的一大特色和优势。

6.1 增强型脉宽调制模块(ePWM)

PWM(pulse width modulation)控制技术在电力电子控制电路中起着重要的作用,它是对脉冲的宽度进行调制的技术,应用在整流电路、逆变电路和多种斩波电路的控制中。F28335 的 ePWM(enhanced pulse width modulation)模块具有 6 个独立的 ePWM 通道(ePWM1 ~ ePWM6),能有效地调制出 12 路 PWM 波形(EPWMxA 和 EPWMxB,x = 1 ~ 6),根据控制需求,还可将多路通道进行同步处理,模块稳定、可靠。

6.1.1 ePWM 模块的基本工作原理

ePWM 模块通道的结构如图 6.1 所示,其中主要包括时间基准子模块(TB)、计数

比较子模块(CC)、动作限定子模块(AQ)、死区控制子模块(DB)、PWM 斩波子模块
(PC)、错误控制子模块(TZ)和事件触发子模块(ET)共 7 个子模块。

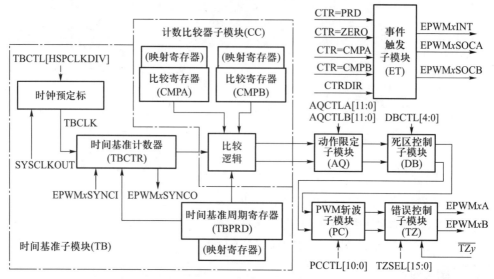

图 6.1　ePWM 模块通道的结构

从 ePWM 模块通道结构图可以看出,F28335 将系统时钟信号 SYSCLKOUT 预定
标处理后,作为时间基准计数器(TBCTR)的时钟脉冲信号 TBCLK。时间基准子模块
(TB)的同步输入信号 EPWMxSYNCI 和同步输出信号 EPWMxSYNCO 用于将各个
ePWM模块通道同步化处理。时间基准计数器(TBCTR)的计数值在累计过程中不停
地与时间基准周期寄存器(TBPRD)的值进行比较,产生周期匹配(CTR = PRD)事件
或者下溢事件(CTR = ZERO)。

同时,时间基准计数器(TBCTR)的计数值还要与两个计数比较子模块(CC)的比
较寄存器(CMPA 与 CMPB)进行比较,由此产生两个比较匹配事件(CTR = CMPA 和
CTR = CMPB)。

将以上 4 种比较匹配事件(CTR = PRD、CTR = ZERO、CTR = CMPA 和 CTR =
CMPB)送入动作限定子模块(AQ),来决定两路 PWM 信号线 EPWMxA 和 EPWMxB
的初始工作状态(置高、置低、翻转和无动作)。

将两路经动作限定子模块(AQ)输出的 PWM 初始信号送入死区控制子模块
(DB)中,生成两路具有可编程死区和极性关系的 PWM 波形。

PWM 斩波子模块(PC)和错误控制子模块(TZ)是两个可供用户自主选择并配置
的模块,实际应用中大多不启用。PWM 斩波子模块使用时,可以加入在死区控制后

的 PWM 波形的有效高电平时间内,斩控调制出的高频 PWM 脉波。错误控制子模块(TZ)可在系统故障时,令两路 PWM 信号强制为高、低、高阻或者无响应状态,以满足系统要求。其中,$\overline{\mathrm{TZ}y}(y=1\sim6)$为错误事件标号。

事件触发子模块(ET)用于设定图 6.1 中所示的四种触发事件(CTR = CMPA 和 CTR = CMPB 受计数方向限定)中哪些可以用来产生中断请求(EPWMxINT 信号)或者 ADC 转换启动信号(EPWMxSOCA 和 EPWMxSOCB)。

6.1.2 ePWM 子模块功能

一、时间基准子模块(TB)

1. 时间基准计数器的计数模式

时间基准计数器(TBCTR)有三种计数模式,如图 6.2 所示,包括递增计数模式、递减计数模式、递增/递减计数模式。

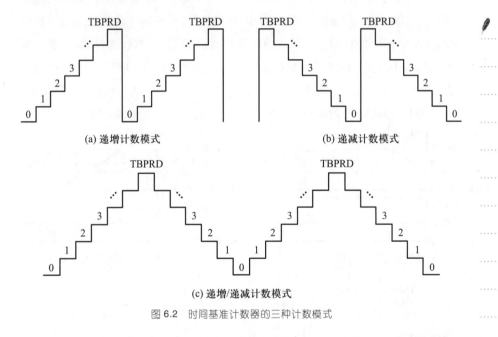

(a) 递增计数模式 (b) 递减计数模式

(c) 递增/递减计数模式

图 6.2 时间基准计数器的三种计数模式

图 6.2(a)中,递增计数模式中,时间基准计数器从 0 增大至时间基准周期计数值 TBPRD(CTR = PRD),然后复位为 0(下溢事件,CTR = ZERO),开始下一周期循环。可见,递增计数模式中,每个计数周期包括 TBPRD+1 个 TBCLK 脉冲信号,因此其对应周期应为 $T_{\mathrm{PWM}}=(\mathrm{TBPRD}+1)\times T_{\mathrm{TBCLK}}$,而频率 $f_{\mathrm{PWM}}=1/T_{\mathrm{PWM}}$。时钟脉冲信号 TBCLK 由系统时钟信号 SYSCLKOUT 分频得到,其周期 $T_{\mathrm{TBCLK}}=(\mathrm{HSPCLKDIV}\times\mathrm{CLKDIV})\times T_{\mathrm{SYSCLKOUT}}$,其

中,HSPCLKDIV 和 CLKDIV 均为时间基准控制寄存器 TBCTL 中的控制位信息。

　　递减计数模式中,时间基准计数器从时间基准周期计数值 TBPRD 递减计数,直至为 0,然后重新装载时间基准周期计数值 TBPRD,循环运行。因此,递减计数模式下,一个计数周期所包含的脉冲个数同递增计数模式一致,计算公式也相同。

　　递增/递减计数模式中,时间基准计数器从 0 增大至时间基准周期计数值 TBPRD,然后递减计数直至为 0,循环进行。此计数模式下,一个计数周期包含 2×TBPRD个 TBCLK 脉冲信号,因此其对应周期应为 $T_{\text{PWM}} = 2 \times \text{TBPRD} \times T_{\text{TBCLK}}$。

　　2. 时间基准计数器的同步原理

扩展阅读:
TB 模块的实质

　　F28335 每个 ePWM 模块都有一对同步输入 EPWMxSYNCI 和同步输出 EPWMxSYNCO 信号,用于各个模块间的同步处理。当时间基准控制寄存器 TBCTL[PHSEN] 位置 1 时,允许此 ePWM 模块在检测到同步输入信号 EPWMxSYNCI 或者软件强制同步脉冲产生时(令 TBCTL[SWFSYNC] = 1)发生同步事件,时间基准计数器自动装载时间基准相位寄存器 TBPHS 的值。对于三种计数模式,递增计数和递减计数同步事件发生后,不改变原计数方向;而递增/递减计数模式时,要考虑 TBCTL[PHSDIR] 的当前值,为"1"时,同步后进行递增计数,为"0"时,同步后进行递减计数。三种计数模式的同步关系如图 6.3 所示。可以看出,通过以上控制,能够使 ePWM 模块之间的相位同步,也可以产生 ePWM 模块间的相位超前与滞后。

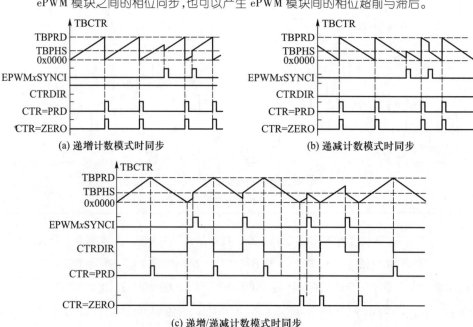

(a) 递增计数模式时同步　　　　　(b) 递减计数模式时同步

(c) 递增/递减计数模式时同步

图 6.3　三种计数模式的同步关系

3. 时间基准子模块(TB)的相关寄存器

时间基准子模块(TB)的相关寄存器分别是时间基准计数器 TBCTR、时间基准周期寄存器 TBPRD、时间基准相位寄存器 TBPHS、时间基准控制寄存器 TBCTL 和时间基准状态寄存器 TBSTS,各寄存器的位定义分别如图 6.4 至图 6.6 所示。TBCTL 寄存器和 TBSTS 寄存器各位的含义分别如表 6.1、表 6.2 所示。需要指出的是,时间基准周期寄存器 TBPRD 具有动作寄存器(active register)和映射寄存器(shadow register)并存的结构,二者具有相同的地址。前者直接控制系统硬件的运行,后者则能够暂存数据(当时间基准控制寄存器 TBCTL[PRDLD] = 0 时,启用时间基准周期寄存器 TBPRD映射模式),对时间基准周期寄存器 TBPRD 的读/写操作可直接作用在其映射寄存器上,并在时间基准计数器的值为 0 时,将映射寄存器中的内容装载到动作寄存器中,防止软件异步修改寄存器而造成冲突和错误。

D15~D0
TBCTR/TBPRD/TBPHS
R/W-0

图 6.4 TBCTR/TBPRD/TBPHS 寄存器的位定义

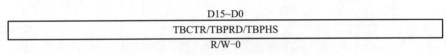

图 6.5 TBCTL 寄存器的位定义

D15~D8			
Reserved			
R-0			
D7~D3	D2	D1	D0
Reserved	CTRMAX	SYNCI	CTRDIR
R-0	RW1C-0	RW1C-0	R-1

图 6.6 TBSTS 寄存器的位定义

表 6.1 TBCTL 寄存器各位的含义

位号	名称	说明
15~14	FREE/SOFT	仿真模式位,选择 ePWM 模块时间基准计数器在仿真挂起时的动作。**00**,下一次增/减计数后停止;**01**,计数器完成整个周期计数后停止;**1**x,自由运行

续表

位号	名称	说明
13	PHSDIR	相位方向位,决定同步事件后的计数方向(仅递增/递减计数模式下有效)。**0**,减计数;**1**,增计数
12~10	CLKDIV	时间基准时钟预分频位,与 HSPCLKDIV 共同决定 TBCLK 的频率。$T_{TBCLK} = (HSPCLKDIV \times CLKDIV) \times T_{SYSCLKOUT}$。**000~111**($k$),分频系数为 2^k
9~7	HSPCLKDIV	高速时间基准时钟预分频位,与 CLKDIV 共同决定 TBCLK 频率。**000~111**(k),分频系数为 $2 \times k$($k = 0$ 时,分频系数为 1)
6	SWFSYNC	软件强制产生同步脉冲位。**0**,无影响;**1**,产生一次软件同步脉冲
5~4	SYNCOSEL	同步输出选择位,用于选择 EPWMxSYNCO 信号的输出源。**00**,选择 EPWMxSYNCI;**01**,选择 CTR = ZERO;**10**,选择 CTR = CMPB;**11**,禁止 EPWMxSYNCO
3	PRDLD	周期寄存器的动作寄存器从映射寄存器的装载位。**0**,当 CTR = **0** 时,将映射寄存器中的数据装载到动作寄存器;**1**,禁止使用映射寄存器
2	PHSEN	相位使能位。**0**,禁止 TBCTR 加载相位寄存器 TBPHS 中的值;**1**,允许加载
1~0	CTRMODE	计数模式选择位。**00**,递增计数;**01**,递减计数;**10**,递增/递减计数;**11**,停止计数

表 6.2 TBSTS 寄存器各位的含义

位号	名称	说明
15~3	Reserved	保留
2	CTRMAX	时间基准计数器最大值位。**0**,未达到;**1**,达到过
1	SYNCI	同步事件状态位。**0**,无;**1**,有同步事件
0	CTRDIR	时间基准计数器方向位。**0**,正在减计数;**1**,正在加计数

二、计数比较子模块(CC)

从图 6.1 可知,时间基准计数器 TBCTR 在每个计数周期内,除与时间基准周期寄存器 TBPRD 比较外,还要与计数比较子模块(CC)的计数比较寄存器 CMPA 和 CMPB 比较,产生两种比较匹配事件 CTR = CMPA 和 CTR = CMPB。三种计数模式下的比较事件如图 6.7 所示。

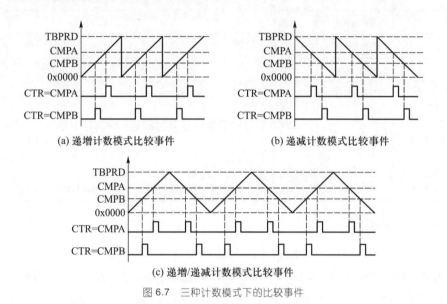

(a) 递增计数模式比较事件

(b) 递减计数模式比较事件

(c) 递增/递减计数模式比较事件

图 6.7 三种计数模式下的比较事件

计数比较子模块(CC)的相关寄存器分别为计数比较寄存器 CMPA、计数比较寄存器 CMPB 和计数比较控制寄存器 CMPCTL,对应的位定义分别如图 6.8 和图 6.9 所示,CMPCTL 寄存器各位的含义如表 6.3 所示。

D15~D0
CMPA/CMPB
R/W-0

图 6.8 CMPA/CMPB 寄存器的位定义

D15~D10					D9	D8
Reserved					SHDWBFULL	SHDWAFULL
R-0					R-0	R-0

D7	D6	D5	D4	D3~D2	D1~D0
Reserved	SHDWBMODE	Reserved	SHDWAMODE	LOADBMODE	LOADAMODE
R-0	R/W-0	R-0	R/W-0	R/W-0	R/W-0

图 6.9 CMPCTL 寄存器的位定义

表 6.3 CMPCTL 寄存器各位的含义

位号	名称	说明
15~10	Reserved	保留
9	SHDWBFULL	CMPB 的映射寄存器满标志状态位。**0**,未满;**1**,满
8	SHDWAFULL	CMPA 的映射寄存器满标志状态位。**0**,未满;**1**,满
7	Reserved	保留
6	SHDWBMODE	CMPB 运行模式位。**0**,映射模式;**1**,立即模式
5	Reserved	保留
4	SHDWAMODE	CMPA 运行模式位。**0**,映射模式;**1**,立即模式
3~2	LOADBMODE	CMPB 的映射寄存器装载时刻位。**00**,CTR = ZERO 时装载;**01**,CTR = PRD 时装载;**10**,CTR = ZERO 或 CTR = PRD 时装载;**11**,禁止装载
1~0	LOADAMODE	CMPA 的映射寄存器装载时刻位,配置同 LOADBMODE 位

三、动作限定子模块(AQ)

时间基准子模块(TB)和计数比较子模块(CC)产生的四种比较匹配事件(CTR = PRD、CTR = ZERO、CTR = CMPA 和 CTR = CMPB)送入动作限定子模块(AQ),从而决定两路 PWM 信号线 EPWMxA 和 EPWMxB 的初始状态,也可以通过软件来控制。动作限定子模块对输出信号 EPWMxA 和 EPWMxB 的调整如表 6.4 所示,动作限定子模块产生的不同 PWM 波形如图 6.10 所示。

表 6.4 动作限定子模块对输出信号 EPWMxA 和 EPWMxB 的调整

软件强制	TBCTR 等于				动作
	ZERO	CMPA	CMPB	PRD	
SW ×	Z ×	CA ×	CB ×	P ×	无动作
SW ↓	Z ↓	CA ↓	CB ↓	P ↓	置低

续表

软件强制	TBCTR 等于				动作
	ZERO	CMPA	CMPB	PRD	
SW ↑	Z ↑	CA ↑	CB ↑	P ↑	置高
SW T	Z T	CA T	CB T	P T	翻转

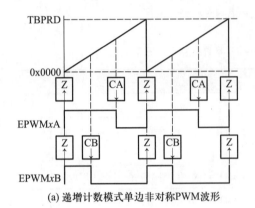

(a) 递增计数模式单边非对称PWM波形

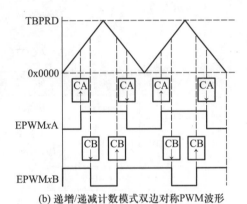

(b) 递增/递减计数模式双边对称PWM波形

图 6.10　动作限定子模块产生的不同 PWM 波形

可见,通过调整计数比较寄存器 CMPA、CMPB 的值或者时间基准周期寄存器 TBPRD 的值,便可以改变 PWM 波形的占空比。

动作限定子模块(AQ)的相关寄存器分别为动作限定控制寄存器 AQCTLA、动作限定控制寄存器 AQCTLB、软件强制寄存器 AQSFRC 和软件连续强制寄存器 AQCSFRC,各寄存器的位定义分别如图 6.11 至图 6.13 所示,各寄存器各位的含义如表 6.5 至表 6.7 所示。

D15~D12		D11~D10	D9~D8
Reserved		CBD	CBU
R-0		R/W-0	R/W-0

D7~D6	D5~D4	D3~D2	D1~D0
CAD	CAU	PRD	ZRO
R/W-0	R/W-0	R/W-0	R/W-0

图 6.11　AQCTLA/AQCTLB 寄存器的位定义

扩展阅读:
AQCTLA 和
AQCTLB 的辨析

扩展阅读:
CC 及 AQ 模块
的实质

D15~D8				
Reserved				
R-0				

D7~D6	D5	D4~D3	D2	D1~D0
RLDCSF	OTSFB	ACTSFB	OTSFA	ACTSFA
R/W-0	R/W-0	R/W-0	R/W-0	R/W-0

图 6.12　AQSFRC 寄存器的位定义

D15~D8		
Reserved		
R-0		

D7~D4	D3~D2	D1~D0
Reserved	CSFB	CSFA
R-0	R/W-0	R/W-0

图 6.13　AQCSFRC 寄存器的位定义

表 6.5　AQCTLA/AQCTLB 寄存器各位的含义

位号	名称	说明
15~12	Reserved	保留
11~10	CBD	减计数过程中,CTR=CMPB 控制位。**00**,无动作;**01**,置低;**10**,置高;**11**,翻转
9~8	CBU	增计数过程中,CTR=CMPB 控制位,配置同 CBD 位
7~6	CAD	减计数过程中,CTR=CMPA 控制位,配置同 CBD 位
5~4	CAU	增计数过程中,CTR=CMPA 控制位,配置同 CBD 位
3~2	PRD	周期匹配事件发生时,CTR=PRD 控制位,配置同 CBD 位
1~0	ZRO	下溢事件发生时,CTR=ZERO 控制位,配置同 CBD 位

表 6.6　AQSFRC 寄存器各位的含义

位号	名称	说明
15~8	Reserved	保留
7~6	RLDCSF	AQCSFRC 动作寄存器从映射寄存器装载的方式位。**00**,CTR=0 时装载;**01**,CTR=PRD 时装载;**10**,CTR=0 或 CTR=PRD 时装载;**11**,立即模式
5	OTSFB	对 EPWMxB 输出进行一次软件强制事件位。**0**,无动作;**1**,触发强制事件

续表

位号	名称	说明
4~3	ACTSFB	软件强制后 EPWMxB 的状态位。**00**,无动作;**01**,置低;**10**,置高;**11**,翻转
2	OTSFA	对 EPWMxA 输出进行一次软件强制事件位,配置同 OTSFB 位
1~0	ACTSFA	软件强制后 EPWMxA 输出的状态位,配置同 ACTSFB 位

表 6.7　AQCSFRC 寄存器各位的含义

位号	名称	说明
15~4	Reserved	保留
3~2	CSFB	对 EPWMxB 输出进行连续软件强制事件位 **00**,无动作;**01**,连续置低;**10**,连续置高;**11**,禁止软件强制,无动作
1~0	CSFA	对 EPWMxA 输出进行连续软件强制事件位,配置同 CSFB 位

四、死区控制子模块(DB)

1. 死区控制子模块(DB)的应用意义

在各种电力电子半桥及全桥控制电路中,需要严格注意,一个桥臂的上、下两个电力电子开关器件不能同时触发导通,以防止电源短路。

图 6.14 为三相桥式逆变电路,其中(S_1,S_4)、(S_3,S_6)及(S_5,S_2)开关管的触发信号一般都是两两互补的 PWM 信号,理论上可以通过 ePWM 动作限定子模块(AQ)处理后得到的 EPWMxA、EPWMxB 信号施加。但电力电子开关器件由通到断的关断时间普遍大于由断到通的导通时间,所以,假如一旦同一桥臂的上管 S_1 尚未关断,而下管 S_4 已触发导通,就会发生短路事故,因此必须在上、下开关管切换导通的瞬间插入一段无信号作用的死区时间,使一个开关管有效截止之后,另一个开关管才开始导通。

2. 死区控制子模块(DB)的工作原理

死区控制子模块(DB)对动作限定子模块(AQ)的 EPWMxA 和 EPWMxB 输出信号进行配置,内部结构框图如图 6.15 所示。

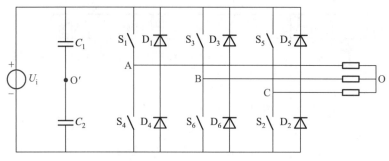

图 6.14 三相桥式逆变电路

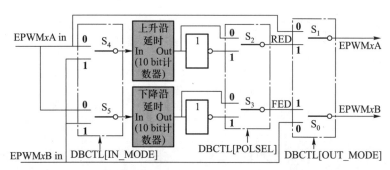

图 6.15 死区控制子模块(DB)的内部结构框图

死区控制寄存器 DBCTL[IN_MODE]位决定两路 PWM 信号是否经过上升沿或者下降沿延时,DBCTL[POLSEL]位决定经过延时处理后的 PWM 信号是否取反后输出,DBCTL[OUT_MODE]位决定最终信号是否经过延时输出。

典型死区运行模式下的波形输出如图 6.16 所示,其中上升沿和下降沿延时时间分别为$\mathrm{RED}=\mathrm{DBRED}\times T_{\mathrm{TBCLK}}$,$\mathrm{FED}=\mathrm{DBFED}\times T_{\mathrm{TBCLK}}$。

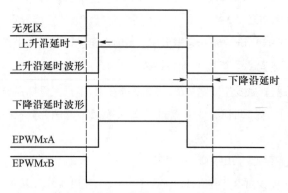

图 6.16 典型死区运行模式下的波形输出

3. 死区控制子模块（DB）的相关寄存器

死区控制子模块（DB）的相关寄存器分别为死区控制寄存器 DBCTL、上升沿延时寄存器 DBRED 和下降沿延时寄存器 DBFED，各寄存器的位定义分别如图 6.17 和图 6.18 所示。

D15~D8
Reserved
R-0

D7~D6	D5~D4	D3~D2	D1~D0
Reserved	IN_MODE	POLSEL	OUT_MODE
R-0	R/W-0	R/W-0	R/W-0

图 6.17　DBCTL 寄存器的位定义

D15~D10	D9~D8
Reserved	DEL
R-0	R/W-0

D7~D0
DEL
R/W 0

说明：DEL——在DBRED中指上升沿延时寄存器(10位)；在DBFED中指下降延时寄存器(10位)。

图 6.18　DBRED/DBFED 寄存器的位定义

五、PWM 斩波子模块（PC）

当电路设计中使用脉冲变压器去驱动电力开关管门电路的导通时，要求 PWM 波形具有高频化的特点，因此可使用 PWM 斩波子模块（PC）将死区控制子模块（DB）产生的具有死区延时的 $EPWMxA$ 和 $EPWMxB$ 输出信号进行"再调制"，使用调制处理后的高频信号驱动脉冲变压器，进而控制开关管门极触发信号。

PWM 斩波子模块（PC）的输出波形如图 6.19 所示。可见，经死区控制子模块（DB）产生的具有死区延时的 $EPWMxA$ 和 $EPWMxB$ 输出信号作为 PWM 斩波子模块（PC）的输入信号，同 PSCLK 信号（系统时钟信号 SYSCLKOUT 信号 8 分频）做"**与**"运算，便得到 $EPWMxA$ 和 $EPWMxB$ 的斩波信号。为了保证功率开关管的可靠导通，常加入首次脉冲调制，将以上输出的 PWM 斩波信号同 OSHT 首脉冲信号做"**或**"运算，得到最终的带有首次脉冲的 PWM 信号输出。

PWM 斩波子模块（PC）只有斩波控制寄存器 PCCTL，其位定义和各位的含义分别如图 6.20 和表 6.8 所示。

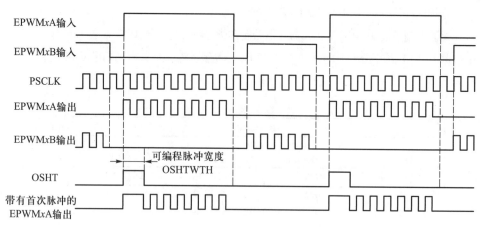

图 6.19   PWM 斩波子模块（PC）的输出波形

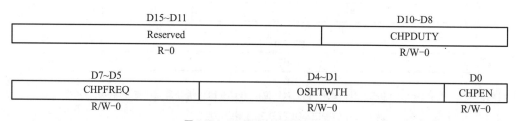

图 6.20   PCCTL 寄存器的位定义

表 6.8   PCCTL 寄存器各位的含义

位号	名称	说明
15~11	Reserved	保留
10~8	CHPDUTY	斩控时钟占空比控制位。**000~111**,占空比 = CHPDUTY/8
7~5	CHPFREQ	斩控时钟频率控制位。**000~111**,斩控时钟频率 $= f_{\text{SYSCLKOUT}}/$ $\left[8\times\left(\text{CHPFREQ}+1\right)\right]$
4~1	OSHTWTH	首次脉冲宽度控制位。**000 ~ 1111**,首次脉冲宽度 $= 8\times$ $\left(\text{OSHTWTH}+1\right)\times T_{\text{SYSCLKOUT}}$
0	CHPEN	斩波使能控制位。**0**,禁止 PWM 斩波功能;**1**,使能

六、错误控制子模块(TZ)

F28335 的每个 ePWM 模块均与 GPIO 的复用引脚 $\overline{\text{TZ}y}$($y = 1\sim6$)相连,这些引脚低电平输入时体现出发生了外部错误条件,则可以通过编程配置 ePWM 的错误控制子模块(TZ)响应这些错误,如令 **EPWM**x**A** 和 **EPWM**x**B** 输出信号强制为高电平、低电平、高阻态或者无动作。此外，每个 $\overline{\text{TZ}y}$ 错误条件均可触发 ePWM 模块单次（OSHT）或者周期性（CBC）错误事件。

错误控制子模块（TZ）的相关寄存器分别为错误选择寄存器 TZSEL、错误控制寄存器 TZCTL、错误中断使能寄存器 TZEINT、错误强制寄存器 TZFRC、错误标志寄存器 TZFLG 和错误清除寄存器 TZCLR，各寄存器的位定义分别如图 6.21 至图 6.24 所示，TZSEL 寄存器和 TZCTL 寄存器各位的含义分别如表 6.9、表 6.10 所示。

D15~D14	D13	D12	D11	D10	D9	D8
Reserved	OSHT6	OSHT5	OSHT4	OSHT3	OSHT2	OSHT1
R-0	R/W-0	R/W-0	R/W-0	R/W-0	R/W-0	R/W-0

D7~D6	D5	D4	D3	D2	D1	D0
Reserved	CBC6	CBC5	CBC4	CBC3	CBC2	CBC1
R-0	R/W-0	R/W-0	R/W-0	R/W-0	R/W-0	R/W-0

图 6.21 TZSEL 寄存器的位定义

D15~D8
Reserved
R-0

D7~D4	D3~D2	D1~D0
Reserved	TZB	TZA
R-0	R/W-0	R/W-0

图 6.22 TZCTL 寄存器的位定义

D15~D8
Reserved
R-0

D7~D4	D2	D1	D0
Reserved	OST	CBC	Reserved
R-0	R/W-0	R/W-0	R-0

图 6.23 TZEINT/TZFRC 寄存器的位定义

D15~D8
Reserved
R-0

D7~D4	D2	D1	D0
Reserved	OST	CBC	INT
R-0	R/W-0	R/W-0	R/W-0

图 6.24 TZFLG/TZCLR 寄存器的位定义

表 6.9 TZSEL 寄存器各位的含义

位号	名称	说明
15~14	Reserved	保留
13~8	OSHT6~OSHT1	$\overline{TZy}(y=1\sim6)$ 为单次错误事件控制位。**0**,禁止;**1**,使能
7~6	Reserved	保留
5~0	CBC6~CBC1	周期性错误事件控制位,配置同 OSHT6~OSHT1 位

表 6.10 TZCTL 寄存器各位的含义

位号	名称	说明
15~4	Reserved	保留
3~2	TZB	错误事件发生时,EPWM*x*B 状态控制位。**00**,高阻态;**01**,强制高电平;**10**,强制低电平;**11**,无动作
1~0	TZA	错误事件发生时,EPWM*x*A 状态控制位,配置同 TZB 位

错误中断使能寄存器 TZEINT 中,各位的含义分别为单次错误事件 OST 和周期性错误事件 CBC 中断使能位,将各位置 **0** 时,禁止中断;置 **1** 时,使能中断。错误强制寄存器 TZFRC 与 TZEINT 寄存器的各位信息一致,相应位置 **1** 时,可强制该中断事件的发生。

错误标志寄存器 TZFLG 中,各位的含义与错误中断使能寄存器 TZEINT 类同,最低位为全局中断 INT 控制位,相应中断事件发生时,对应位置 **1**。错误清除寄存器 TZCLR 与 TZFLG 寄存器的各位信息一致,相应位置 **1** 时,可清除各位标志。

七、事件触发子模块(ET)

事件触发子模块(ET)用来处理时间基准子模块(TB)和计数比较子模块(CC)产生的四种比较匹配事件(CTR = PRD、CTR = ZERO、CTR = CMPA 和 CTR = CMPB)如何触发中断请求(EPWM*x*INT 信号)或者 ADC 转换启动信号(EPWM*x*SOCA 和 EPWM*x*SOCB)。

事件触发子模块(ET)的相关寄存器分别为事件触发选择寄存器 ETSEL、事件触发预定标寄存器 ETPS、事件触发标志寄存器 ETFLG、事件触发清除寄存器 ETCLR 和事件触发强制寄存器 ETFRC,各寄存器的位定义分别如图 6.25 至图 6.27 所示,各寄存器各位的含义分别如表 6.11 至表 6.13 所示。

D15	D14~D12	D11	D10~D8
SOCBEN	SOCBSEL	SOCAEN	SOCASEL
R/W-0	R/W-0	R/W-0	R/W-0

D7~D4	D3	D2~D0
Reserved	INTEN	INTSEL
R-0	R/W-0	R/W-0

图 6.25 ETSEL 寄存器的位定义

D15~D14	D13~D12	D11~D10	D9~D8
SOCBCNT	SOCBPRD	SOCACNT	SOCAPRD
R-0	R/W-0	R-0	R/W-0

D7~D4	D3~D2	D1~D0
Reserved	INTCNT	INTPRD
R-0	R-0	R/W-0

图 6.26 ETPS 寄存器的位定义

D15~D8
Reserved
R-0

D7~D4	D3	D2	D1	D0
Reserved	SOCB	SOCA	Reserved	INT
R-0	R/W-0	R/W-0	R-0	R/W-0

图 6.27 ETFLG/ETCLR/ETFRC 寄存器的位定义

表 6.11 ETSEL 寄存器各位的含义

位号	名称	说明
15	SOCBEN	ADC 转换启动信号 EPWMxSOCB 控制位。**0**,禁止;**1**,使能位
14~12	SOCBSEL	EPWMxSOCB 触发事件位。**000** 和 **011**,保留;**001**,CTR = ZERO;**010**,CTR = PRD;**100**,CTR = CMPA 且计数方向递增;**101**,CTR = CMPA 且计数方向递减;**110**,CTR = CMPB 且计数方向递增;**111**,CTR = CMPB 且计数方向递减
11	SOCAEN	ADC 转换启动信号 EPWMxSOCA 控制位。**0**,禁止;**1**,使能位
10~8	SOCASEL	EPWMxSOCA 触发事件位,配置同 SOCBSEL 位
7~4	Reserved	保留
3	INTEN	EPWMxINT 中断信号使能控制位。**0**,禁止;**1**,使能
2~0	INTSEL	EPWMxINT 中断信号触发事件位,配置同 SOCBSEL 位

表 6.12 ETPS 寄存器各位的含义

位号	名称	说明
15~14	SOCBCNT	EPWM*x*SOCB 触发事件计数器位。**00**,无;**01**,1 次;**10**,2 次;**11**,3 次
13~12	SOCBPRD	EPWM*x*SOCB 触发事件的周期位。**00**,禁用事件计数器;**01**,每一次事件启动 EPWM*x*SOCB 信号;**10**,每两次事件启动 EPWM*x*SOCB 信号;**11**,每三次事件启动 EPWM*x*SOCB 信号
11~10	SOCACNT	EPWM*x*SOCA 触发事件计数器位,配置同 SOCBCNT 位
9~8	SOCAPRD	EPWM*x*SOCA 触发事件的周期位,配置同 SOCBPRD 位
7~4	Reserved	保留
3~2	INTCNT	EPWM*x*INT 中断信号计数器位,配置同 SOCBCNT 位
1~0	INTPRD	EPWM*x*INT 中断信号周期位,配置同 SOCBPRD 位

表 6.13 ETFLG/ETCLR/ETFRC 寄存器各位的含义

位号	名称	说明
15~4	Reserved	保留
3	SOCB	EPWM*x*SOCB 触发事件标志位/清除位/软件强制位 **0**,未发生/无动作/无动作;**1**,发生/清除/强制触发
2	SOCA	EPWM*x*SOCA 触发事件标志位/清除位/软件强制位 **0**,未发生/无动作/无动作;**1**,发生/清除/强制触发
1	Reserved	保留
0	INT	EPWM*x*INT 中断标志位/清除位/软件强制位。**0**,未发生/无动作/无动作;**1**,发生/清除/强制触发

ePWM 子模块较多,为了更清晰地表达各子模块的逻辑关系,我们给出了 ePWM 的逻辑配置导图(以 ePWM1 为例),如图 6.28 所示。6.1.3 节的代码是与该图配套的 ePWM 模块的初始化代码。

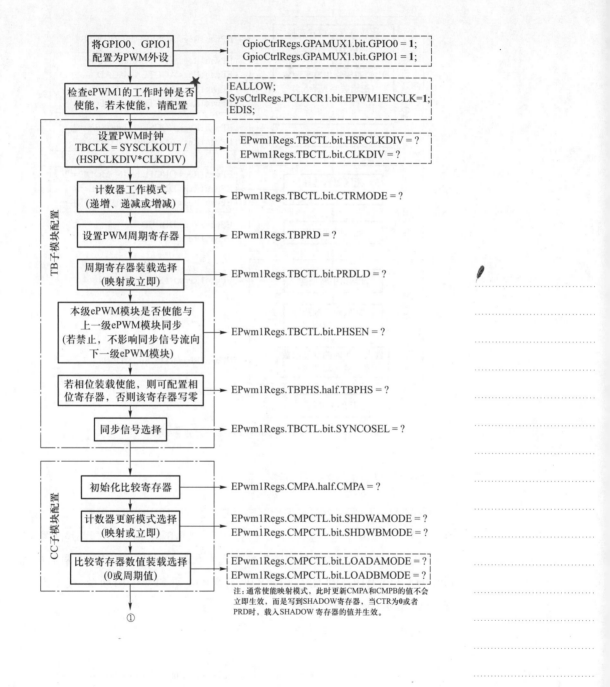

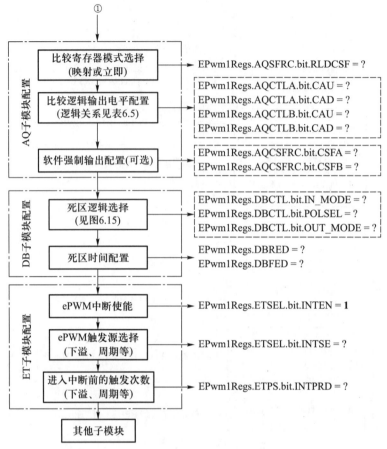

图 6.28   ePWM 的逻辑配置导图

6.1.3   ePWM 模块例程

图 6.14 所示的三相桥式逆变电路是电力电子实际应用中较为重要的工作电路，其具有 3 个桥臂，6 个开关管，一个桥臂的上、下开关管的触发信号一般都是两两互补的 PWM 信号。所以使用 3 个 ePWM 模块产生 6 路 PWM 触发信号，两两互补，如 EPWM1A、EPWM1B、EPWM2A、EPWM2B、EPWM3A 和 EPWM3B，频率一致，便可实现三相桥式逆变电路的相应控制。

```
Int_Epwm()
{
    / **************** ePWM Module 1 config **************** /
    EPwm1Regs.TBPRD = 800;                        //PWM 周期 = 1 600 *
```

```
                                                    //TBCLK 周期
EPwm1Regs.TBPHS.half.TBPHS = 0;                    //清零相位寄存器
EPwm1Regs.TBCTL.bit.CTRMODE = TB_COUNT_UPDOWN;    //递增/递减模式
EPwm1Regs.TBCTL.bit.PHSEN = TB_DISABLE;           //禁止相位装载
EPwm1Regs.TBCTL.bit.PRDLD = TB_SHADOW;
EPwm1Regs.TBCTL.bit.SYNCOSEL = TB_CTR_ZERO;       //CTR = 0 产生同步
EPwm1Regs.CMPCTL.bit.SHDWAMODE = CC_SHADOW;
EPwm1Regs.CMPCTL.bit.SHDWBMODE = CC_SHADOW;
EPwm1Regs.CMPCTL.bit.LOADAMODE = CC_CTR_ZERO;     //CTR = 0 装载
EPwm1Regs.CMPCTL.bit.LOADBMODE = CC_CTR_ZERO;     //CTR = 0 装载
EPwm1Regs.AQCTLA.bit.CAU = AQ_SET;
EPwm1Regs.AQCTLA.bit.CAD = AQ_CLEAR;
EPwm1Regs.DBCTL.bit.OUT_MODE = DB_FULL_ENABLE;    //使能死区
EPwm1Regs.DBCTL.bit.POLSEL = DB_ACTV_HIC;         //运行模式为 AHC
EPwm1Regs.DBFED = 50;                             //FED = 50 * TBCLK
EPwm1Regs.DBRED = 50;                             //RED = 50 * TBCLK
/ *************** ePWM Module 2 config *************** /
EPwm2Regs.TBPRD = 800;                            //PWM 周期 = 1 600 *
                                                    //TBCLK 周期
EPwm2Regs.TBPHS.half.TBPHS = 0;                   //清零相位寄存器
EPwm2Regs.TBCTL.bit.CTRMODE = TB_COUNT_UPDOWN;   //递增/递减计数
EPwm2Regs.TBCTL.bit.PHSEN = TB_ENABLE;            //使能相位装载
EPwm2Regs.TBCTL.bit.PRDLD = TB_SHADOW;
EPwm2Regs.TBCTL.bit.SYNCOSEL = TB_SYNC_IN;        //接收同步信号
EPwm2Regs.CMPCTL.bit.SHDWAMODE = CC_SHADOW;
EPwm2Regs.CMPCTL.bit.SHDWBMODE = CC_SHADOW;
EPwm2Regs.CMPCTL.bit.LOADAMODE = CC_CTR_ZERO;     //CTR = 0 时装载
EPwm2Regs.CMPCTL.bit.LOADBMODE = CC_CTR_ZERO;     //CTR = 0 时装载
EPwm2Regs.AQCTLA.bit.CAU = AQ_SET;
EPwm2Regs.AQCTLA.bit.CAD = AQ_CLEAR;
EPwm2Regs.DBCTL.bit.OUT_MODE = DB_FULL_ENABLE;    //使能死区控制
EPwm2Regs.DBCTL.bit.POLSEL = DB_ACTV_HIC;         //运行模式为 AHC
```

```
        EPwm2Regs.DBFED = 50;                          //FED = 50 * TBCLK
        EPwm2Regs.DBRED = 50;                          //RED = 50 * TBCLK
/ *************** ePWM Module 3 config *************** /
        EPwm3Regs.TBPRD = 800;                         //周期 = 1 600 * TBCLK
                                                       //周期
        EPwm3Regs.TBPHS.half.TBPHS = 0;                //清零相位寄存器
        EPwm3Regs.TBCTL.bit.CTRMODE = TB_COUNT_UPDOWN;  //递增/递减计数
        EPwm3Regs.TBCTL.bit.PHSEN = TB_ENABLE;         //使能相位装载
        EPwm3Regs.TBCTL.bit.PRLD = TB_SHADOW;
        EPwm3Regs.TBCTL.bit.SYNCOSEL = TB_SYNC_IN;     //接收同步信号
        EPwm3Regs.CMPCTL.bit.SHDWAMODE = CC_SHADOW;
        EPwm3Regs.CMPCTL.bit.SHDWBMODE = CC_SHADOW;
        EPwm3Regs.CMPCTL.bit.LOADAMODE = CC_CTR_ZERO;  //CTR = 0 装载
        EPwm3Regs.CMPCTL.bit.LOADBMODE = CC_CTR_ZERO;  //CTR = 0 装载
        EPwm3Regs.AQCTLA.bit.CAU = AQ_SET;
        EPwm3Regs.AQCTLA.bit.CAD = AQ_CLEAR;
        EPwm3Regs.DBCTL.bit.OUT_MODE = DB_FULL_ENABLE;  //使能死区控制
        EPwm3Regs.DBCTL.bit.POLSEL = DB_ACTV_HIC;      //运行模式为 AHC
        EPwm3Regs.DBFED = 50;                          //FED = 50 * TBCLK
        EPwm3Regs.DBRED = 50;                          //RED = 50 * TBCLK
                                                       //运行时段
        EPwm1Regs.CMPA.half.CMPA = 500;    //调整 EPWM1A、EPWM1B 的占空比
        EPwm2Regs.CMPA.half.CMPA = 600;    //调整 EPWM2A、EPWM2B 的占空比
        EPwm3Regs.CMPA.half.CMPA = 700;    //调整 EPWM3A、EPWM3B 的占空比
}
```

6.2　增强型脉冲捕获模块(eCAP)

增强型脉冲捕获模块(eCAP)能够捕获外部 eCAP 引脚上升沿或下降沿的变化,也可配置成单通道输出的 PWM 信号模式,常在电机转速测量、脉冲信号周期测量及占空比测量等场合应用。F28335 的 eCAP(enhanced capture module)模块有 6 个独立的 eCAP 通道(eCAP1~eCAP6),每个通道都有两种工作模式:捕获模式和 APWM 模式。

6.2.1 捕获模式

捕获模式下，模块可完成输入脉冲信号的捕捉和相关参数的测量，捕获功能结构框图如图 6.29 所示。由图可见，信号从外部输入引脚 eCAPx 引入，经事件预分频子模块进行 N 分频，由控制寄存器 ECCTL1[CAPxPOL]选择信号上升沿或者下降沿触发捕获功能（x 表示 4 个捕获事件 CEVT1～CEVT4），然后经事件选择控制（模 4 计数器）位 ECCTL1[CAPLDEN,CTRRSTx]设定捕获事件发生时是否装载 CAP1～CAP4 的值以及计数器是否复位。其中，TSCTR 计数器为捕获事件提供基准时钟，它直接由系统时钟驱动；相位寄存器 CTRPHS 实现 eCAP 模块间计数器的同步（硬件或软件方式）。

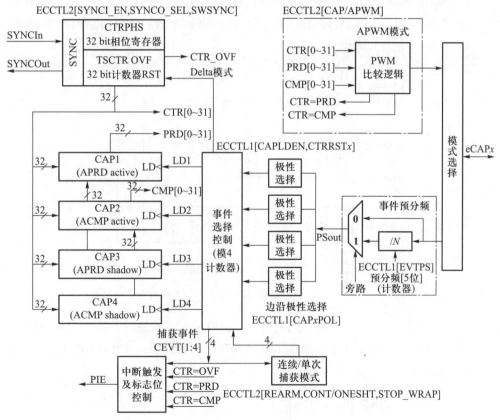

图 6.29 捕获功能结构框图

捕获工作模式主要分为连续和单次控制两种方式。连续捕获时，每来一个捕获触发事件，模 4 计数器的计数值增 1，能够按照 0→1→2→3→0 的顺序进行循环计数，捕获值连续装载入 CAP1~CAP4 寄存器;单次捕获时,模 4 计数器的计数值与 2 位停止寄存器(ECCTL2[STOP_WRAP])的设定值进行比较,如果相等,则停止模 4 计数器计数,并禁止装载 CAP1~CAP4 寄存器值,后续可以通过软件设置重新启动。

6.2.2　APWM 模式

APWM 模式下,模块可作为一个单通道输出的 PWM 信号发生器,如图 6.29 右上部分所示,TSCTR 计数器工作在递增计数模式,CAP1、CAP2 寄存器分别作为周期动作寄存器和比较动作寄存器,CAP3、CAP4 寄存器分别作为周期映射寄存器和比较映射寄存器。APWM 模式时生成的 PWM 波形图如图 6.30 所示,此时 APWM 运行在高有效模式(APWMPOL = 0),当计数器 TSCTR = CAP1,即发生周期匹配时(CTR = PRD),eCAPx 引脚输出有效高电平;当计数器 TSCTR = CAP2,即发生比较匹配时(CTR = CMP),eCAPx 引脚输出无效低电平;当调整寄存器 CAP2 的值时,即可改变输出 PWM 的脉冲宽度。

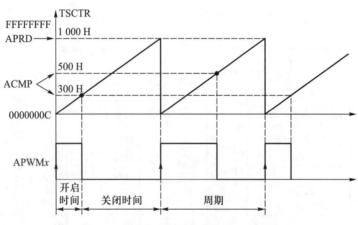

图 6.30　APWM 模式时生成的 PWM 波形图

捕获模式下的 4 种捕获事件 CEVT1~CEVT4、计数器溢出事件 CTR_OVF 和 APWM 模式下的周期匹配事件(CTR = PRD)、比较匹配事件(CTR = CMP)都会产生中断请求。

6.2.3　eCAP 模块寄存器

增强型脉冲捕获模块(eCAP)的相关寄存器分别为时间标志计数寄存器 TSCTR、计数相位控制寄存器 CTRPHS、捕获寄存器 CAP1、捕获寄存器 CAP2、捕获寄存器 CAP3、捕获寄存器 CAP4、控制寄存器 ECCTL1、控制寄存器 ECCTL2、中断使能寄存器

ECEINT、中断强制寄存器 ECFRC、中断标志寄存器 ECFLG 和中断清除寄存器
ECCLR,各寄存器的位定义分别如图 6.31 至图 6.35 所示,部分寄存器各位的含义分
别如表 6.14 至表 6.16 所示。

D31~D0
TSCTR/CTRPHS/CAP1/CAP2/CAP3/CAP4
R/W-0

图 6.31 TSCTR/CTRPHS/CAP1/CAP2/CAP3/CAP4 寄存器的位定义

D15~D14		D13~D9					D8
FREE/SOFT		PRESCALE					CAPLDEN
R/W-0		R/W-0					R/W-0
D7	D6	D5	D4	D3	D2	D1	D0
CTRRST4	CAP4POL	CTRRST3	CAP3POL	CTRRST2	CAP2POL	CTRRST1	CAP1POL
R/W-0	R/W-0	R/W-0	R/W-0	R/W-0	R/W-0	R/W-11	R/W-0

图 6.32 ECCTL1 寄存器的位定义

D15~D11				D10	D9	D8
Reserved				APWMPOL	CAP/APWM	SWSYNC
R-0				R/W-0	R/W-0	R/W-0
D7~D6		D5	D4	D3	D2~D1	D0
SYNCO_SEL		SYNCI_EN	TSCTRSTOP	REARM	STOP_WRAP	CONT/ONESHT
R/W-0		R/W-0	R/W-0	R/W-0	R/W-1	R/W-0

图 6.33 ECCTL2 寄存器的位定义

D15~D8							
Reserved							
R-0							
D7	D6	D5	D4	D3	D2	D1	D0
CTR=CMP	CTR=PRD	CTROVF	CEVT4	CEVT3	CEVT2	CEVT1	Reserved
R/W-0	R/W-0	R/W-0	R/W-0	R/W-0	R/W-0	R/W-0	R-0

图 6.34 ECEINT/ECFRC 寄存器的位定义

D15~D8							
Reserved							
R-0							
D7	D6	D5	D4	D3	D2	D1	D0
CTR=CMP	CTR=PRD	CTROVF	CEVT4	CEVT3	CEVT2	CEVT1	INT
R/W-0	R/W-0	R/W-0	R/W-0	R/W-0	R/W-0	R/W-0	R/W-0

图 6.35 ECFLG/ECCLR 寄存器的位定义

表 6.14   TSCTR/CTRPHS/CAP1/CAP2/CAP3/CAP4 寄存器各位的含义

符号	含义
TSCTR	用于捕获时间基准的 32 位计数寄存器
CTRPHS	用来控制多个 eCAP 模块间的相位关系,在外部同步事件 SYNCI 或软件强制同步 S/W 时,CTRPHS 的值装载到 TSCTR 中
CAPx(x=1~4)	① 捕获事件时,装载 TSCTR 值;② APWM 模式时,装载周期映射寄存器 APRD 值

表 6.15   ECCTL1 寄存器各位的含义

位号	名称	说明
15~14	FREE/SOFT	仿真控制位。**00**,仿真挂起;**01**,TSCTR 继续计数至 **0** 停止;**1**x,自由运行
13~9	PRESCALE	事件预分频控制位。**00000**,不分频;**00001~11111**(k),分频系数为 $2*k$
8	CAPLDEN	捕获事件发生时,CAP1~CAP4 装载控制位。**0**,禁止装载;**1**,使能
7	CTRRST4	捕获事件 CEVT4 发生时,计数器复位控制位。**0**,无动作;**1**,复位计数器
6	CAP4POL	捕获事件 CEVT4 极性选择。**0**,上升沿触发;**1**,下降沿触发
5	CTRRST3	捕获事件 CEVT3 发生时,计数器复位控制位。**0**,无动作;**1**,复位计数器
4	CAP3POL	捕获事件 CEVT3 极性选择。**0**,上升沿触发;**1**,下降沿触发
3	CTRRST2	捕获事件 CEVT2 发生时,计数器复位控制位。**0**,无动作;**1**,复位计数器
2	CAP2POL	捕获事件 CEVT2 极性选择。**0**,上升沿触发;**1**,下降沿触发
1	CTRRST1	捕获事件 CEVT1 发生时,计数器复位控制位。**0**,无动作;**1**,复位计数器

续表

位号	名称	说明
0	CAP1POL	捕获事件 CEVT1 极性选择。**0**,上升沿触发;**1**,下降沿触发

表 6.16　ECCTL2 寄存器各位的含义

位号	名称	说明
15~11	Reserved	保留
10	APWMPOL	APWM 输出极性选择位。**0**,高电平有效;**1**,低电平有效
9	CAP/APWM	捕获/APWM 模式选择位。**0**,捕获模式;**1**,APWM 模式
8	SWSYNC	软件强制计数同步控制位。**0**,无影响;**1**,强制产生一次同步事件
7~6	SYNCO_SEL	同步输出选择位。**00**,同步输入 SYNC_IN 作为同步输出 SYNC_OUT 信号;**01**,选择 CTR = PRD 事件作为同步信号输出;**1**x,禁止同步信号输出
5	SYNCI_EN	计数器 TSCTR 同步使能位。**0**,禁止同步;**1**,当外部同步信号 SYNCI 输入或软件强制 S/W 事件发生时,TSCTR 装载 CTRPHS 的值
4	TSCTRSTOP	计数器 TSCTR 控制位。**0**,计数停止;**1**,运行
3	REARM	单次捕获模式重启控制位。**0**,无影响;**1**,重新启动
2~1	STOP_WRAP	单次捕获模式停止控制位。**00**,CEVT1 发生时停止;**01**,CEVT2 发生时停止;**10**,CEVT3 发生时停止;**11**,CEVT4 发生时停止
0	CONT/ONESHT	连续/单次捕获模式控制位。**0**,连续模式;**1**,单次模式

　　中断使能寄存器 ECEINT 中,各位的含义分别为计数匹配 CTR = CMP、周期匹配 CTR = PRD、计数溢出 CTROVF、捕获 CEVT4 事件中断使能位、捕获 CEVT3 事件中断使能位、捕获 CEVT2 事件中断使能位、捕获 CEVT1 事件中断使能位,将各位置 **0** 时,禁止中断,置 **1** 时,使能中断。中断强制寄存器 ECFRC 与中断使能寄存器 ECEINT 各位的信息一致,相应位置 **1** 时,可强制该中断事件的发生。

　　中断标志寄存器 ECFLG 中,各位的含义与中断使能寄存器 ECEINT 类同,最低位为全局中断 INT 控制位,相应中断事件发生时,对应位置 **1**。中断清除寄存器 ECCLR 与中断标志寄存器 ECFLG 各位信息一致,相应位置 **1** 时,可清除各位标志。

6.2.4　eCAP 模块例程

1. 捕获模式

上升沿及下降沿触发捕获事件,如图 6.36 所示,其中计数器在每次捕获事件发生时复位到 **0**(差分时间捕获),这种捕获方式可直接读取出两个捕获事件之间的时间。

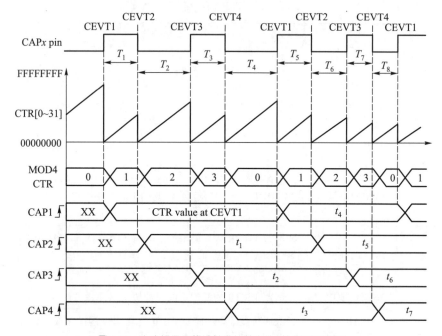

图 6.36　上升沿及下降沿触发捕获事件(差分时间捕获)

Int_Ecap_Capture( )

{

　　//ECAP 1 配置

　　ECap1Regs.ECCTL1.bit.CAP1POL = 0x0;　　//第 1 次捕获事件为上升沿捕获

　　ECap1Regs.ECCTL1.bit.CAP2POL = 0x1;　　//第 2 次捕获事件为下降沿捕获

　　ECap1Regs.ECCTL1.bit.CAP3POL = 0x0;　　//第 3 次捕获事件为上升沿捕获

　　ECap1Regs.ECCTL1.bit.CAP4POL = 0x1;　　//第 4 次捕获事件为下降沿捕获

　　ECap1Regs.ECCTL1.bit.CTRRST1 = 0x1;　　//第 1 次捕获事件复位计数器

　　ECap1Regs.ECCTL1.bit.CTRRST2 = 0x1;　　//第 2 次捕获事件复位计数器

　　ECap1Regs.ECCTL1.bit.CTRRST3 = 0x1;　　//第 3 次捕获事件复位计数器

　　ECap1Regs.ECCTL1.bit.CTRRST4 = 0x1;　　//第 4 次捕获事件复位计数器

```
    ECap1Regs.ECCTL1.bit.CAPLDEN = 0x1;     //使能 CAP1~CAP4 的装载
    ECap1Regs.ECCTL1.bit.PRESCALE = 0x0;    //外部信号不分频
    ECap1Regs.ECCTL2.bit.CAP_APWM = 0x0;    //工作在捕获模式
    ECap1Regs.ECCTL2.bit.CONT_ONESHT = 0x0; //连续捕获模式
    ECap1Regs.ECCTL2.bit.SYNCO_SEL = 0x2;   //禁止同步输出信号
    ECap1Regs.ECCTL2.bit.SYNCI_EN = 0x0;    //禁止计数器同步功能
    ECap1Regs.ECCTL2.bit.TSCTRSTOP = 0x1;   //允许计数器启动
                                            //运行时段
    DutyOnTime1 = ECap1Regs.CAP2;           //T₂时刻捕获值
    DutyOffTime1 = ECap1Regs.CAP3;          //T₃时刻捕获值
    DutyOnTime2 = ECap1Regs.CAP4;           //T₄时刻捕获值
    DutyOffTime2 = ECap1Regs.CAP1;          //T₁时刻捕获值
    Period1 = DutyOnTime1+DutyOffTime1;
    Period2 = DutyOnTime2+DutyOffTime2;
}
```

2. APWM 模式

APWM 模式下,模块可实现一个单通道输出 PWM 信号,如图 6.30 所示,可由 APWMPOL 位的状态信息决定输出信号高/低电平有效,CAP2 为有效电平时长。

```
Int_Ecap_APWM()
{
    //ECAP 1 配置
    ECap1Regs.CAP1 = 0x1000;                    //设定 PWM 周期
    ECap1Regs.CTRPHS = 0x0;                     //清零相位寄存器
    ECap1Regs.ECCTL2.bit.CAP_APWM = 0x1;        //选择 APWM 工作模式
    ECap1Regs.ECCTL2.bit.APWMPOL = 0x0;         //PWM 高电平有效
    ECap1Regs.ECCTL2.bit.SYNCI_EN = 0x2;        //禁止同步输出信号
    ECap1Regs.ECCTL2.bit.SYNCO_SEL = 0x0;       //禁止计数器同步功能
    ECap1Regs.ECCTL2.bit.TSCTRSTOP = 0x1;       //允许计数器启动
    //运行时段,改变占空比
    ECap1Regs.CAP2 = 0x300;
    ECap1Regs.CAP2 = 0x500;
}
```

6.3　增强型正交编码模块（eQEP）

F28335 有 2 个独立的增强型正交编码模块（enhanced quadrature encoder pulse，eQEP），能够采集电机控制及位置控制系统中高精度的位置、方向和转速等信息，同时可以为直线或旋转编码器提供直接接口。

6.3.1　概述

编码器是把角位移或直线位移转换成电信号的一种装置。常见的增量式编码器的码盘结构及输出波形如图 6.37 所示，码盘的一周均匀地分布着许多槽，槽的个数决定了编码器的精度。码盘与电机转轴同轴安装，因此电机旋转过程中，发光管发出的光会被码盘上的不透光部分遮挡，在光敏传感器中产生光线规则的通断变化，进而产生相应的脉冲信号。两个光敏传感器的距离为槽距的 1/4，所以对应的两路输出脉冲信号 QEPA 和 QEPB 相位互差 90°。由于电机转动方向变化时，脉冲信号 QEPA 和 QEPB 的相位关系会发生相应的变化，一般认为电机正转时，QEPA 超前 QEPB 信号 90°，反转时 QEPA 滞后 QEPB 信号 90°。另外，码盘上有一个索引脉冲槽，输出信号为 QEPI，码盘旋转一周产生一个脉冲信号，用于判定码盘的绝对位置。

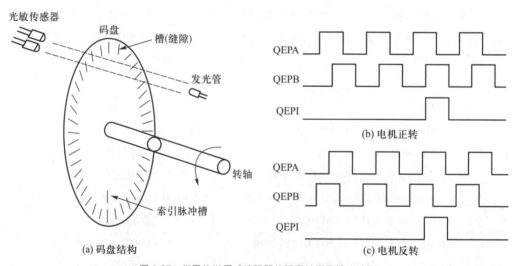

图 6.37　常见的增量式编码器的码盘结构及输出波形

电机控制中，常见的测速方法有 M 法和 T 法两种，分别为式（6-1）和式（6-2）所示。

M 法测速

$$v(k) \approx \frac{x(k)-x(k-1)}{T} = \frac{\Delta x}{T} \qquad (6-1)$$

T 法测速 $$v(k) \approx \frac{X}{t(k)-t(k-1)} = \frac{X}{\Delta t} \qquad (6-2)$$

式中，$v(k)$ 为 k 时刻电机的转速；$x(k)$、$x(k-1)$ 为 k、$k-1$ 时刻码盘的位置；T 为固定的单位时间；Δx 为单位时间内位置的变化；X 为固定的位移量；$t(k)$、$t(k-1)$ 为 t、$t-1$ 时刻；Δt 为固定位移量所用的时间。

M 法测速是在固定的单位时间内读取位置的变化量，即可求取平均速度。此方法测速的精度依赖于传感器的精度及时间周期 T，低速模式时精度不高。T 法测速是通过计算两个连续脉冲的相隔时间来求取电动机的转速，在电机高速运行系统中，间隔时间较小，计算误差较大，所以多运用在低速时测速。实际运用中，常常将两种方法结合使用。

6.3.2 eQEP 模块结构单元

eQEP 模块主要包括正交解码单元（QDU）、时间基准单元（UTIME）、边沿捕获单元（QCAP）、看门狗电路（QWDOG）和位置计数及控制单元（PCCU），其结构框图及其外部接口如图 6.38 所示。其中，正交解码单元对 EQEPxA/XCLK、EQEPxB/XDIR、EQEPxI 和 EQEPxS（$x=1,2$）四路信号进行解码，得到其他模块所需的信号；时间基准单元为速度测量提供时间基准；边沿捕获单元主要用于低速测量，即 T 法测速；看门狗电路用来监测正交编码脉冲信号状态；位置计数及控制单元用于位置测量。

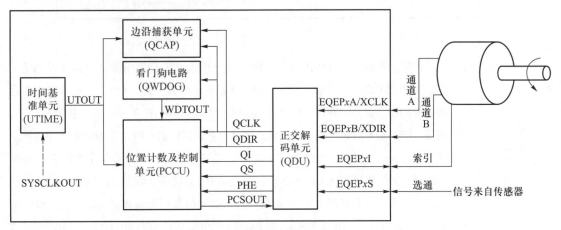

图 6.38 eQEP 模块的结构框图及其外部接口

一、正交解码单元（QDU）

正交解码单元将 EQEPxA/XCLK、EQEPxB/XDIR、EQEPxI 和 EQEPxS（$x=1,2$）四路输入信号进行解码得到 QCLK（时钟）、QDIR（方向）、QI（索引）和 QS（选通）输出信

号,如图 6.39 所示。QDECCTL[QSRC]位可以控制选择位置计数器的时钟和方向输入信号,因此有 4 种计数模式:正交计数模式、方向计数模式、递增计数模式、递减计数模式。

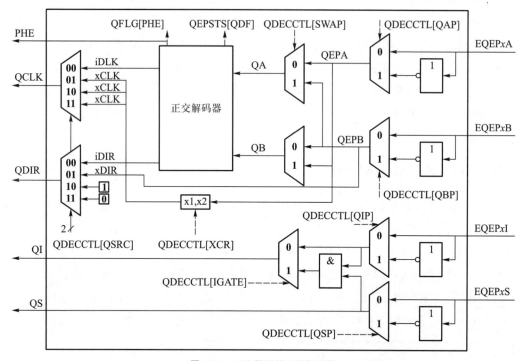

图 6.39　正交解码单元结构框图

正交计数模式下,EQEPxA 和 EQEPxB 分别接收正交编码器的通道 A 和通道 B 输出,EQEPxI 用于接收索引信号,EQEPxS 是通用选通引脚。EQEPxA 和 EQEPxB 经解码控制寄存器 QDECCTL[QAP]位和 QDECCTL[QBP]位的控制决定是否取反后,得到 QEPA 和 QEPB 信号。方向判断逻辑电路通过判断 QEPA 及 QEPB 脉冲信号之间的相位关系来获得方向信息,并存储在状态寄存器 QEPSTS[QDF]位中,同时将脉冲数量计入位置计数器 QPOSCNT 中,如图 6.40(a)所示。可见,QEPA 和 QEPB 信号的上升沿和下降沿均产生一次脉冲信号,因此 QCLK 信号频率是 QEPA 和 QEPB 信号的 4 倍。另外,当电机正转时,QEPA 和 QEPB 信号状态为 00→10→11→01 循环变化,QDIR 方向信号为高电平输出;当电机反转时,QEPA 和 QEPB 信号状态为 11→10→00→01 循环变化,QDIR 方向信号为低电平输出,如图 6.40(b)所示。

方向计数模式下,EQEPxA 作为时钟输入,EQEPxB 作为方向输入。当方向输入为高电平时,位置计数器 QPOSCNT 会在 EQEPxA 信号的上升沿增计数,当方向输入

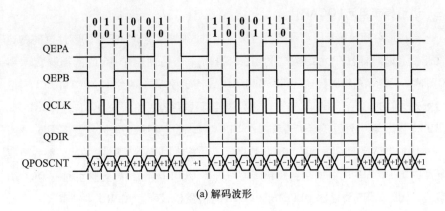

(a) 解码波形

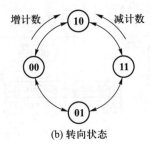

(b) 转向状态

图 6.40 正交计数模式下时钟及方向信号解码

为低电平时,位置计数器 QPOSCNT 会在 EQEPxA 信号的上升沿减计数。递增计数模式和递减计数模式下,计数器的方向信号被强制为增计数或减计数,同时根据正交解码控制寄存器 QDECCTL[XCR]位决定对 QEPA 原信号或其 2 倍频进行计数。

二、时间基准单元(UTIME)

时间基准单元为边沿捕获单元和位置计数及控制单元提供时间基准,如图 6.41 所示。它包括一个 32 位定时器 QUTMR 和 32 位周期寄存器 QUPRD。当定时器与周期寄存器发生匹配时(QUTMR = QUPRD),会产生单位超时中断,将 QFLG[UTO]置位,同时输出 UTOUT 信号给 PCCU 和 QCAP 单元使用。

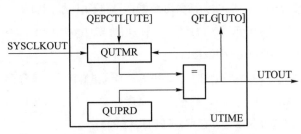

图 6.41 时间基准单元结构框图

三、边沿捕获单元（QCAP）

·通过边沿捕获单元可测量单位位移所用的时间，利用式（6-2）完成低速时的速度测量。边沿捕获单元结构框图如图 6.42 所示，包括一个 16 位的捕获定时器 QCTMR，它是以系统时钟信号 SYSCLKOUT 经捕获控制寄存器 QCAPCTL[CCPS]位分频处理后的信号 CAPCLK 为基准计数时钟，其锁存控制信号为 QCLK 经 QCAPCTL[UPPS]位分频处理后的单位位移事件 UPEVNT。边沿捕获功能时序图如图 6.43 所示，可见 UPEVNT 脉冲间隔为 QCLK 的整数倍，每次 UPEVNT 事件发生后，都会将捕获定时器 QCTMR 的值锁存到捕获周期寄存器 QCPRD 中，然后捕获定时器 QCTMR 复位。同时，状态寄存器 QEPSTS[UPEVNT]位置位，表明 QCPRD 中锁存了一个新值，CPU 读取结果后，可向其位写 **1** 对其清零。

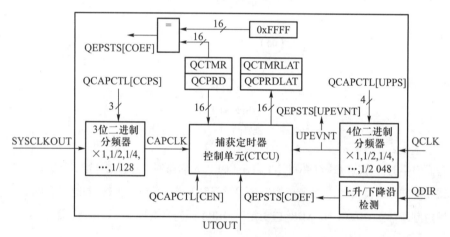

图 6.42　边沿捕获单元结构框图

由于每次单位位移事件都将捕获定时器 QCTMR 复位，因此读取的周期寄存器 QCPRD 的值即表示本次单位位移所用的时间为 QCPRD+1 个计数周期，代入式（6-2）可得低速时的速度值。注意：当捕获定时器的值不超过 65 535 且两次单位位移事件 UPEVNT 间转动方向不变时，所测速度才准确；若捕获定时器的值超过 65 535，则状态寄存器 QEPSTS[COEF]位置位，若两次单位位移事件 UPEVNT 间转动方向改变，则状态寄存器 QEPSTS[CDEF]位置位。

图 6.43 所示的边沿捕获功能时序图中，T 为时间基准单元周期寄存器 QUPRD 的值；增加的位移量 $\Delta x = \text{QPOSLAT}(k) - \text{QPOSLAT}(k-1)$；$x$ 为 QCAPCTL[UPPS]位定义的固定位移量；Δt 为捕获周期寄存器 QCPRDLAT 的值。

捕获定时器 QCTMR 和周期寄存器 QCPRD 在以下两个事件发生时锁存：① CPU

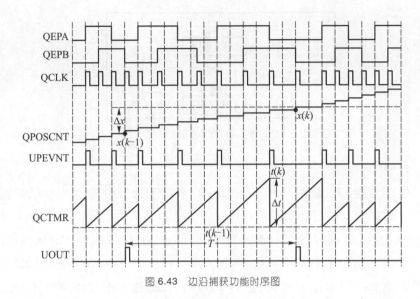

图 6.43 边沿捕获功能时序图

读位置计数器 QPOSCNT 的值;② 时间基准单元(UTIME)超时事件 UTOUT 发生。若控制寄存器 QEPCTL[QCLM] = **0**,则当 CPU 读取位置计数器 QPOSCNT 的值时,捕获定时器 QCTMR 和周期寄存器 QCPRD 的值将会分别被锁存至 QCTMRLAT 和 QCPRDLAT 寄存器;若控制寄存器 QEPCTL[QCLM] = **1**,则当时间基准单元超时事件 UTOUT 发生时,位置计数器 QPOSCNT、捕获定时器 QCTMR 和周期寄存器 QCPRD 的值将会分别被锁存至 QPOSLAT、QCTMRLAT 和 QCPRDLAT 寄存器。利用此锁存功能,可应用式(6-1)测量高速段的转速。

四、看门狗电路(QWDOG)

看门狗电路结构框图如图 6.44 所示。看门狗电路用来监测正交编码脉冲信号 QCLK 的工作状态,它包括一个 16 位看门狗定时器 QWDTMR,以系统时钟的 64 分频信号作为基准计数时钟。当定时器计数值不断累积,达到 16 位周期寄存器 QWDPRD 的值时,若未检测到正交编码脉冲信号 QCLK,则定时器会超时,产生中断并置位中断标志 QFLG[WTO]位,同时输出 WDTOUT 信号;若期间监测到信号 QCLK,则定时器复位,重新开始计时。

五、位置计数及控制单元(PCCU)

位置计数及控制单元包括一个 32 位的位置计数器 QPOSCNT,用于对输入时钟脉冲信号 QCLK 进行计数;一个 32 位比较寄存器 QPOSCMP,用于设定比较值完成位置比较事件,并且可以通过 QEPCTL 和 QPOSCTL 两个寄存器设置运行模式、初始化/锁存模式以及位置比较同步信号的产生。

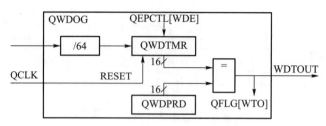

图 6.44　看门狗电路结构框图

1. 位置计数器的运行模式

位置计数器可以配置为 4 种运行模式,这 4 种运行模式分别是:① 索引脉冲复位位置计数器(QEPCTL[PCRM]=**00**);② 最大计数值复位位置计数器(QEPCTL[PCRM]=**01**);③ 第一个索引脉冲来临时复位位置计数器(QEPCTL[PCRM]=**10**);④ 单位超时事件 UTOUT 复位位置计数器(QEPCTL[PCRM]=**11**)。不管处于哪种运行模式,计数器在递增计数至最大值 QPOSMAX 时,会发生上溢复位至 **0**;计数器在递减计数至 **0** 时,会发生下溢复位为最大值 QPOSMAX。

2. 位置计数器的初始化/锁存模式

位置计数器可使用索引事件、选通事件、软件 3 种方法初始化,分别通过正交控制寄存器 QEPCTL[IEI]、QEPCTL[SEI] 和 QEPCTL[SWI]位进行控制。

很多实际应用中,不需要在每个索引事件发生时都复位位置计数器,所以可以通过正交控制寄存器 QEPCTL[IEL]位仅将位置计数器的值进行锁存,但不复位。当选通信号输入时,可通过正交控制寄存器 QEPCTL[SEL]位设置位置计数器的锁存。

3. 位置计数器的位置比较

当位置比较单元使能时(QPOSCTL[PCE]=**1**),位置计数器 QPOSCNT 的值不断与比较寄存器 QPOSCMP 的值进行比较,如图 6.45 所示,当二者匹配时(QPOSCNT=QPOSCMP),中断标志寄存器 QFLG[PCM]置位,并触发脉冲宽度可调的同步信号 PCSOUT。

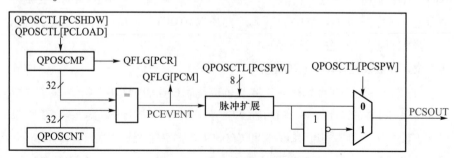

图 6.45　位置比较单元结构框图

6.3.3 eQEP 模块寄存器

增强型正交编码模块(eQEP)的相关寄存器分别为正交解码控制寄存器 QDEC-CTL、控制寄存器 QEPCTL、位置比较控制寄存器 QPOSCTL、捕获控制寄存器 QCAPCTL、位置计数器寄存器 QPOSCNT、位置计数器初始化寄存器 QPOSINIT、位置计数器最大值寄存器 QPOSMAX、位置比较寄存器 QPOSCMP、索引事件位置锁存寄存器 QPOSILAT、选通事件位置锁存寄存器 QPOSSLAT、位置计数器锁存寄存器 QPO-SLAT、时间基准单元定时器寄存器 QUTMR、时间基准单元周期寄存器 QUPRD、看门狗定时器寄存器 QWDTMR、看门狗周期寄存器 QWDPRD、中断使能寄存器 QEINT、中断强制寄存器 QFRC、中断标志寄存器 QFLG、中断清除寄存器 QCLR、状态寄存器 QEPSTS、捕获定时器寄存器 QCTMR、捕获周期寄存器 QCPRD、捕获定时器锁存寄存器 QCTMRLAT 和捕获周期锁存寄存器 QCPRDLAT。以上寄存器对应的位定义分别如图 6.46 至图 6.55 所示,寄存器各位的含义分别如表 6.17 至表 6.21 所示。

D15~D14	D13	D12	D11	D10	D9	D8
QSRC	SOEN	SPSEL	XCR	SWAP	IGATE	QAP
R/W-0	R/W-0	R/W-0	R/W-0	R/W-0	R/W-0	R/W-0

D7	D6	D5	D4~D0
QBP	QIP	QSP	Reserved
R/W-0	R/W-0	R/W-0	R-0

图 6.46 QDECCTL 寄存器的位定义

D15~D14	D13~D12	D11~D10	D9~D8
FREE/SOFT	PCRM	SEI	IEI
R/W-0	R/W-0	R/W-0	R/W-0

D7	D6	D5~D4	D3	D2	D1	D0
SWI	SEL	IEL	QPEN	QCLM	UTE	WDE
R/W-0	R/W-0	R/W-0	R/W-0	R/W-0	R/W-0	R/W-0

图 6.47 QEPCTL 寄存器的位定义

D15	D14	D13	D12	D11~D8
PCSHDW	PCLOAD	PCPOL	PCE	PCSPW
R/W-0	R/W-0	R/W-0	R/W-0	R/W-0

D7~D0
PCSPW
R/W-0

图 6.48 QPOSCTL 寄存器的位定义

D15	D14~D8
CEN	Reserved
R/W-0	R-0

D7	D6~D4	D1~D0
Reserved	CCPS	UPPS
R-0	R/W-0	R/W-0

图 6.49　QCAPCTL 寄存器的位定义

D31~D0
QPOSCNT/QPOSINIT/QPOSMAX/QPOSCMP/QPOSILAT/QPOSSLAT/QPOSLAT/QUTMR/QUPRD
R/W-0

图 6.50　QPOSCNT/QPOSINIT/QPOSMAX/QPOSCMP/QPOSILAT/

QPOSSLAT/QPOSLAT/QUTMR/QUPRD 寄存器的位定义

D15~D0
QWDTMR/QWDPRD
R/W-0

图 6.51　QWDTMR/QWDPRD 寄存器的位定义

D15~D12				D11	D10	D9	D8
Reserved				UTO	IEL	SEL	PCM
R-0				R/W-0	R/W-0	R/W-0	R/W-0

D7	D6	D5	D4	D3	D2	D1	D0
PCR	PCO	PCU	WTO	QDC	QPE	PCE	Reserved
R/W-0	R/W-0	R/W-0	R/W-0	R/W-0	R/W-0	R/W-0	R-0

图 6.52　QEINT/QFRC 寄存器的位定义

D15~D12				D11	D10	D9	D8
Reserved				UTO	IEL	SEL	PCM
R-0				R/W-0	R/W-0	R/W-0	R/W-0

D7	D6	D5	D4	D3	D2	D1	D0
PCR	PCO	PCU	WTO	QDC	PHE	PCE	INT
R/W-0	R/W-0	R/W-0	R/W-0	R/W-0	R/W-0	R/W-0	R/W-0

图 6.53　QFLG/QCLR 寄存器的位定义

D15~D8
Reserved
R-0

D7	D6	D5	D4	D3	D2	D1	D0
UPEVNT	FIDF	QDF	QDLF	COEF	CDEF	FIMF	PCEF
R-0	R-0	R-0	R-0	R/W-1	R/W-1	R/W-1	R-0

图 6.54　QEPSTS 寄存器的位定义

D15~D0

QCTMR/QCPRD/QCTMRLAT/QCPRDLAT

R/W

图 6.55 QCTMR/QCPRD/QCTMRLAT/QCPRDLAT 寄存器的位定义

表 6.17 QDECCTL 寄存器各位的含义

位号	名称	说明
15~14	QSRC	位置计数器计数模式选择位。**00**,正交计数模式;**01**,方向计数模式;**10**,递增计数模式;**11**,递减计数模式
13	SOEN	PCSOUT 输出使能位。**0**,禁止;**1**,使能
12	SPSEL	PCSOUT 输出引脚选择位。**0**,选择索引引脚 EQEPxI;**1**,选择选通引脚 EQEPxS
11	XCR	外部时钟频率控制位。**0**,2 倍频;**1**,1 倍频
10	SWAP	正交时钟交换控制位。**0**,不交换;**1**,交换
9	IGATE	索引信号门控位。**0**,禁止;**1**,使能
8	QAP	QEPA 极性控制位。**0**,无作用;**1**,反相
7	QBP	QEPB 极性控制位。**0**,无作用;**1**,反相
6	QIP	QEPI 极性控制位。**0**,无作用;**1**,反相
5	QSP	QEPS 极性控制位。**0**,无作用;**1**,反相
4~0	Reserved	保留

表 6.18 QEPCTL 寄存器各位的含义

位号	名称	说明
15~14	FREE/SOFT	QPOSCNT、QWDTMR、QUTMR 和 QCTMR 寄存器仿真控制位。**00**,立即停止;**01**,完成整个周期后停止;**1**x,自由运行
13~12	PCRM	位置计数器复位模式选择位。**00**,索引脉冲复位;**01**,最大计数值复位;**10**,第一个索引脉冲来临时复位;**11**,单位超时事件 UTOUT 复位
11~10	SEI	选通信号初始化位置计数器控制位。**0**x,无动作;**10**,上升沿;**11**,正向运行时上升沿,反向运行时下降沿

位号	名称	说明
9~8	IEI	索引信号初始化位置计数器控制位。$0x$,无动作;**10**,上升沿;**11**下降沿
7	SWI	软件初始化位置计数器控制位。**0**,无动作;**1**,软件启动初始化
6	SEL	选通事件锁存时刻控制位。**0**,上升沿;**1**,正向运行时上升沿,反向运行时下降沿
5~4	IEL	索引事件锁存时刻控制位。**00**,保留;**01**,上升沿;**10**,下降沿;**11**,索引标识
3	QPEN	位置计数器使能/软件复位。**0**,软件复位;**1**,使能计数器
2	QCLM	捕获锁存模式控制位。**0**,CPU 读取位置计数器的值时锁存;**1**,时间基准单元(UTIME)超时事件 UTOUT 发生时锁存
1	UTE	单元定时器使能控制位。**0**,禁止;**1**,使能
0	WDE	看门狗定时器使能控制位。**0**,禁止;**1**,使能

表 6.19　QPOSCTL 寄存器各位的含义

位号	名称	说明
15	PCSHDW	位置比较寄存器映射控制位。**0**,禁止;**1**,使能
14	PCLOAD	位置比较寄存器装载模式选择位。**0**,QPOSCNT = 0 时装载;**1**,QPOSCNT = QPOSCMP 时装载
13	PCPOL	位置比较同步信号输出极性控制位。**0**,高电平有效;**1**,低电平有效
12	PCE	位置比较控制位。**0**,禁止;**1**,使能
11~0	PCSPW	位置比较同步信号输出脉冲宽度控制位。$0x000$,$1*4*$SYSCLKOUT 周期;$0x001$,$2*4*$SYSCLKOUT 周期;$0xFFF$,$4\,096*4*$SYSCLKOUT 周期

表 6.20　QCAPCTL 寄存器各位的含义

位号	名称	说明
15	CEN	捕获单元使能位。**0**,禁止;**1**,使能

续表

位号	名称	说明
14~7	Reserved	保留
6~4	CCPS	捕获时钟分频系数控制位。$000-111(k)$,CAPCLK = SY-SCLKOUT/2^k
3~0	UPPS	单位位移事件分频系数控制位。$0000-1011(k)$,UPEVNT = QCLK/2^k

表 6.21 QEPSTS 寄存器各位的含义

位号	名称	说明
15~8	Reserved	保留
7	UPEVNT	单位位移事件发生标志位。**0**,无;**1**,发生
6	FIDF	第一个索引脉冲到来时的方向状态。**0**,顺时针旋转;**1**,逆时针旋转
5	QDF	当前正交方向状态。**0**,顺时针旋转;**1**,逆时针旋转
4	QDLF	索引脉冲时刻方向锁存标志。**0**,顺时针旋转;**1**,逆时针旋转
3	COEF	捕获计数器上溢错误标志。**0**,无;**1**,上溢
2	CDEF	捕获方向改变错误标志。**0**,无;**1**,两次捕获间发生方向改变
1	FIMF	第一个索引事件标志。**0**,无;**1**,第一个索引事件发生时将其置位
0	PCEF	位置计数器错误标志。**0**,无;**1**,有错误

中断使能寄存器 QEINT 中,各位含义分别为单位超时中断 UTO、索引事件锁存中断 IEL、选通事件锁存 SEL、位置比较匹配事件 PCM、位置比较准备 PCR、位置计数器向上溢出 PCO、位置计数器向下溢出 PCU、看门狗定时器溢出 WTO、正交信号方向转换 QDC、正交信号相位错误 QPE 和位置计数器错误 PCE 中断使能。将各位置 **0** 时,禁止中断;置 **1** 时,使能中断。中断强制寄存器 QFRC 与 QEINT 寄存器各位的信息一致,相应位置 **1** 时,可强制该中断事件的发生。

中断标志寄存器 QFLG 中,各位含义与中断使能寄存器 QEINT 类同,最低位为全局中断 INT 控制位,相应中断事件发生时,对应位置 **1**。中断清除寄存器 QCLR 与 QFLG 寄存器各位的信息一致,相应位置 **1** 时,可清除各位标志。

6.3.4　eQEP 模块例程

使用 eQEP 外设进行位置/速度测量的程序如下,其中,SYSCLKOUT = 150 MHz。

```
#include "DSP28x_Project.h"
#include "Example_posspeed.h"

typedef struct {        int theta_elec;              //电角度
                        int theta_mech;              //机械角度
                        int DirectionQep;            //电机转向
                        int QEP_cnt_idx;             //正交编码器索引计数
                        int theta_raw;               //转过的角度值
                        int mech_scaler;             //电机系数
                        int pole_pairs;              //电机极对数
                        int cal_angle;               //原始角度偏差
                        int index_sync_flag;         //索引同步信号标志
                        Uint32 SpeedScaler;          //速度系数
                        _iq Speed_pr;                //速度
                        Uint32 BaseRpm;              //基准速度值
                        int32 SpeedRpm_pr;           //速度(转/分)
                        _iq  oldpos;                 //上次位置值
                        _iq Speed_fr;
                        int32 SpeedRpm_fr;
                        void ( * init)( );           //eQEP 初始化函数
                        void ( * calc)( );           //eQEP 计算函数
                } POSSPEED;
void    POSSPEED_Init( void)
{
        EQep1Regs.QUPRD = 1500000;                   //150 MHz SYSCLKOUT
        EQep1Regs.QDECCTL.bit.QSRC = 00;             //QEP 正交计数模式
        EQep1Regs.QEPCTL.bit.FREE_SOFT = 2;          //自由运行
        EQep1Regs.QEPCTL.bit.PCRM = 00;              //索引脉冲复位位置计数器
```

```
        EQep1Regs.QEPCTL.bit.UTE=1;              //单元定时器使能

        EQep1Regs.QEPCTL.bit.QCLM=1;             //超时事件 UTOUT 发生时锁存

        EQep1Regs.QPOSMAX=0xffffffff;            //最大计数值

        EQep1Regs.QEPCTL.bit.QPEN=1;             //QEP 模块使能

        EQep1Regs.QCAPCTL.bit.UPPS=5;            //单位位移事件 32 分频

        EQep1Regs.QCAPCTL.bit.CCPS=7;            //捕获时钟 128 分频

        EQep1Regs.QCAPCTL.bit.CEN=1;             //QEP 捕获使能

}
void POSSPEED_Calc(POSSPEED *p)

{

        long tmp;

        unsigned int pos16bval,temp1,_iq Tmp1,newp,oldp;

        p->DirectionQep=EQep1Regs.QEPSTS.bit.QDF;//电机旋转方向

        pos16bval=(unsigned int)EQep1Regs.QPOSCNT;

                                        //每个 QA/QB 周期的计数值

        p->theta_raw=pos16bval+p->cal_angle;

                                        //角度=计数值+原始偏差

        tmp=(long)((long)p->theta_raw * (long)p->mech_scaler);

                                        //Q0 * Q26 = Q26

        tmp &= 0x03FFF000;

        p->theta_mech=(int)(tmp>>11);            //Q26 -> Q15

        p->theta_mech &= 0x7FFF;

        p->theta_elec=p->pole_pairs * p->theta_mech;

                                        //Q0 * Q15 = Q15

        p->theta_elec &= 0x7FFF;

                                        //检测索引事件

        if (EQep1Regs.QFLG.bit.IEL==1)

        {

                p->index_sync_flag=0x00F0;

                EQep1Regs.QCLR.bit.IEL=1;        //清除中断标志

        }

                                        // **** 使用 QEP 位置计数器
```

```
                                        //进行高速测量 **** //
        if(EQep1Regs.QFLG.bit.UTO = = 1)        //如果单位超时事件发生
        {
            pos16bval = (unsigned int)EQep1Regs.QPOSLAT;
                                        //锁存 POSCNT 计数值
            tmp = (long)((long)pos16bval * (long)p->mech_scaler);
                                        //Q0 * Q26 = Q26
            tmp & = 0x03FFF000;
            tmp = (int)(tmp>>11);        //Q26 -> Q15
            tmp & = 0x7FFF;
            newp = _IQ15toIQ(tmp);
            oldp = p->oldpos;
            if (p->DirectionQep = = 0)        //POSCNT 递减计数
            {
                if (newp>oldp)
                {
                    Tmp1 = - (_IQ(1) - newp+oldp);
                                        //x2-x1 为负数
                }
                else
                {
                    Tmp1 = newp -oldp;
                }
            }
            else if (p->DirectionQep = = 1)        //POSCNT 递增计数
            {
                if (newp<oldp)
                {
                    Tmp1 = _IQ(1)+newp - oldp;
                }
                else
                {
```

```
                    Tmp1 = newp - oldp;    //x2-x1 为正数
                }
            }
            if (Tmp1 >_IQ(1))
            {
                p->Speed_fr =_IQ(1);
            }
            else if (Tmp1 <_IQ(-1))
            {
                p->Speed_fr =_IQ(-1);
            }
            else
            {
                p->Speed_fr = Tmp1;
            }
            p->oldpos = newp;                     //更新电角度
                                                  //将电机转速 PU 值变为 RPM
                                                  //值(Q15 -> Q0)
                                                  //Q0 = Q0 * GLOBAL_Q => _
                                                  //IQXmpy(),X = GLOBAL_Q
            p->SpeedRpm_fr =_IQmpy(p->BaseRpm,p->Speed_fr);
            EQep1Regs.QCLR.bit.UTO = 1;           //清除中断标志
}
// **** 使用 eQEP 捕获计数器进行低速测量 **** //
if(EQep1Regs.QEPSTS.bit.UPEVNT = = 1)             //如果单位位移事件发生
{
    if(EQep1Regs.QEPSTS.bit.COEF = = 0)           //没有发生捕获上溢
    {
        temp1 = (unsigned long)EQep1Regs.QCPRDLAT;
                                                  //temp1 = t2-t1
    }
    else                                          //捕获上溢
```

```
            {
                temp1 = 0xFFFF;

                p->Speed_pr = _IQdiv(p->SpeedScaler,temp1);

            }

            Tmp1 = p->Speed_pr;

            if (Tmp1 > _IQ(1))

            {

                p->Speed_pr = _IQ(1);

            }

            else

            {

                p->Speed_pr = Tmp1;

            }
                                                    //将 p->Speed_pr 转换为 RPM 值
            if (p->DirectionQep == 0)               //转速为反方向

            {//Q0 = Q0 * GLOBAL_Q => _IQXmpy( ),X = GLOBAL_Q

                p->SpeedRpm_pr = -_IQmpy(p->BaseRpm,p->Speed_pr);

            }

            else                                    //转速为正方向

            {//Q0 = Q0 * GLOBAL_Q => _IQXmpy( ),X = GLOBAL_Q

                p->SpeedRpm_pr = _IQmpy(p->BaseRpm,p->Speed_pr);

            }

            EQep1Regs.QEPSTS.all = 0x88;            //清除单位位移事件标志,清
                                                    //除上溢错误标志

        }
```

 本章小结

　　增强型脉宽调制模块(ePWM)、增强型脉冲捕获模块(eCAP)和增强型正交编码
模块(eQEP)是 F28335 的重要外设单元。

　　ePWM 模块具有 6 个独立的 ePWM 通道,主要包括时间基准子模块、计数比较子
模块、动作限定子模块、死区控制子模块、PWM 斩波子模块、错误控制子模块和事件
触发子模块共 7 个子模块,具有递增、递减、递增/递减 3 种计数模式,存在 CTR =

PRD、CTR＝ZERO、CTR＝CMPA 和 CTR＝CMPB 四种比较匹配事件。

　　eCAP 模块有 6 个独立的 eCAP 通道，每个通道都有两种工作模式。捕获模式下，可完成输入脉冲信号的捕捉和相关参数的测量；APWM 模式下，可实现一个单通道输出的 PWM 信号发生器。

　　eQEP 模块有 2 个独立的 eQEP 单元，主要包括正交解码单元、时间基准单元、边沿捕获单元、看门狗电路和位置计数及控制单元。常见的测速方法有 M 法和 T 法两种，实际运用中，常常利用正交编码模块将两种方法结合使用。

思考题及习题

1. ePWM 模块有多少个子模块？各模块分别起什么作用？

2. 什么是 PWM 波？如何在 PWM 波中插入死区？死区的运行模式有几种？

3. eCAP 模块有哪两种工作模式？各种模式下其作用有何不同？

4. eQEP 模块有哪些外部引脚？其作用分别是什么？

5. 如何利用 eQEP 模块实现低速、高速测量？

第 7 章
ADC模数转换单元

学习目标

(1) 理解 ADC 的内部结构;

(2) 掌握 ADC 的运行方式及存储器配置;

(3) 了解 ADC 的数据校准功能。

重点内容

(1) ADC 的采样方式及工作模式;

(2) ADC 的寄存器特点及使用;

(3) ADC 的时钟产生及配置。

现实生活中,电压、电流、温度等模拟量通过模数转换器 ADC 模块转换成数字量提供给 DSP 控制器。本章将介绍 2833x 内部 ADC 模块的性能、工作特点及其工作方式,并与大家熟悉的 281x 系列 ADC 模块进行比较,希望读者快速掌握其使用方法和性能特点。

7.1   F28335 的 ADC 模块概述

TMS320F28335 是 32 位具有浮点运算的 DSP,它是 C2000 系列的典型产品。该系列的其他产品均是在 F28335 基本结构的基础上进行了资源的简化或增强而派生出的,用户可以根据应用系统的实际需求进行产品的选择。

7.1.1   F28335 的 ADC 模块的结构及特点

F28335 内部的 ADC 模块是一个 12 位分辨率、具有流水线架构的模数转换器,其内部结构如图 7.1 所示。使用过 TI 公司 28x 系列其他 DSP 的读者对于 2833x 系列

ADC 基本功能的使用肯定不会陌生。

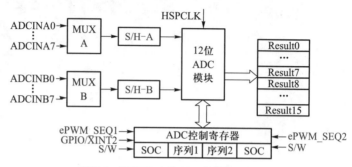

图 7.1   F28335 内部 ADC 模块的内部结构

一、2833x 与 281x 的 ADC 模块的相同点

- 12 位的分辨率,内置双组采样/保持器(S/H);

- 16 路模拟输入（0~3 V）;

- 2 个模拟输入复选器:每通道 8 路模拟输入;

- 2 个采样/保持单元（每组 1 个）;

- 支持串行、并行 2 种采样工作模式;

- 2 个独立的 8 通道排序器:双排序模式+级联模式;

- 16 个独立的结果转换寄存器(可分别设定地址),用于保存转换结果;

- ADC 采样端口的最高输入电压为 3 V,实际应用最大值设定在 3 V 的 80%左右,若电压超过 3 V 或输入负压都会烧毁 DSP。

二、2833x 与 281x 的 ADC 模块的不同点

- 281x 系列 ADC 模块的时钟频率最高可配置成 25 MHz,采样频率最高为 12.5 MHz,但 2833x 系列 ADC 模块的时钟频率最高只能配置成 12.5 MHz,采样频率最高为 6.25 MHz;

- 存在 3 种序列启动(SOC)方式,除具有相同的软件直接启动和外部引脚启动方式外,281x 的第三种方式是 EVA、EVB 事件管理器启动,而 2833x 的第三种启动方式是 ePWM1~6 模块启动;

- 281x 不具备 ADC 采样校准功能,只能借助外部引脚电平的准确度来提高其采样精度,而 2833x 芯片出厂时已将该功能程序 ADC_Cal( )固化于 TI 保留的 OTP-ROM 中,用户只需上电调用即可;

- 281x 的 ADC 转换结果存放在结果寄存器的高 12 位,而 2833x 的 ADC 转换结果可根据 ADC 的映射关系存放在结果寄存器的低 12 位,也可存放在结果寄存器的

高 12 位。

7.1.2 F28335 的 ADC 时钟及采样频率

ADC 模块相关的时钟如图 7.2 所示,外部晶振 CLKIN 输入 DSP 的外部引脚,通过 PLL 得到 CPU 系统时钟 SYSCLKOUT,然后得到高速时钟 HSPCLK。如果此时 PCLKCR 寄存器中的 ADCENCLK 置 **1**,则高速时钟就能引入到 ADC 模块中。通过 ADCTRL3 预定标寄存器中的 ADCCLKPS 对高速时钟进一步分频(若为 **000**,则 FCLK =HSPCLK),再经 ADCTRL1 中的 CPS 进一步分频就可以得到 ADCCLK(ADC 模块的系统时钟)。通过配置寄存器 ADCTRL1 中的 ACQ_PS 位对 ADCCLK 时钟进行分频,从而指定 ADC 的采样窗口。

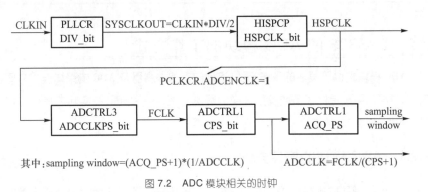

图 7.2 ADC 模块相关的时钟

注意:不要将 ADCCLK 设置成最高的 12.5 MHz;其次,采样窗口必须保证 ADC 采样电容能够有足够的时间来反映输入引脚的电压信号,因此不要将 ACQ_PS 设置成 **0**,除非外部电路已经做了处理。

7.1.3 F28335 的 ADC 转换结果

ADC 模块有 16 个结果寄存器 ADCRESULT0 ~ ADCRESULT15,用于保存转换的数值。每个结果寄存器是 16 位的,而 2833x 的 ADC 是 12 位的,因此转换后的数值可按照右对齐或左对齐的方式存放在结果寄存器中,这一点与 281x 的处理方式不同。若当模拟输入电压为 3 V 时,ADC 结果寄存器的高 12 位均为 1,低 4 位均为 0,此时结果寄存器的数字量为 0xFFF0。由于 ADC 转换的特性是线性关系,因此有如下的关系:

$$ADC\ result = \frac{voltinput - ADCLO}{3.0} \times 4\ 095$$

式中,*ADC result* 是结果寄存器的数字量;*voltinput* 是模拟电压输入量;*ADCLO* 是 ADC 转换的参考电平,通常将其与 AGND 连在一起,此时的 *ADCLO* 的值是 **0**。按照左对齐的方式,当模拟输入电压为 0 V、3 V、1.5 V、0.000 7 V 时,结果寄存器的数据如表 7.1 所示。

表 7.1   模拟输入电压为 0 V、3 V、1.5 V、0.000 7 V 时,结果寄存器的数据

模拟电压/V	结果寄存器的数据
0	0000 0000 0000 0000
3	1111 1111 1111 0000
1.5	0111 1111 1111 0000
0.000 7	0000 0000 0001 0000

7.2   F28335 的 ADC 模块的工作方式

ADC 模块提供了灵活的工作方式,这由自身的排序器及 ADC 的采样模式共同决定,一方面为用户提供了多种模数转换的解决方案,另一方面,在实际的操作过程中可极大地降低硬件成本。

7.2.1   ADC 模块的排序方式

2833x 具有两种排序方式:双排序模式和级联模式。图 7.3 所示为双排序模式工作示意图,图 7.4 所示为级联模式工作示意图。

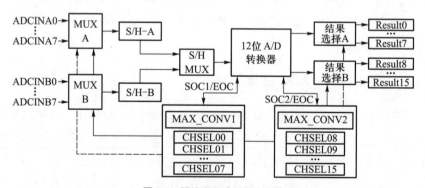

图 7.3   双排序模式工作示意图

双排序模式下,ADC 排序器由两个 8 状态排序器 SEQ1 和 SEQ2 组成。其中,SEQ1 对应 A 组采样通道 ADCINA0~ADCINA7,SEQ2 对应 B 组采样通道 ADCINB0~ADCINB7。SEQ1 有 3 种启动方式:软件启动方式,ePWM_SOCA 启动方式,GPIO/

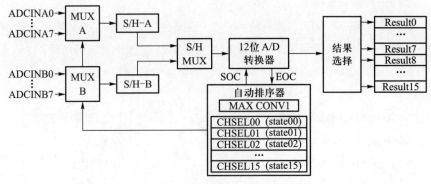

图 7.4　级联模式工作示意图

XINT2 外部引脚启动方式；SEQ2 有 2 种启动方式：软件启动方式，ePWM_SOCB 启动方式。级联模式下，SEQ1 和 SEQ2 级联成一个 16 状态排序器 SEQ，此时需借用 SEQ1 的 3 种启动方式。

　　注意：ADC 具有一个最大转换通道寄存器，它决定了一个采样序列所要进行转换的通道数：当工作于双排序发生器模式时，SEQ1 使用 ADCMAXCONV 的 MAXCONV1_0~ MAXCONV1_2，SEQ2 使用 MAXCONV2_0~ MAXCONV2_2；当工作于单排序发生器模式时，SEQ 使用 MAXCONV1_0~ MAXCONV1_3。

7.2.2　ADC 模块的采样方式

　　ADC 存在两种采样顺序：顺序采样和同步采样。

　　顺序采样就是按照排序选择顺序，每个通道逐个采样。通道选择控制寄存器中 CONVxx 的 4 位均用来定义输入引脚，最高位表示组号（**0** 表示 A 组，**1** 表示 B 组），低 3 位表示组内偏移量（即某组中某个特定引脚）。例如：CONVxx 的数值是 0110b，说明选择的输入通道是 ADCINA6；CONVxx 的数值是 1010b，说明选择的输入通道是 ADCINB2；

　　同步采样是按照排序选择顺序，逐对通道进行采样，即 ADCINA 组与 ADCINB 组的相同偏移量为一对。因此，通道选择控制寄存器中 CONVxx 的只有低 3 位的数据有效。例如，若 CONVxx 的数值是 0011b，则采样保持器 S/H-A 对通道 ADCINA3 进行采样，紧接着采样保持器 S/H-B 对通道 ADCINB3 进行采样。

　　ADC 的采样方式与排序器的工作模式相结合可构成 ADC 的 4 种工作方式：顺序采样的级联模式，顺序采样的双排序模式，同步采样的级联模式和同步采样的双排序模式。

一、顺序采样的级联模式

这是最常用的一种方式,即将两组的 8 个通道合并成一组的 16 个通道,因此只需一个排序器 SEQ,每次只采集一个通道,最多采集 16 次,如【例 7-1】所示。

【例 7-1】　ADC 模块共采集 8 个通道,按照 A6、A7、A4、A5、A2、A3、B0、B2 的顺序。

```
AdcRegs.ADCTRL3.bit.SMODE_SEL = 0x0;          //顺序采样模式
AdcRegs.ADCtrl1.bit.SEQ_CASC = 0x01;          //级联模式
AdcRegs.ADCMAXCONV.all = 0x0007;              //8 个通道
AdcRegs.ADCCHSELSEQ1.bit.CONV00 = 0x6;        //ADCINA6
AdcRegs.ADCCHSELSEQ1.bit.CONV01 = 0x7;        //ADCINA7
AdcRegs.ADCCHSELSEQ1.bit.CONV02 = 0x4;        //ADCINA4
AdcRegs.ADCCHSELSEQ1.bit.CONV03 = 0x5;        //ADCINA5
AdcRegs.ADCCHSELSEQ2.bit.CONV04 = 0x2;        //ADCINA2
AdcRegs.ADCCHSELSEQ2.bit.CONV05 = 0x3;        //ADCINA3
AdcRegs.ADCCHSELSEQ2.bit.CONV06 = 0x8;        //ADCINB0
AdcRegs.ADCCHSELSEQ2.bit.CONV07 = 0xA;        //ADCINB2
                                              //按该方式 ADC 结果
                                              //寄存器存放的数据

ADCINA6 -> ADCRESULT0
ADCINA7 -> ADCRESULT1
ADCINA4 -> ADCRESULT2
ADCINA5 -> ADCRESULT3
ADCINA2 -> ADCRESULT4
ADCINA3 -> ADCRESULT5
ADCINB0 -> ADCRESULT6
ADCINB2 -> ADCRESULT7
```

二、同步采样的级联模式

这种模式一次对一对通道进行采样,用到 ADCMAXCONV 的低 3 位,转换顺序通过 ADCCHSELSEQ1 和 ADCCHSELSEQ2 确定,如【例 7-2】所示。

【例 7-2】　ADC 模块共采样 10 个通道,按 A6、B6、A7、B7、A2、B2、A5、B5、A3、B3 顺序。

```
AdcRegs.ADCTRL3.bit.SMODE_SEL = 0x1;          //同步采样模式
```

```
AdcRegs.ADCtrl1.bit.SEQ_CASC = 0x01;              //级联模式
AdcRegs.ADCMAXCONV.all = 0x0004;                  //10 个通道
AdcRegs.ADCCHSELSEQ1.bit.CONV00 = 0x6;            //ADCINA6、ADCINB6
AdcRegs.ADCCHSELSEQ1.bit.CONV01 = 0x7;            //ADCINA7、ADCINB7
AdcRegs.ADCCHSELSEQ1.bit.CONV02 = 0x2;            //ADCINA2、ADCINB2
AdcRegs.ADCCHSELSEQ1.bit.CONV03 = 0x5;            //ADCINA5、ADCINB5
AdcRegs.ADCCHSELSEQ2.bit.CONV04 = 0x3;            //ADCINA3、ADCINB3
                                                  //按该方式 ADC 结果寄
                                                  //存器存放的数据

ADCINA6 -> ADCRESULT0
ADCINB6 -> ADCRESULT1
ADCINA7 -> ADCRESULT2
ADCINB7 -> ADCRESULT3
ADCINA2 -> ADCRESULT4
ADCINB2 -> ADCRESULT5
ADCINA5 -> ADCRESULT6
ADCINB5 -> ADCRESULT7
ADCINA3 -> ADCRESULT8
ADCINB3 -> ADCRESULT9
```

三、顺序采样的双排序模式

双排序模式需使用 SEQ1 和 SEQ2 排序器。SEQ1 用 ADCCHSELSEQ1 和 ADCCH-SELSEQ2 来确定 A 组通道顺序,ADCMAXCONV(2:0)确定 SEQ1 的采样个数;SEQ2 用 ADCCHSELSEQ3 和 ADCCHSELSEQ4 来确定 B 组通道顺序,其中最高位置 **1**,ADC-MAXCONV(6:4)确定 SEQ2 的采样个数,如【例 7-3】所示的初始化程序。

【例 7-3】　ADC 共采样 10 个通道,按照 A0、A2、A1、A3、A5、A4、B0、B4、B2、B6 的顺序。

```
AdcRegs.ADCTRL3.bit.SMODE_SEL = 0x0;             //顺序采样模式
AdcRegs.ADCtrl1.bit.SEQ_CASC = 0x00;             //双排序模式
AdcRegs.ADCMAXCONV.all = 0x0035;                 //10 个通道,A 组 6 个,
                                                 //B 组 4 个
AdcRegs.ADCCHSELSEQ1.bit.CONV00 = 0x0;           //ADCINA0
AdcRegs.ADCCHSELSEQ1.bit.CONV01 = 0x2;           //ADCINA2
```

AdcRegs.ADCCHSELSEQ1.bit.CONV02 = 0x1 ;   //ADCINA1

AdcRegs.ADCCHSELSEQ1.bit.CONV03 = 0x3 ;   //ADCINA3

AdcRegs.ADCCHSELSEQ2.bit.CONV04 = 0x5 ;   //ADCINA5

AdcRegs.ADCCHSELSEQ2.bit.CONV05 = 0x4 ;   //ADCINA4

AdcRegs.ADCCHSELSEQ3.bit.CONV08 = 0x8 ;   //ADCINB0

AdcRegs.ADCCHSELSEQ3.bit.CONV09 = 0xC ;   //ADCINB4

AdcRegs.ADCCHSELSEQ3.bit.CONV10 = 0xA ;   //ADCINB2

AdcRegs.ADCCHSELSEQ3.bit.CONV11 = 0xE ;   //ADCINB6

                                                 //按该方式 ADC 结果

                                                 //寄存器存放的数据

ADCINA0 -> ADCRESULT0

ADCINA2 -> ADCRESULT1

ADCINA1 -> ADCRESULT2

ADCINA3 -> ADCRESULT3

ADCINA5 -> ADCRESULT4

ADCINA4 -> ADCRESULT5

ADCINB0 -> ADCRESULT6

ADCINB4 -> ADCRESULT7

ADCINB2 -> ADCRESULT8

ADCINB6 -> ADCRESULT9

四、同步采样的双排序模式

这种模式一次对一对通道进行采样。A 组、B 组分别使用 SEQ1 和 SEQ2 排序器。SEQ1 使用 ADCCHSELSEQ1,最高位置 **0**;SEQ2 使用 ADCCHSELSEQ3,最高位置 **1**;AD-CMAXCONV(1:0)确定 SEQ1 的采样次数,每次一对通道采样;ADCMAXCONV(5:4)确定 SEQ1 的采样次数,每次一对通道采样,如【例7-4】所示。

【例 7-4】 ADC 共采样 16 个通道,按照 A0、B0、A1、B1、A2、B2、A3、B3、A4、B4、A5、B5、A6、B6、A7、B7 的顺序。

AdcRegs.ADCTRL3.bit.SMODE_SEL = 0x1 ;   //同步采样模式

AdcRegs.ADCtrl1.bit.SEQ_CASC = 0x00 ;   //双排序模式

AdcRegs.ADCMAXCONV.all = 0x0033 ;   //每个排序器 4 对,

                                                 //共计 16 通道

AdcRegs.ADCCHSELSEQ1.bit.CONV00 = 0x0 ;   //ADCINA0 ADCINB0

AdcRegs.ADCCHSELSEQ1.bit.CONV01 = 0x1;　　//ADCINA1 ADCINB1

AdcRegs.ADCCHSELSEQ1.bit.CONV02 = 0x2;　　//ADCINA2 ADCINB2

AdcRegs.ADCCHSELSEQ1.bit.CONV03 = 0x3;　　//ADCINA3 ADCINB3

AdcRegs.ADCCHSELSEQ3.bit.CONV08 = 0x4;　　//ADCINA4 ADCINB4

AdcRegs.ADCCHSELSEQ3.bit.CONV09 = 0x5;　　//ADCINA5 ADCINB5

AdcRegs.ADCCHSELSEQ3.bit.CONV10 = 0x6;　　//ADCINA6 ADCINB6

AdcRegs.ADCCHSELSEQ3.bit.CONV11 = 0x7;　　//ADCINA7 ADCINB7

//按该方式 ADC 结果寄

//存器存放的数据

ADCINA0 -> ADCRESULT0

ADCINB0 -> ADCRESULT1

ADCINA1 -> ADCRESULT2

ADCINB1 -> ADCRESULT3

ADCINA2 -> ADCRESULT4

ADCINB2 -> ADCRESULT5

ADCINA3 -> ADCRESULT6

ADCINB3 -> ADCRESULT7

ADCINA4 -> ADCRESULT8

ADCINB4 -> ADCRESULT9

ADCINA5 -> ADCRESULT10

ADCINB5 -> ADCRESULT11

ADCINA6 -> ADCRESULT12

ADCINB6 -> ADCRESULT13

ADCINA7 -> ADCRESULT14

ADCINB7 -> ADCRESULT15

7.3　F28335 的 ADC 模块校准

　　F28335 芯片的 ADC 模块支持片上采样偏移校准,这也是 C2000 系列的最大进步,极大地提高了 ADC 的采样精度。

　　实际上,2808 系列也提供上述校准功能,但需要用户自己编程实现。F28335 芯片出厂时已将该功能程序 ADC_Cal()固化于 TI 保留的 OTPROM 中,可被 BootROM 自动调用。ADC_Cal()采用特定数据对 ADCREFSEL 与 ADCOFFTRIM 寄存器进行初始化。

正常操作时,这个过程自动执行,不需要用户干预。若开发过程中,BootROM 被 code composer studio 旁路,则用户程序需自行对 ADCREFSEL 与 ADCOFFTRIM 进行初始化。若系统复位或者 ADC 模块被 ADCTRL1 的 RESET 位(bit14)复位,则 ADC_Cal ()需再次运行。

7.3.1   ADC 模块的校准原理

ADC 模块的采样偏移校准原理是:预先把 AD 采样偏移量存放于 ADCOFFTRIM 寄存器中,再将 AD 转换结果加上该值后传送到结果寄存器 ADCRESULTn。校准操作在 ADC 模块中进行,因此时序不受影响。对于任何校准值,均能保证全采样范围有效。为了获得采样偏移量,可将 ADCLO 信号接到任意一个 ADC 通道,转换该通道再修正 ADCOFFTRIM 寄存器的值,直到转换结果接近于零为止。

ADC 模块的校准流程如图 7.5 所示,按照该流程,对于负偏差校正,开始时多数转换结果均为 0。ADCOFFTRIM 寄存器写入 40,若所有转换结果为正值且平均为 25,则最终写入 ADCOFFTRIM 的值应该为 15;对于正偏差校正,开始时多数转换结果均为正值。若平均为 20,则最终写入 ADCOFFTRIM 的值应为 −20。

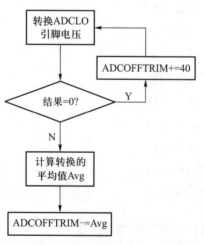

图 7.5   ADC 模块的校准流程

7.3.2   ADC_Cal 的调用指南

ADC_Cal 的调用可通过两种方法实现:汇编程序调用法和指针函数法。

一、汇编程序调用法

1. 将 ADC_Cal 汇编程序添加至工程中(下列代码为 ADC_Cal 函数的内容)

```
.def _ADC_cal                          ;定义代码段名称为 ADC_cal
.asg "0x711C",ADCREFSEL_LOC            ;ADCREFSEL 寄存器在 DSP 的地址为 0x711C
.sect ".adc_cal"                       ;自定义初始化段.adc_cal
_ADC_cal
MOVW DP,#ADCREFSEL_LOC >> 6    ;右移 6 bit 得数据段首地址,DP = 0x7100
MOV @ 28,#0x1111                       ;采用直接寻址 ADCREFSEL = 0x1111
MOV @ 29,#0x2222                       ;采用直接寻址 ADCOFFTRIM = 0x2222
LRETR
```

2. 将.adc_cal 段加入 CMD 文件中

```
MEMORY
{
    PAGE 0:
        ADC_CAL:origin = 0x380080,length = 0x000009
}
SECTIONS
{
    .adc_cal:load = ADC_CAL,PAGE = 0,TYPE = NOLOAD
}
```

3. 使用 ADC 之前先调用 ADC_Cal 函数

注意,调用该函数前要先使能 ADC 时钟。

```
EALLOW;
SysCtrlRegs.PCLKCR0.bit.ADCENCLK = 1;
(*ADC_Cal)();
SysCTRLRegs.PCLKCR0.bit.ADCENCLK = 0;
EDIS;
```

二、指针函数法

采用函数指针的调用方法时,用户不需要关心真实工作时 ADCREFSEL 和 AD-COFFTRIM 的大小,直接使用 TI 出厂时在 OPTROM 固化的参数即可。

先将 ADC_Cal 定义为 OTPROM 中函数的指针,即

```
#define ADC_Cal (void (*) (void)) 0x380080
```

扩展阅读:
使能 ADC_Cal
后 AD 的性能

然后调用 ADC_Cal 函数,需注意 ADC 时钟的使能(同汇编程序调用法的第三步)。

7.4 F28335 的 ADC 模块的寄存器

一、ADC 控制寄存器

ADC 具有 3 个控制寄存器,用来配置 ADC 模块的采样频率、工作模式、中断等操作。

1. ADCCTRL1(16 位)

ADCCTRL1 用于设定 ADC 的仿真模式及排序器模式,其格式如图 7.6 所示。

D15	D14	D13	D12	D11	D10	D9	D8
Reserved	RESET	SUSMOD		ACQ_PS			
R-0	R/W-0	R/W-0		R/W-0			

D7	D6	D5	D4	D3	D2	D1	D0
CPS	CONT_RUN	SEQ_OVRD	SEQ_CASC	Reserved			
R/W-0	R/W-0	R/W-0	R/W-0	R-0			

图 7.6 ADC 控制寄存器 ADCCTRL1 的格式

ADC 控制寄存器 ADCCTRL1 各位的含义如表 7.2 所示。

表 7.2 ADC 控制寄存器 ADCCTRL1 各位的含义

位号	名称	说明
15	Reserved	保留
14	RESET	ADC 模块软件复位,读此位返回值总为 0。0,无影响;1,复位整个 ADC 模块
13~12	SUSMOD	仿真挂起模式。00,模式 0,忽略仿真挂起;01,模式 1,完成当前转换并更新状态机制之后,排序器和其他轮询逻辑停止;10,模式 2,完成当前转换并更新状态机制之后,排序器和其他轮询逻辑停止;11,模式 3,仿真挂起时,排序器和其他轮询逻辑立即停止
11~8	ACQ_PS	采集窗口大小标志位。该位控制 SOC 脉宽,脉宽为(ACQ_PS+1)个 ADCLK 周期
7	CPS	内核时钟预分频标志位。该位用于设置外设时钟 HSPCLK 分频。0,ADCCLK = Fclk/1;1,ADCCLK = Fclk/2(Fclk 为高速时钟 HSPCLK 预定标后输出时钟)

续表

位号	名称	说明
6	CONT_RUN	转换模式标志位。**0**,启动/停止模式;**1**,连续转换模式,EOS 后序列发生器的行为取决于 SEQ_OVRD 的状态。若 SEQ_OVRD = **0**,则排序器将再次从其复位状态启动(SEQ1 和级联模式为 CONV00,SEQ2 为 CONV08)。如果 SEQ_OVRD = **1**,则排序器将再次从其当前位置启动
5	SEQ_OVRD	转换序列回绕标志位。**0**,允许排序器在 MAX_CONVn 设置的转换结束时回绕;**1**,在排序器结束时发生回绕
4	SEQ_CASC	ADC 排序器选择标志位。**0**,双排序模式;SEQ1 和 SEQ2 作为 2 个 8 状态排序器工作;**1**,级联模式,SEQ1 和 SEQ2 作为单个 16 状态排序器工作(SEQ)
3~0	Reserved	保留

2. ADCCTRL2(16 位)

ADCCTRL2 用于设定 ADC 的转换触发操作方式,其格式如图 7.7 所示。

D15	D14	D13	D12	D11	D10	D9	D8
EPWM_SOCB_SEQ	RST_SEQ1	SOC_SEQ1	Reserved	INT_ENA_SEQ1	INT_MOD_SEQ1	Reserved	EPWM_SOCA_SEQ1
R/W-0	R/W-0	R/W-0	R-0	R/W-0	R/W-0	R-0	R/W-0

D7	D6	D5	D4	D3	D2	D1	D0
EXT_SOC_SEQ1	RST_SEQ2	SOC_SEQ2	Reserved	INT_ENA_SEQ2	INT_MOD_SEQ2	Reserved	EPWM_SOCB_SEQ2
R/W-0	R/W-0	R/W-0	R-0	R/W-0	R/W-0	R-0	R/W-0

图 7.7 ADC 控制寄存器 ADCCTRL2 的格式

ADC 控制寄存器 ADCCTRL2 各位的含义如表 7.3 所示。

表 7.3 ADC 控制寄存器 ADCCTRL2 各位的含义

位号	名称	说明
15	EPWM_SOCB_SEQ	EPWM SOCB 信号启动转换标志位(仅级联模式)。**0**,无操作;**1**,允许由 EPWM SOCB 信号启动级联的排序器
14	RST_SEQ1	SEQ1 复位标志位。**0**,无操作;**1**,立即将排序器复位到状态 CONV00

续表

位号	名称	说明
13	SOC_SEQ1	SEQ1 转换触发标志位。可通过以下触发器设置此位:S/W,通过软件将 **1** 写入此位;EPWM SOCA、EPWM SOCB（EPWM SOCB 只有在级联模式中起作用）触发信号启动;外部引脚触发（引脚 ADCSOC）。**0**,清除暂挂的 SOC 触发器（若排序器已经启动,则自动清除此位）;**1**,从当前停止的位置启动 SEQ2
12	Reserved	保留
11	INT_ENA_SEQ1	SEQ1 中断使能标志位。**0**,禁用 INT_SEQ1 的中断请求;**1**,启用 INT_SEQ1 的中断请求
10	INT_MOD_SEQ1	转换模式标志位。**0**,启动/停止模式;**1**,连续转换模式,EOS 后排序器的行为取决于 SEQ_OVRD 的状态。若 SEQ_OVRD=**0**,则排序器将再次从其复位状态启动（SEQ1 和级联模式为 CONV00,SEQ2 为 CONV08）;若 SEQ_OVRD=**1**,则排序器将从其当前位置启动
9	Reserved	保留
8	EPWM_SOCA_SEQ1	EPWM SOCA 信号启转换标志位。**0**,SEQ1 不能由 EPWM _SOCA 触发器启动;**1**,允许由 EPWM _SOCA 触发器启动 SEQ1。可通过对 EPWM 编程,采用各种情况启动转换
7	EXT_SOC_SEQ1	外部 SEQ1 信号转换启动位。**0**,无操作;**1**,外部 ADCSOC 引脚信号启动 ADC 自动转换序列
6	RST_SEQ2	复位 SEQ2 标志位。**0**,无操作;**1**,将 SEQ2 复位到"触发前"状态,即在 CONV08 等待触发信号
5	SOC_SEQ2	EPWM SOCB 信号启动转换标志位（仅适用于双序列发生器模式）。可通过以下触发器设置此位:S/W,通过软件将 **1** 写入此位;EPWM SOCB 触发信号启动
4	Reserved	保留
3	INT_ENA_SEQ2	SEQ2 中断使能标志位。**0**,禁用 INT_SEQ2 的中断请求;**1**,启用 INT_SEQ2 的中断请求

续表

位号	名称	说明
2	INT_MOD_SEQ2	SEQ2 中断模式选择标志位。**0**,每个 SEQ2 序列结束时设置 INT_SEQ2;**1**,每隔一个 SEQ2 序列结束时设置 INT_SEQ2
1	Reserved	保留
0	EPWM_SOCB_SEQ2	EPWM SOCB 信号启动转换标志位。**0**,SEQ2 不能由 EPWM _SOCB 触发器启动;**1**,允许由 EPWM _SOCB 触发器启动 SEQ2;可通过对 EPWM 编程,采用各种情况启动转换

3. ADCCTRL3(16 位)

ADCCTRL3 用于设定 ADC 的采样模式及工作频率,其格式如图 7.8 所示。

D15	D14	D13	D12	D11	D10	D9	D8
Reserved							
R-0							

D7	D6	D5	D4	D3	D2	D1	D0
ADCBGRFDN		ADCPWDN	ADCCLKPS				SMODE_SEL _
R/W-0		R/W-0	R/W-0				R/W-0

图 7.8　ADC 控制寄存器 ADCCTRL3 的格式

ADC 控制寄存器 ADCCTRL3 各位的含义如表 7.4 所示。

表 7.4　ADC 控制寄存器 ADCCTRL3 各位的含义

位号	名称	说明
15~8	Reserved	保留
7~6	ADCBGRFDN	ADC 带隙及参考电路上电使能位。**00**,带隙和参考电路断电;**11**,带隙和参考电路上电
5	ADCPWDN	ADC 模拟电路上电使能位。**0**,内核除带隙和参考电路外的所有模拟电路断电;**1**,内核的模拟电路上电
4~1	ADCCLKPS	内核时钟分频位,以产生内核时钟 ADCCLK。**0000**,HSPCLK/(ADCTRL1[7]+1);**0001**,HSPCLK/[2 * (ADCTRL1[7]+1)];**0010**,HSPCLK/[4 * (ADCTRL1[7]+1)];**1111**,HSPCLK/[30 * (ADCTRL1[7]+1)]

续表

位号	名称	说明
0	SMODE_SEL	ADC 采样模式选择位。**0**,选择顺序采样模式;**1**,选择同步采样模式

二、ADC 状态及标志寄存器

ADC 具有一个状态及标志寄存器 ADCST(16 位),用来指示 ADC 的工作状态,其格式如图 7.9 所示。

D15	D14	D13	D12	D11	D10	D9	D8
Reserved							
R-0							

D7	D6	D5	D4	D3	D2	D1	D0
EOS_BUF2	EOS_BUF1	INT_SEQ2_CLR	INT_SEQ1_CLR	SEQ2_BSY	SEQ1_BSY	INT_SEQ2	INT_SEQ1
R-0	R-0	R/W-0	R/W-0	R-0	R-0	R-0	R-0

图 7.9   ADC 状态及标志寄存器 ADCST 的格式

ADC 状态及标志寄存器 ADCST 各位的含义如表 7.5 所示。

表 7.5   ADC 状态及标志寄存器 ADCST 各位的含义

位号	名称	说明
15~8	Reserved	保留
7	EOS_BUF2	SEQ2 序列缓冲结束位。在中断模式 0 中不使用此位且保留为 0;在中断模式 1 中,在每个 SEQ2 序列结束时进行切换。此位在器件复位时清除,且不受排序器复位或清除相应中断标志的影响
6	EOS_BUF1	SEQ1 序列缓冲结束位。在中断模式 0 中不使用此位且保留为 0;在中断模式 1 中,在每个 SEQ1 序列结束时进行切换。此位在器件复位时清除,且不受排序器复位或清除相应中断标志的影响
5	INT_SEQ2_CLR	SEQ2 中断清除位。**0**,无影响;**1**,写 **1** 清除 SEQ2 中断标志位 INT_SEQ2,不影响 EOS_BUF2 位
4	INT_SEQ1_CLR	SEQ1 中断清除位。**0**,无影响;**1**,写 **1** 清除 SEQ1 中断标志位 INT_SEQ1,不影响 EOS_BUF1 位

续表

位号	名称	说明
3	SEQ2_BSY	SEQ2 转换空闲标志位。**0**,SEQ2 空闲,正在等待触发信号;**1**,SEQ2 忙
2	SEQ1_BSY	SEQ1 转换空闲标志位。**0**,SEQ1 空闲,正在等待触发信号;**1**,SEQ1 忙
1	INT_SEQ2	SEQ2 中断标志位。**0**,无 SEQ2 中断事件;**1**,发生 SEQ2 中断事件
0	INT_SEQ1	SEQ1 中断标志位。**0**,无 SEQ1 中断事件;**1**,发生 SEQ1 中断事件

三、ADC 用于排序转换及结果的相关寄存器

ADC 用于排序转换及结果的相关寄存器包含最大转换通道寄存器 MAXCONV(16位),自动排序状态寄存器 ADCASEQSR(16位),转换结果缓冲寄存器 ADCRESULTn(16位),输入通道选择排序寄存器 ADCCHSELSEQ1~ADCCHSELSEQ4(16位)。

1. MAXCONV(16位)

MAXCONV(16位)用于设定 ADC 转换过程中执行的最大转换数,其格式如图 7.10 所示。

D15	D14	D13	D12	D11	D10	D9	D8
Reserved							
R-0							

D7	D6	D5	D4	D3	D2	D1	D0
Reserved	MAXCONV2			MAXCONV1			
R-0	R/W-0			R/W-0			

图 7.10 ADC 最大转换通道寄存器 MAXCONV 的格式

ADC 最大转换通道寄存器 MAXCONV 各位的含义如表 7.6 所示。

表 7.6 ADC 最大转换通道寄存器 MAXCONV 各位的含义

位号	名称	说明
15~7	Reserved	保留
6~4	MAXCONV2	SEQ2 序列最大转换数。对于 SEQ2(仅用于双排序操作下),使用 MAXCONV2 定义其最大转换通道数
3~0	MAXCONV1	SEQ1 序列最大转换数。对于 SEQ1 或级联操作,使用 MAXCONV1 定义其最大转换通道数

2. ADCASEQSR(16 位)

ADCASEQSR(16 位)用于记录 ADC 的自动排序状态,其格式如图 7.11 所示。

D15	D14	D13	D12	D11	D10	D9	D8
Reserved				SEQ_CNTR			
R-0				R-0			

D7	D6	D5	D4	D3	D2	D1	D0
Reserved	SEQ2_STATE			SEQ1_STATE			
R-0	R-0			R-0			

图 7.11　ADC 自动排序状态寄存器 ADCASEQSR 的格式

ADC 自动排序状态寄存器 ADCASEQSR 各位的含义如表 7.7 所示。

表 7.7　ADC 自动排序状态寄存器 ADCASEQSR 各位的含义

位号	名称	说明
15~12	Reserved	保留
11~8	SEQ_CNTR	计数器状态位。该 4 位计数状态字段由 SEQ1、SEQ2 和级联排序器使用 SEQ_CNTR 在转换序列开始时初始化为 MAX_CONV。在自动转换序列中的每次转换后,排序器计数器减 1
7	Reserved	保留
6~4	SEQ2_STATE	SEQ2 的指针。保留给 TI 芯片测试用
3~0	SEQ1_STATE	SEQ1 的指针。保留给 TI 芯片测试用

3. ADCRESULTn(16 位)

F28335 的 A/D 转换器只有 12 位,使用 16 位结果寄存器存储时,必然有 4 位是保留位。当结果寄存器映射在外设帧 2 时需要经 2 个等待状态,采用左对齐方式,如图 7.12 所示;当结果寄存器映射在片内时,采用右对齐方式,如图 7.13 所示。

D15	D14	D13	D12	D11	D10	D9	D8
MSB	D10	D9	D8	D7	D6	D5	D4
R-0	R-0	R-0	R-0	R-0	R-0	R-0	R-0

D7	D6	D5	D4	D3	D2	D1	D0
D3	D2	D1	LSB	Reserved			
R-0	R-0	R-0	R-0	R-0			

图 7.12　左对齐方式下 ADC 转换结果缓冲寄存器 ADCRESULTn 的格式

4. 输入通道选择排序寄存器

输入通道选择排序寄存器共有 4 个,分别为 ADCCHSELSEQ1~ADCCHSELSEQ4。这 4 个寄存器均为 16 位,其格式如图 7.14 所示。

D15	D14	D13	D12	D11	D10	D9	D8
Reserved				MSB	D10	D9	D8
R-0				R-0	R-0	R-0	R-0

D7	D6	D5	D4	D3	D2	D1	D0
D7	D6	D5	D4	D3	D2	D1	LSB
R-0	R-0	R-0	R-0	R-0	R-0	R-0	R-0

图 7.13　右对齐方式下 ADC 转换结果缓冲寄存器 ADCRESULTn 的格式

D15 ~ D12	D11 ~ D8	D7 ~ D4	D3 ~ D0
CONV03	CONV02	CONV01	CONV00
R/W-0	R/W-0	R/W-0	R/W-0

(a) ADCCHSELSEQ1的格式

D15 ~ D12	D11 ~ D8	D7 ~ D4	D3 ~ D0
CONV07	CONV06	CONV05	CONV04
R/W-0	R/W-0	R/W-0	R/W-0

(b) ADCCHSELSEQ2的格式

D15 ~ D12	D11 ~ D8	D7 ~ D4	D3 ~ D0
CONV11	CONV10	CONV09	CONV08
R/W-0	R/W-0	R/W-0	R/W-0

(c) ADCCHSELSEQ3的格式

D15 ~ D12	D11 ~ D8	D7 ~ D4	D3 ~ D0
CONV15	CONV14	CONV13	CONV12
R/W-0	R/W-0	R/W-0	R/W-0

(d) ADCCHSELSEQ4的格式

图 7.14　输入通道选择排序寄存器的格式

　　每个输入通道选择排序寄存器均包含 4 个 4 bit 域,每个域均可任意配置 16 个模拟输入通道。

　　(1) 顺序采样模式:各位域的 4 位均起作用,最高位规定通道所在的组(0 表示 A 组,1 表示 B 组);低 3 位定义偏移量,确定本组引脚。如:

0000—>ADCINA0,0001—>ADCINA1,0010—>ADCINA2,0011—>ADCINA3,

0100—>ADCINA4,0101—>ADCINA5,0110—>ADCINA6,0111—>ADCINA7,

1000—>ADCINB0,1001—>ADCINB1,1010—>ADCINB2,1011—>ADCINB3,

1100—>ADCINB4,1101—>ADCINB5,1110—>ADCINB6,1111—>ADCINB7。

　　(2) 同步采样模式:各位域的最高位不起作用,低 3 位规定通道对的编号。如:

0000—>ADCINA0、ADCINB0,0001—>ADCINA1、ADCINB1,

0010—>ADCINA2、ADCINB2,0011—>ADCINA3、ADCINB3,

0100—>ADCINA4、ADCINB4,0101—>ADCINA5、ADCINB5,

0110—>ADCINA6、ADCINB6,0111—>ADCINA7、ADCINB7。

7.5   F28335 的 ADC 模块的程序分析

【例 7-5】   任务：设置通道 A0 作为 ADC 的采样通道,采用查询的方式,将 A0 每次采样的数据存入数据缓冲区。其中,数据缓冲区的长度为 128。

一、建立工程

启动 CCS5,建立新工程"exp7-1"。工程文件具体的建立过程可参阅第 4 章。

二、编写 C 语言应用程序

1. ADC 模块初始化内容

```c
void InitAdc(void)
{
    extern void DSP28x_usDelay(Uint32 Count);

    EALLOW;
    SysCtrlRegs.PCLKCR0.bit.ADCENCLK = 1;
    ADC_cal();
    EDIS;

    AdcRegs.ADCTRL3.all = 0x00E0;                //ADC 带隙参考电路上电
    DELAY_US(0x1000);                            //等待上电结束
    //连续模式,Sample rate = 1/[(2+ACQ_PS) * ADC clock in ns]
    // = 1/(3 * 40ns) = 8.3 MHz (for 150 MHz SYSCLKOUT)
    AdcRegs.ADCTRL1.bit.ACQ_PS = 0xff;
    AdcRegs.ADCTRL3.bit.ADCCLKPS = 0;            //25 MHz
    AdcRegs.ADCTRL1.bit.SEQ_CASC = 1;            //级联模式
    AdcRegs.ADCTRL1.bit.CONT_RUN = 1;

    AdcRegs.ADCMAXCONV.bit.MAX_CONV1 = 0x1;
    AdcRegs.ADCTRL1.bit.SEQ_OVRD = 1;
    AdcRegs.ADCCHSELSEQ1.all = 0x0;              //使能 A0 通道
    AdcRegs.ADCCHSELSEQ2.all = 0x0;
    AdcRegs.ADCCHSELSEQ3.all = 0x0;
```

```
    AdcRegs.ADCCHSELSEQ4.all = 0x0;


}
```

2. 主函数内容

```
main( )
{
    Uint16 i;
    Uint16 array_index = 0;
    InitSysCtrl( );                //系统及外设时钟初始化
    DINT;
    InitPieCtrl( );
    InitPieVectTable( );
    //禁止 CPU 中断并清除 CPU 中断标志
    IER = 0x0000;
    IFR = 0x0000;
    InitAdc( );                    //初始化 ADC
                                   //清除结果存储区
     for (i = 0;i<SIZE_of_BUF;i++)
    {
        SampleTable[i] = 0;
    }
                                   //启动 SEQ1
    AdcRegs.ADCTRL2.bit.SOC_SEQ1 = 1;
    while(1)
    {
        while( AdcRegs.ADCST.bit.INT_SEQ1 == 0);
        AdcRegs.ADCST.bit.INT_SEQ1_CLR = 1;
        SampleTable[array_index++] = ( (AdcRegs.ADCRESULT0)>>4);
        if(array_index>(SIZE_of_BUF-1))
        {
            array_index = 0;
        }
```

```
        DELAY_US（100）；
    }
}
```

三、编译、下载及调试

打开 CCS 中的 watch 窗口,观测数组 SampleTable[ ]的内容。

 本章小结

F28335 的 ADC 模块一共有 16 个采样通道,分成 A、B 两组。每组 8 个通道,每组对应使用一个采样保持器。ADC 模块具有多个输入通道,但是内部只有一个转换器。当有多路信号需要转换时,ADC 模块通过多通道控制器的控制和 SOC 排序器的作用,保证同一时间只允许 1 路信号输入到 ADC 的转换器。

F28335 具有两种排序模式:双排序模式和级联模式。ADC 的采样方式与排序器的工作模式相结合可构成 ADC 的 4 种工作方式:顺序采样的级联模式,顺序采样的双排序模式,同步采样的级联模式和同步采样的双排序模式。

F28335 将 ADC 数据校准函数 ADC_cal( )嵌入 DSP 中,其采样精度较 281x 有了很大提高,本文也介绍了两种调用该校准函数的方式。

 思考题及习题

1. F28335 的 4 种工作方式的特点及配置是什么?

2. F28335 的校准函数的操作方法是什么?

3. 如何配置 ADC 各模块的时钟?

4. 如何理解 ADC 数据转换结果的存放格式?

第 8 章

F28335 的串行通信外设

✖ 学习目标

(1) 理解 F28335 的 SCI、SPI 及 I^2C 总线通信格式；

(2) 掌握 F28335 的 SCI、SPI 及 I^2C 通信寄存器的配置；

(3) 掌握 F28335 的 SCI、SPI 及 I^2C 通信数据收发程序的编写。

✖ 重点内容

(1) F28335 的 SCI 与 SPI 通信的异同；

(2) 三种通信方式数据收发程序的读写；

(3) 三种通信方式寄存器的配置。

　　F28335 所包含的串行通信模块，基本可以满足工业控制领域的通信应用。本章对常用的串行通信模块进行介绍，对常见的三种串行通信的应用特点进行总结，并给出每种通信的例程，方便读者理解和掌握。

8.1 串行通信的基本概念

一、同步通信及异步通信

　　串行通信中，数据信息与控制信息需要在一条线上实现传输，为了对数据信息和控制信息进行区分，收发双方必须遵循一定的通信协议。我们所熟知的所有的串行通信协议都包含四点信息：同步方式、数据格式、传输速率和校验方式。

　　依据收发设备配置方式，串行通信可以分为异步通信和同步通信。

　　1. 异步通信

　　异步通信（asynchronous transmission）将信息分成"小组"进行传送。严格意义上的异步通信所传输的数据是 8 位，即一个字符。由于收发双方之间没有建立同步机制,因此发送方可以在任何时刻发送这些比特组,而接收方却不知道它们会在什么时间到达。为了告知接收方数据的起止位置,异步通信的帧格式中必须加入起始位和结束位这个"同步信息",同时为了校验所接受的数据,又加入了奇偶校验位。加入的"同步信息"必然增加总线的开销,因此,异步通信不适合高速度、大容量数据传输,而适合设备与设备之间的信息交互,例如 PC 机上的 RS-232 接口是典型的异步通信接口。

2. 同步通信

同步通信(synchronous transmission)尽管也将信息分成"小组"进行传输,但这个小组要比异步通信的"小组"大得多。若说异步通信传输的是字符,那么同步通信所传输的就是字符串。收发双方通过"同步脉冲"建立同步机制,接收方一旦检测到帧同步开始信号,就开始缓存之后所有的数据,直到接收方检测到帧同步结束信号为止。因而,与异步通信每个字符加入"同步信号"的机制相比,同步通信所占用的开销较少,常用于板间通信,例如 CPU 与 CPU、EEPROM、DAC、flash 之间的信息传输。

二、串行通信的传输方向

依据传输方向,串行通信可分为:单工方式、半双工方式和全双工方式,如图 8.1所示。

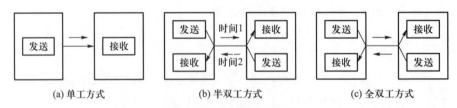

图 8.1 串行通信的传输方向

单工方式是指数据传输仅能够实现单向传输;半双工方式是指数据可沿两个方向传输,但需要分时进行;全双工方式是指数据可同时进行双向传输。

8.2 F28335 的 SCI 通信模块

串行通信接口 SCI(serial communication interface)是一个双线的异步串口,具有接收和发送两根信号线的异步串口,可看作是 UART(通用异步接收/发送装置)。

8.2.1 F28335 的 SCI 模块概述

F28335 的 SCI 模块与 F2812 相同,支持 CPU 与采用不归零(non-return-to-zero,NRZ)标准格式的异步外围设备之间进行数字通信。

F28335 内部具有 3 个功能相同的 SCI 模块:SCIA、SCIB 和 SCIC。每个 SCI 模块都有一个接收器和发送器。接收器和发送器各有一个 16 级深度的 FIFO(first in first out)队列,它们还都有自己独立的使能位和中断位,可在半双工、全双工通信中进行操作。SCI 模块还有其他特点:

* 具有空闲线方式和地址位方式,一般我们采用点对点的通信方式,即空闲线方式;
* 具有接收缓冲器(SCIRXBUF)和发送缓冲器(SCITXBUF);
* 可通过查询方式或中断方式进行数据的接收和发送;
* 具有独立的发送和接收中断使能位。

以 SCIA 为例,其内部结构如图 8.2 所示。

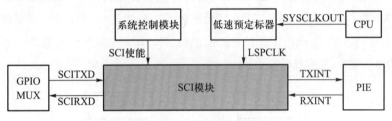

图 8.2　SCIA 的内部结构

由结构图可知:若要使 SCI 模块工作起来,DSP 需进行如下设置:

* 使用 GPIOMUX 寄存器将对应的 GPIO 设置成 SCI 功能;
* 使能 PLL 模块,所产生的 CPU 系统时钟 SYSCLKOUT 经过低速预定标器之后输出低速时钟 LSPCLK,供给 SCI 模块;
* 为保证 SCI 模块正常运行,必须使能 SCI 模块的时钟。例如,使能 SCIA,则需将外设时钟控制寄存器 PCLKCR 的 SCIAENCLK 置 1。

8.2.2　F28335 的 SCI 工作原理

一、SCI 的基本帧格式

SCI 的数据帧格式如图 8.3 所示。数据帧包含 1 bit 的起始位,8 bit 的数据位,1 bit 的奇偶校验位,1 bit 的停止位和 1 bit 的地址位(地址位模式下,该位用来区分地址帧还是数据帧)。

如图 8.3 所示的数据帧格式可通过 SCI 通信控制寄存器 SCICCR 进行设置,如下所示。

SciaRegs.SCICCR.SCICHAR = 0x7;//选择数据长度,为 8 bit

SciaRegs.SCICCR.PARITYENA = 0;   //开启奇偶校验功能,**0**:关闭该功能

SciaRegs.SCICCR.PARITY = 0;   //奇偶校验功能开启后,**0**:偶校验,**1**:奇校验

SciaRegs.SCICCR.STOP BITS = 0;   //停止位长度,**0**:1 bit,**1**:2 bit

起始位 1 bit	LSB	2	3	4	5	6	7	MSB	地址位 1 bit	奇偶校验位 1 bit	停止位 1 bit

图 8.3   SCI 的数据帧格式

二、F28335 中 SCI 的工作方式

SCI 收发数据通常使用两种方式:查询方式和中断方式。

1. 查询方式

SCI 数据收发示意图如图 8.4 所示。SCI 发送数据时,发送数据缓冲寄存器 SCITXBUF 从数据发送 FIFO 中获取需要发送的数据,然后 SCITXBUF 将数据传输给发送移位寄存器 TXSHF,如果发送功能使能,TXSHF 将接收到的数据逐位地移到 SCITXD 引脚上,完成发送的过程。

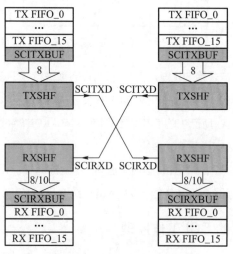

图 8.4   SCI 数据收发示意图

发送过程中的查询标志位是 TXRDY(发送缓冲寄存器就绪),它位于 SCICTL2 寄存器的第 7 位。若该位为 **1**,则表示 SCITXBUF 准备接收下一个数据,当数据写入 SCITXBUF 后,该标志位清零。

SCI 接收数据时,接收移位寄存器 RXSHF 逐位接收来自 SCIRXD 引脚的数据,若 SCI 的接收功能使能,则 RXSHF 将这些数据传输给接收缓冲寄存器 SCIRXBUF 中,并放入 FIFO 缓存。

接收过程中的查询标志位是 RXRDY,它位于 SCIRXST 寄存器中。若该位为 **1**,则表示 SCIRXBUF 已经接收到一个数据,可立即读取;当数据从 SCIRXBUF 读出后,该标志位清零。

其中:发送数据缓冲寄存器 SCITXBUF 是 8 位,接收数据缓冲寄存器 SCIRXBUF 的位数取决于是否使能 FIFO 功能:若使能了 FIFO 功能,则 SCIRXBUF 为 10 位,否则为 8 位。这两个寄存器分别通过 TXFFST 和 RXFFST 来显示当前的 FIFO 内数据个数。当状态位为 **0** 时,发送复位位 TXFIFO 和接收复位位 RXFIFO 会被置为 **1**,此时 FIFO 指针复位,FIFO 将重新开始运行。FIFO 的数据传送到发送移位寄存器的速率是可编程的,可通过 SCIFFCT 寄存器的 FFTXDLY 设置发送数据间的延时。

2. 中断方式

中断方式必须使能相应的 SCI 外设级中断、PIE 级中断和 CPU 级中断。以 SCIA 为例,其发送和接收中断分别位于 PIE 模块第 9 组的第 1 和第 2 位,同时对应于 CPU 中断的 INT9。当 TXRDY 置 **1** 时,会产生发送中断事件,若各级中断使能,则会响应 SCI 的发送中断函数;当接收中断标志位 RXRDY 置 **1** 时,会产生接收中断标志。若各级中断已经使能,则会响应 SCI 的接收中断。一般而言,为提高程序的执行效率,数据接收采用中断方式,而数据发送采用查询方式。

三、SCI 的通信速率

SCI 的通信速率用波特率来表示,它描述了每秒钟能收发数据的位数。F28335 中每一个 SCI 都具有 2 个 8 位波特率寄存器 SCIHBAUD 和 SCILBAUD,共同构成 16 位长度,因此可支持 64 K 的速率。SCIHBAUD 寄存器的格式如图 8.5 所示,SCILBAUD 寄存器的格式如图 8.6 所示。

D15	D14	D13	D12	D11	D10	D9	D8
BAUD15	BAUD14	BAUD13	BAUD12	BAUD11	BAUD10	BAUD9	BAUD8
R/W-0	R/W-0	R/W-0	R/W-0	R/W-0	R/W-0	R/W-0	R/W-0

图 8.5　SCIHBAUD 寄存器的格式

D7	D6	D5	D4	D3	D2	D1	D0
BAUD7	BAUD6	BAUD5	BAUD4	BAUD3	BAUD2	BAUD1	BAUD0
R/W-0	R/W-0	R/W-0	R/W-0	R/W-0	R/W-0	R/W-0	R/W-0

图 8.6　SCILBAUD 寄存器的格式

当 $1 \leqslant BRR \leqslant 65\ 535$ 时

$$BRR = \frac{LSPCLK}{SCI\_BAUD \times 8} - 1$$

当 $BRR = 0$ 时,SCI 的波特率为

$$SCI\_BAUD = \frac{LSPCLK}{16}$$

其中:$BRR = SCIHBAUD : SCILBAUD$

波特率寄存器工作过程为:设晶振为 30 MHz,经 PLL 倍频后的 CPU 系统时钟 SYSCLKOUT 为 150 MHz,低速预定标寄存器的 $LOSPCP = 3$,则低速时钟 $LSPCLK = 150/6$ MHz $= 25$ MHz。若 SCI 的波特率为 115 200,则 $BRR = 25$ M$/(115\ 200 * 8) - 1 \approx 26.13$,那么 $SCIHBAUD = 0$,$SCILBAUD = 26$。由于忽略了小数,波特率会存在误差。在工程上只要波特率误差不是很大,依然可以建立可靠的 SCI 通信。

四、多处理器通信方式

多处理器的通信方式是指通信不再是点对点地传输,而是存在一对多或多对多的数据交换,它允许一个处理器在同一个串行线上有效地向其他处理器发送数据块。多处理器通信示意图如图 8.7 所示。

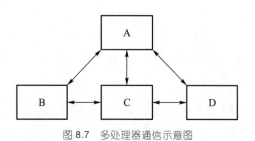

图 8.7 多处理器通信示意图

当处理器 A 需要给 B、C、D 之中的一个处理器发送数据时,A—B,A—C,A—D 这 3 条支路都会出现相同的数据。由于同一时刻只能实现一对一的通信,因而可对 B、C、D 预先分配地址,并且将处理器 A 发送的数据包含目标地址信息,接收端在接收时先核对地址,若地址不符合,则不予响应;若地址符合,则立即读取数据,从而保证数据的正确接收,这就是多处理器通信的基本原理。F28335 提供了两种方式:地址位多处理器通信方式和空闲线多处理器通信方式,其操作顺序如下:

- 设置 SLEEP = 1,当地址被检测的时候处理器才能被中断,软件清零;
- 所有的传输都是以地址帧开始;
- 接收到的地址帧临时唤醒所有 BUS 上的处理器;
- 处理器比较收到的 SCI 地址与本身的 SCI 地址(匹配);
- 只有当地址匹配的时候,处理器才开始接收数据。

1. 空闲线多处理器通信方式

空闲线多处理器通信方式的数据帧格式如图 8.8 所示。

图 8.8 空闲线多处理器通信方式的数据帧格式

通过空闲周期的长短来确定地址帧的位置,在 SCIRXD 变高 10 个位(或更多)之后,接收器在下降沿之后被唤醒,即数据块之间的空闲周期大于 10 个周期,数据块内的空闲周期小于 10 个周期。空闲周期产生的方法:

- 设置 TXWAKE(SCICTL1.3)= **1**,产生 11 bit 的空闲时间;
- 前一数据块的最后一帧与下一数据块的地址帧之间时间延长,以便产生10 bit 或更长的空闲时间。

2. 地址位多处理器通信方式

地址位多处理器通信方式是在普通帧中加入 1 bit 的地址位,使接收端收到该信息后判断该帧是地址信息还是数据信息。只要在 SCITXBUF 写入地址前置位 TXWAKE,自动完成帧内数据/地址的设定,即 TXWAKE 为 **0**,则所发送的为数据帧; TXWAKE 置 **1**,则所发送的为地址帧。

这种通信方式的数据帧格式如图 8.9 所示:

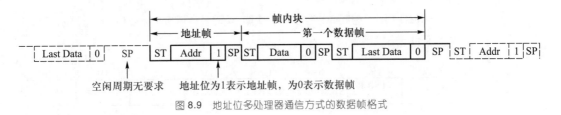

图 8.9 地址位多处理器通信方式的数据帧格式

8.2.3 F28335 的 SCI 寄存器

F28335 中包含 3 个 SCI 模块,其寄存器的基本工作原理完全相同。本节以 SCIA 模块为例,分析寄存器的相关设置。

一、SCI 通信控制寄存器 SCICCR(8 位)

SCICCR 主要定义 SCI 的通信数据帧格式,其格式如图 8.10 所示。

D7	D6	D5	D4	D3	D2	D1	D0
STOP BITS	EVEN/ODD PARITY	PARITY ENABLE	LOOP BACK ENA	ADDR/IDLE MODE	SCI CHAR		
R/W-0	R/W-0	R/W-0	R/W-0	R/W-0	R/W-0		

图 8.10　SCICCR 寄存器的格式

SCI 通信控制寄存器 SCICCR 各位的含义如表 8.1 所示。

表 8.1　SCI 通信控制寄存器 SCICCR 各位的含义

位号	名称	说明
7	STOP BITS	停止位位数。**0**,一位停止位;**1**,两位停止位
6	EVEN/ODD PARITY	奇偶校验位。**0**,奇校验;**1**,偶校验
5	PARITY ENABLE	奇偶校验使能位。**0**,不允许奇偶校验;**1**,允许奇偶校验
4	LOOP BACK ENA	循环自检模式使能位。**1**,使能;**0**,禁止
3	ADDR/IDLE MODE	空闲模式地址模式选择标志位。**1**,地址位模式;**0**;空闲线模式
2~0	SCI CHAR	SCI 数据长度控制位。**000**,1 位数据;**001**,2 位数据;……;**111**,8 位数据

二、SCI 控制寄存器

SCI 包含两个控制寄存器:SCICTL1(8 位)和 SCICTL2(8 位)

1. SCI 控制寄存器 SCICTL1

SCICTL1 用于控制 SCI 收发器的使能、唤醒及休眠模式和 SCI 软件复位,其格式如图 8.11 所示。

D7	D6	D5	D4	D3	D2	D1	D0
Reserved	RX ERR INT ENA	SW RESET	Reserved	TXWAKE	SLEEP	TXENA	RXENA
R-0	R/W-0	R/W-0	R-0	R/S-0	R/W-0	R/W-0	R/W-0

注:R/S的含义是软件可以读此位,也可以设置此位,写"0"对此位无影响。

图 8.11　SCICTL1 寄存器的格式

SCI 控制寄存器 SCICTL1 各位的含义如表 8.2 所示。

表 8.2　SCI 控制寄存器 SCICTL1 各位的含义

位号	名称	说明
7	Reserved	保留

位号	名称	说明
6	RX ERR INT ENA	SCI 接收错误中断使能。**0**,屏蔽接收错误中断;**1**,接收错误中断使能
5	SW RESET	SCI 软件复位 写 **0** 可初始化 SCI 状态寄存器和标志寄存器(SCICTL2、SCIRXST)
4	Reserved	保留
3	TXWAKE	SCI 发送唤醒方式选择 **0**,不唤醒,在空闲线模式下,向该位写 **1**,然后写数据到 SCITXBUF,则产生一个 11 位长度的空闲时间;**1**,发送模式唤醒
2	SLEEP	SCI 休眠模式 多控制器模式中,该位控制接收方进入休眠模式,清除该位则退出休眠模式 **1**,休眠状态;**0**,非休眠模式
1	TXENA	SCI 发送使能。**1**,发送使能;**0**,发送屏蔽
0	RXENA	SCI 接收使能 **1**,允许将接收到的数据复制到 SCIRXBUF;**0**,不允许将接收到的数据复制到 SCIRXBUF

2. SCI 控制寄存器 SCICTL2(8 位)

SCICTL2 寄存器的格式如图 8.12 所示。

D7	D6	D5	D4	D3	D2	D1	D0
TXRDY	TX EMPTY			Reserved		RX/BK INT ENA	TX INT ENA
R-1	R-1			R-0		R/W-0	R/W-0

图 8.12 SCICTL2 寄存器的格式

SCI 控制寄存器 SCICTL2 各位的含义如表 8.3 所示。

表 8.3 SCI 控制寄存器 SCICTL2 各位的含义

位号	名称	说明
7	TXRDY	SCI 发送缓冲器就绪标志位 **0**,SCITXBUF 已满;**1**,SCITXBUF 准备接受下一组数据

续表

位号	名称	说明
6	TX EMPTY	SCI 发送空标志位 **1**,发送缓冲寄存器及发送移位寄存器为空;**0**,发送缓冲寄存器或发送移位寄存器未发送完
5~2	Reserved	保留
1	RX/BK INT ENA	发送缓冲中断使能位。**1**,使能;**0**,禁止
0	TX INT ENA	SCITXBUF 中断使能位。**1**,使能 TXRDY 中断;**0**,禁止 TXRDY 中断

三、SCIA 接收状态寄存器 SCIRXST(8 位)

SCIRXST 寄存器的格式如图 8.13 所示。

D7	D6	D5	D4	D3	D2	D1	D0
RX ERROR	RXRDY	BRKDT	FE	OE	PE	RXWAKE	Reserved
R-0	R-0	R-0	R-0	R-0	R-0	R-0	R-0

图 8.13   SCIRXST 寄存器的格式

SCIA 接收状态寄存器 SCIRXST 各位的含义如表 8.4 所示。

表 8.4   SCIA 接收状态寄存器 SCIRXST 各位的含义

位号	名称	说明
7	RX ERROR	SCI 接收错误标志位 **0**,无错误标志位置位;**1**,错误标志位置位
6	RXRDY	SCI 接收就绪标志位 当从 SCIRXBUF 寄存器中出现一个新的字符时,接收器将该位置 **1**。此时,如果 RX/BK INT ENA(SCICTL2.1)置位,将产生接收中断。通过读 SCIRXBUF 寄存器,有效的 SW RESET 或硬件复位可使 RXRDY 清零
5	BRKDT	SCI 中断检测标志位。丢失第一个结束位后开始检测 SCIRXD,连续 10 个周期后置位
4	FE	帧格式错误标志位。当期望的结束位没有出现时置位。结束位的丢失表明起始位的同步也丢失或两个帧被错误地组合。**1**,数据帧格式错误;**0**,数据帧格式正确

续表

位号	名称	说明
3	OE	SCI 数据被覆盖标志位。当 SCIRXBUF 中的数据未被及时读取而被新的数据覆盖时置位。 **1**,覆盖错误发生;**0**,覆盖错误未发生
2	PE	奇偶校验错误标志位。**1**,奇偶校验错误;**0**,奇偶校验正确或无奇偶校验功能
1	RXWAKE	接收唤醒检测标志位。**1**,检测到接收器唤醒条件。在地址位多处理器模式中,RXWAKE 发送了 SCIRXBUF 中字符的地址位。在空闲线多处理器模式中,若 SCIRXD 数据线检测为空,则 RXWAEE 置 1。清零方式:有效的 SW RESET;对 SCIRXBUF 进行读操作;将地址字节后的第一个字节传送到 SCIRXBUF;系统复位
0	Reserved	保留

四、FIFO 相关寄存器

1. SCI 发送 FIFO 寄存器 SCIFFTX(16 位)

SCIFFTX 寄存器的格式如图 8.14 所示。

D15	D14	D13	D12	D11	D10	D9	D8
SCIRST	SCIFFENA	TXFIFO RESET	TXFFST4	TXFFST3	TXFFST2	TXFFST1	TXFFST0
R/W-1	R/W-0	R/W-1	R-0	R-0	R-0	R-0	R-0

D7	D6	D5	D4	D3	D2	D1	D0
TXFFINT FLAG	TXFFINT CLR	TXFFIENA	TXFFIL4	TXFFIL3	TXFFIL2	TXFFIL1	TXFFIL0
R-0	W-0	R/W-0	R/W-0	R/W-0	R/W-0	R/W-0	R/W-0

图 8.14 SCIFFTX 寄存器的格式

SCI 发送 FIFO 寄存器 SCIFFTX 各位的含义如表 8.5 所示。

表 8.5 SCI 发送 FIFO 寄存器 SCIFFTX 各位的含义

位号	名称	说明
15	SCIRST	SCI 复位标志位 **0**,复位 SCI 接收和发送 FIFO 功能;**1**,SCI 接收和发送 FIFO 继续工作

位号	名称	说明
14	SCIFFENA	SCI FIFO 使能标志位。**0**,SCI FIFO 功能屏蔽;**1**,SCI FIFO 功能使能
13	TXFIFO RESET	SCI 发送 FIFO 复位。**1**,重新使能发送 FIFO;**0**,复位发送 FIFO 指针
12~8	TXFFST4~0	**00000**,发送 FIFO 为空;**00001**,发送 FIFO 有 1 个字节的数据;**00010**,发送 FIFO 有 2 个字节的数据;……;**10000**,发送 FIFO 有 16 个字节的数据
7	TXFFINT FLAG	发送 FIFO 中断标志位(只读)。**1**,有发送 FIFO 中断;**0**,无发送 FIFO 中断
6	TXFFINT CLR	发送 FIFO 中断清除标志位。**1**,清除 TXFFINT 位;**0**,无影响
5	TXFFIENA	发送 FIFO 中断使能位。**1**,使能发送 FIFO 中断;**0**,禁止发送 FIFO 中断
4~0	TXFFIL4~0	发送 FIFO 深度设置。当 TXFFST4~0 中的数值小于等于 TXFFIL4~0 中的数值时,发送 FIFO 中断触发

2. SCI 接收 FIFO 寄存器 SCIFFRX(16 位)

SCIFFRX 寄存器的格式如图 8.15 所示。

D15	D14	D13	D12	D11	D10	D9	D8
RXFFOVF	RXFFOVF CLR	RXFIFO RESET	RXFFST4	RXFFST3	RXFFST2	RXFFST1	RXFFST0
R-0	W-0	R/W-1	R-0	R-0	R-0	R-0	R-0

D7	D6	D5	D4	D3	D2	D1	D0
RXFFINT FLAG	RXFFINT CLR	RXFFIENA	RXFFIL4	RXFFIL3	RXFFIL2	RXFFIL1	RXFFIL0
R-0	W-0	R/W-0	R/W-1	R/W-1	R/W-1	R/W-1	R/W-1

图 8.15　SCIFFRX 寄存器的格式

SCI 接收 FIFO 寄存器 SCIFFRX 各位的含义如表 8.6 所示。

表 8.6　SCI 接收 FIFO 寄存器 SCIFFRX 各位的含义

位号	名称	说明
15	RXFFOVF	SCI 接收 FIFO 溢出标志位。**0**,未溢出;**1**,FIFO 收到了超过 16 帧数据,并且第一帧数据已丢失

续表

位号	名称	说明
14	RXFFOVF CLR	SCI 接收 FIFO 溢出清除标志位。**0**,无影响;**1**,清除 RXFFO-VF
13	RXFIFO RESET	SCI 接收 FIFO 复位。**1**,重新使能接收 FIFO;**0**,复位接收 FIFO 指针
12~8	RXFFST4~0	**00000**,接收 FIFO 为空;**00001**,接收 FIFO 有 1 个字节的数据;**00010**,接收 FIFO 有 2 个字节的数据;……;**10000**,接收 FIFO 有 16 个字节的数据
7	RXFFINT FLAG	接收 FIFO 中断标志位(只读)。**1**,有接收 FIFO 中断;**0**,无接收 FIFO 中断
6	RXFFINT CLR	接收 FIFO 中断清除标志位。**1**,清除 RXFFINT 位;**0**,无影响
5	RXFFIENA	接收 FIFO 中断使能位。**1**,使能接收 FIFO 中断;**0**,禁止接收 FIFO 中断
4~0	RXFFIL4~0	接收 FIFO 深度设置。当 RXFFST4~0 中的数值大于或等于 RXFFIL4~0 中的数值时,接收 FIFO 中断触发

3. SCI FIFO 控制寄存器 SCIFFCT(16 位)

SCIFFCT 寄存器的格式如图 8.16 所示。

D15	D14	D13	D12	D11	D10	D9	D8
ABD	ABD CLR	CDC	Reserved				
R-0	W-0	R/W-0	R-0				

D7	D6	D5	D4	D3	D2	D1	D0
FFTXDLY7	FFTXDLY6	FFTXDLY5	FFTXDLY4	FFTXDLY3	FFTXDLY2	FFTXDLY1	FFTXDLY0
R/W-0	R/W-0	R/W-0	R/W-0	R/W-0	R/W-0	R/W-0	R/W-0

图 8.16　SCIFFCT 寄存器的格式

SCI FIFO 控制寄存器 SCIFFCT 各位的含义如表 8.7 所示。

表 8.7　SCI FIFO 控制寄存器 SCIFFCT 各位的含义

位号	名称	说明
15	ABD	自动波特率检测位 当检测到字符"A"或"a"时,表明 SCI 自动波特率检测完成。 **0**,自动波特率检测未完成;**1**,自动波特率检测完成
14	ABD CLR	ABD 清除标志位。**0**,无影响;**1**,清除 ABD
13	CDC	波特率校准使能位。**1**,允许波特率自动检测校准;**0**,禁止波特率自动检测校准
12~8	Reserved	保留
7~0	FFTXDLY7~0	FIFO 发送延时标志位 这些位用于确定每个 FIFO 帧数据从 FIFO 传送到发送移位寄存器的时间。延时时间为 0~255 个波特率时钟

8.2.4　F28335 的 SCI 应用实例

【例 8-1】　编写 C 语言代码,满足如下功能:DSP 与 PC 利用 SCI 模块构成 RS-232 通信,波特率为 9 600。通过 PC 的通信界面下发字符,DSP 向 PC 发回接收的内容。

//SCI 模块的初始化,SCI 数据格式满足 1 位停止位,8 位数据位,无奇偶校验位,通信波特率为 9 600(CPU 的系统主频为 150 MHz)。

```
void SciA_Init()
{
    SciaRegs.SCICCR.all = 0x0007;        //1 位停止位,8 位数据位,无校验位
    SciaRegs.SCICTL1.all = 0x0003;       //使能 SCI 发送及接收功能
                                         //禁止休眠及唤醒
    SciaRegs.SCICTL2.all = 0x0003;
    SciaRegs.SCICTL2.bit.TXINTENA = 1;
    SciaRegs.SCICTL2.bit.RXBKINTENA = 1;
    SciaRegs.SCIHBAUD = 0x0001;          //波特率为 9 600,LSPCLK = 37.5 MHz
    SciaRegs.SCILBAUD = 0x00E7;
    SciaRegs.SCICTL1.all = 0x0023;
}
```

```
//通过 SCI 发送一个字符
void scia_xmit(int message)
{
    while (SciaRegs.SCICTL2.bit.TXRDY == 0)
    { }
    SciaRegs.SCITXBUF = message;
}


//main()函数
void main(void)
{
    Uint16 ReceivedChar;
    char * msg;

    InitSysCtrl();
    InitSciaGpio();
    DINT;
    InitPieCtrl();

    IER = 0x0000;
    IFR = 0x0000;

    InitPieVectTable();

    scia_init();
    msg = " \r\nEnter a character, DSP will echo \n\0";
    scia_msg(msg);
    while(1)
    {
        msg = " \r\nEnter a character: \0";
        scia_msg(msg);
        while(SciaRegs.SCIRXST.bit.RXRDY != 1)
```

```
        { }                              //等待,直至接收到数据为止
    ReceivedChar = SciaRegs.SCIRXBUF.all; //获取字符
    msg = "   Sent: \0";                 //将接收的字符发回
    scia_msg(msg);
    scia_xmit(ReceivedChar);
    }
}
```

8.3　F28335 的 SPI 通信模块

　　串行外设接口 SPI(serial peripheral interface)是 Motorola 公司推出的同步串行接口标准,它广泛应用于 EEPROM、实时时钟、A/D 转换器、D/A 转换器等器件。SPI 总线允许 MCU 与各种外围设备以串行方式进行同步通信,它属于高速、全双工通信总线。

8.3.1　F28335 的 SPI 模块概述

- 具有两种工作模式:主工作模式(简称主模式)和从工作模式(简称从模式);
- 总线采用 4 线制,相关的引脚及其功能说明如表 8.8 所示;
- 具有 3 个数据寄存器(SPIRXBUF、SPITXBUF 和 SPIDAT)和 9 个控制寄存器;
- 具有 125 种可编程的波特率,需使用 SPIBRR(SPI 波特率寄存器)进行设置;
- 数据收发可实现全双工,其中发送功能可通过 SPICTL 寄存器的 TALK 位禁止或使能;
- F28335 的 SPI 具有两个 16 级的 FIFO,分别用于数据的发送和接收,并且在 FIFO 中,数据发送之间的延时可以通过寄存器(SPIFFCT)进行控制;
- 数据的收发都能通过查询或中断方式实现。FIFO 模式中,接收中断使用 SPIRX-INTA,而发送中断使用 SPITXINTA;非 FIFO 模式下收发中断都只占用 SPIRXINTA。

表 8.8　SPI 的相关引脚及功能说明

信号	含义
SPICLK	串行同步时钟信号
SPISIMO	SPI 主机输出从机输入信号
SPISOMI	SPI 主机输入从机输出信号
/SPISTE	SPI 从机片选信号

8.3.2　F28335 的 SPI 工作原理

一、SPI 数据收发原理

图 8.17 所示为典型的 SPI 连接图,通过 SpiaRegs.SPICTL.bit.MASTER_SLAVE(**1** 为主模式,**0** 为从模式)可设置收发双发的主从模式。时钟信号 SPICLK 由主机提供,为整个串行通信网络提供同步时钟,数据在 SPICLK 的跳变沿进行收发。SPISTE 引脚用于从 SPI 设备的片选使能信号,传输数据前驱动为低,用于选通从机设备,在传输完毕后该信号被拉高。

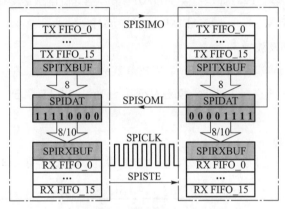

图 8.17　典型的 SPI 连接图

主模式下,数据通过 SPISOMI 引脚接收,通过 SPISIMO 引脚发送。

发送数据时,TXFIFO 中的数据按照"先入先出"的顺序将数据压入 SPITXBUF,数据写入 SPITXBUF 寄存器后会立即加载到移位寄存器 SPIDAT,SPIDAT 移位寄存器在 SPICLK 的上升沿或下降沿,通过 SPISIMO 引脚将数据从高位(MSB)至低位(LSB)的顺序依次移位至从机的移位寄存器中,若发送的数据与设定的数据个数相等,发送中断标志位 SPITXINT 置位。接收数据时,将来自引脚 SPISOMI 的数据从低位(LSB)至高位(MSB)的顺序,按照 SPICLK 的时钟沿依次移位至从机的移位寄存器,最后将 SPIDAT 寄存器中的数据写入接收缓冲器 SPIRXBUF 并压入 RXFIFO,产生中断标志位等待 CPU 读取。

从模式下,数据从 SPISOMI 引脚输出,从 SPISIMO 引脚输入,SPICLK 引脚用作输入串行移位时钟,该时钟由外部网络中的主控制器 MASTER 提供。数据传输率由该时钟决定,SPICLK 的输入频率最高应该不超过 LSPCLK 频率的 1/4,收发方式与主模式相同。

简单来讲,SPI 进行数据收发时,主从设备只需使用一个移位寄存器,通过 SPICLK 同步信号就可实现数据的交换。一般设定在 SPICLK 的上升沿发送数据,在 SPICLK 的下降沿接收数据,由此一来,主从设备可在一串 SPICLK 时钟信号的跳变沿完成数据的收发。

需注意,若接收或发送的数据不够 16 bit,为保证首先发送最高位,SPITXBUF 中的数据必须左对齐,而由于每次接收到的数据是写在最低位,SPIRXBUF 中的数据必须右对齐。

另外,SPIRXBUF 和 SPITXBUF 分别作为 RXFIFO 和 TXFIFO 与移位寄存器 SPI-DAT 之间的缓冲器。F28335 也提供了 FIFO 与缓冲器之间的数据传输时间延时,通过 SPIFFCT 寄存器的 bit0~bit7(FFTXDLYn)进行设置。

二、SPI 的时钟及波特率

SPI 支持 125 种不同的波特率(最高波特率是 LSPCLK/4)。在主模式下,通过 SPICLK 引脚向外提供同步时钟信号;在从模式下,通过 SPICLK 引脚向内接收同步时钟信号。

1. SPI 的波特率

SPI 的波特率的相关设置由寄存器 SPIBRR 决定,其格式如图 8.18 所示。

D15	D14	D13	D12	D11	D10	D9	D8
Reserved							
R-0							

D7	D6	D5	D4	D3	D2	D1	D0
Reserved	SPI BIT RATE6	SPI BIT RATE5	SPI BIT RATE4	SPI BIT RATE3	SPI BIT RATE2	SPI BIT RATE1	SPI BIT RATE0
R-0	R/W-0	R/W-0	R/W-0	R/W-0	R/W-0	R/W-0	R/W-0

图 8.18   SPIBRR 寄存器的格式

当 $3 \leqslant SPIBRR \leqslant 127$ 时,有 $SPI\_BAUD = \dfrac{LSPCLK}{SPIBRR+1}$

当 $SPIBRR = 0,1,2$ 时,有 $SPI\_BAUD = \dfrac{LSPCLK}{4}$

2. SPI 的时钟

SPICCR 寄存器的 CLOCK POLARITY 位决定了 SPI 的时钟极性,SPICTL 寄存器的 CLOCK PHASE 位决定了 SPI 的时钟相位,两个参数的不同取值可构成 4 种时钟方案,如表 8.9 所示,其中"T"表示发送,"R"表示接收。

表 8.9 SPI 的 4 种时钟方案

信号组合	含义	波形示意
CLOCK POLARITY = 0 &&CLOCK PHASE = 0	上升沿发送数据,下降沿接收数据	
CLOCK POLARITY = 0 &&CLOCK PHASE = 1	上升沿接收数据,下降沿和上升沿的前半周期发送数据	
CLOCK POLARITY = 1 &&CLOCK PHASE = 0	下降沿发送数据,上升沿接收数据	
CLOCK POLARITY = 1 &&CLOCK PHASE = 1	下降沿接收数据,上升沿和下降沿的前半周期发送数据	

8.3.3 F28335 的 SPI 相关寄存器

一、SPI 配置控制寄存器 SPICCR(8 位)

SPICCR 寄存器的格式如图 8.19 所示。

D7	D6	D5	D4	D3	D2	D1	D0
SPI SW RESET	CLOCK POLARITY	Reserved	SPILBK	SPI CHAR3	SPI CHAR2	SPI CHAR1	SPI CHAR0
R/W-0	R/W-0	R-0	R/W-0	R/W-0	R/W-0	R/W-0	R/W-0

图 8.19 SPICCR 寄存器的格式

SPICCR 寄存器各位的含义如表 8.10 所示。

表 8.10 SPICCR 寄存器各位的含义

位号	名称	说明
7	SPI SW RESET	SPI 软件复位位 0,初始化 SPI 操作标志位到复位条件;1,SPI 准备接收或发送下一个数据
6	CLOCK POLARITY	移位时钟极性位 该位的配置方式见表 8.9
5	Reserved	保留
4	SPILBK	SPI 自测试位 1,自测模式使能,内部 SIMO 与 SOMI 相连,用于自测;0,SPI 自测模式禁止,复位后为默认值

位号	名称	说明
3~0	SPI CHAR3~0	SPI 字符模式控制位 **0000**,0 个字符;**0001**,1 个字符;……;**1111**,15 个字符。该控制位用来决定每次通过 SPIDAT 移入或移出的位的数量

二、SPI 操作控制寄存器 SPICTL(8 位)

SPICTL 寄存器的格式如图 8.20 所示。

D7	D6	D5	D4	D3	D2	D1	D0
	Reserved		OVERRUN INT ENA	CLOCK PHASE	MASTER/SLAVE	TALK	SPI INT ENA
	R-0		R/W-0	R/W-0	R/W-0	R/W-0	R/W-0

图 8.20   SPICTL 寄存器的格式

SPICTL 寄存器各位的含义如表 8.11 所示。

表 8.11   SPICTL 寄存器各位的含义

位号	名称	说明
7~5	Reserved	保留
4	OVERRUN INT ENA	超时中断使能位 当接收溢出标志位 SPISTS.7 被硬件置位时产生中断。**0**,禁止接收溢出标志位中断;**1**,使能接收溢出标志位中断
3	CLOCK PHASE	SPI 时钟相位选择 其配置方式见表 8.9
2	MASTER/SLAVE	SPI 模式控制位 **1**,SPI 被配置成主模式;**0**,SPI 被配置成从模式
1	TALK	主动、从动发送使能位 **0**,禁止发送,若不事先配置通用 I/O 口,则 SPISOMI 和 SPISIMO 引脚被配置成高阻态;**1**,使能发送
0	SPI INT ENA	SPI 中断使能位 该位控制 SPI 产生发送及接收中断的能力。**1**,使能;**0**,禁止

三、SPI 状态寄存器 SPISTS(16 位)

SPISTS 寄存器的格式如图 8.21 所示。

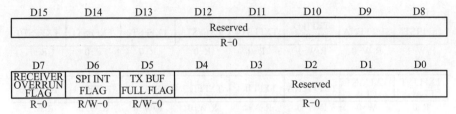

图 8.21 SPISTS 寄存器的格式

SPISTS 寄存器各位的含义如表 8.12 所示。

表 8.12 SPISTS 寄存器各位的含义

位号	名称	说明
15~8	Reserved	保留
7	RECEIVER OVERRUN FLAG	SPI 接收溢出标志位（只读） 当前一个字符从缓冲器读取之前又完成了一个接收或发送操作,则 SPI 硬件将该位置位。当满足下列条件之一时,该位清除:写 0 到 SPI SW RESET 位;系统复位
6	SPI INT FLAG	SPI 中断标志位（只读） 该位表明 SPI 已完成一次接收或发送操作且准备下一次操作。当满足下列条件之一时,该位清除:读 SPIRXBUF 数据;写 0 到 SPI SW RESET 位;系统复位
5	TX BUF FULL FLAG	SPI 发送缓冲器满标志位 当数据写入 SPI 发送缓冲器 SPITXBUF 时,该位置位。当满足下列条件之一时,该标志位清除:数据自动装载到 SPIDAT 且先前数据被移出;系统复位
4~0	Reserved	保留

四、FIFO 相关寄存器

FIFO 相关的寄存器包含 SPI 发送 FIFO 寄存器（SPIFFTX）、SPI 接收 FIFO 寄存器（SPIFFRX）和 SPI FIFO 控制寄存器（SPIFFCT）

1. SPI 发送 FIFO 寄存器 SPIFFTX（16 位）

SPIFFTX 寄存器的格式如图 8.22 所示。

SPIFFTX 寄存器各位的含义如表 8.13 所示。

D15	D14	D13	D12	D11	D10	D9	D8
SPIRST	SPIFFENA	TXFIFO RESET	TXFFST4	TXFFST3	TXFFST2	TXFFST1	TXFFST0
R/W-1	R/W-0	R/W-1	R-0	R-0	R-0	R-0	R-0

D7	D6	D5	D4	D3	D2	D1	D0
TXFFINT FLAG	TXFFINT CLR	TXFFIENA	TXFFIL4	TXFFIL3	TXFFIL2	TXFFIL1	TXFFIL0
R-0	W-0	R/W-0	R/W-0	R/W-0	R/W-0	R/W-0	R/W-0

图 8.22　SPIFFTX 寄存器的格式

表 8.13　SPIFFTX 寄存器各位的含义

位号	名称	说明
15	SPIRST	SPI 复位标志位 **0**,复位 SPI 接收和发送 FIFO 功能;**1**,SPI 接收和发送 FIFO 功能继续工作
14	SPIFFENA	SPI FIFO 使能标志位 **0**,SPI FIFO 功能屏蔽;**1**,SPI FIFO 功能使能
13	TXFIFO RESET	SPI 发送 FIFO 复位 **1**,重新使能发送 FIFO;**0**,复位发送 FIFO 指针
12~8	TXFFST4~0	FIFO 发送数据个数 **00000**,发送 FIFO 为空;**00001**,发送 FIFO 有 1 个字节的数据;**00010**,发送 FIFO 有 2 个字节的数据;……;**10000**,发送 FIFO 有 16 个字节的数据
7	TXFFINT FLAG	发送 FIFO 中断标志位(只读) **1**,有发送 FIFO 中断;**0**,无发送 FIFO 中断
6	TXFFINT CLR	发送 FIFO 中断清除标志位 **1**,清除 TXFFINT 位;**0**,无影响
5	TXFFIENA	发送 FIFO 中断使能位 **1**,使能发送 FIFO 中断;**0**,禁止发送 FIFO 中断
4~0	TXFFIL4~0	发送 FIFO 深度设置 当 TXFFST4~0 小于或等于 TXFFIL4~0 时,发送中断触发

2. SPI 接收 FIFO 寄存器 SPIFFRX(16 位)

SPIFFRX 寄存器的格式如图 8.23 所示。

D15	D14	D13	D12	D11	D10	D9	D8
RXFFOVF FLAG	RXFFOVF CLR	RXFIFO RESET	RXFFST4	RXFFST3	RXFFST2	RXFFST1	RXFFST0
R-0	W-0	R/W-1	R-0	R-0	R-0	R-0	R-0
D7	D6	D5	D4	D3	D2	D1	D0
RXFFINT FLAG	RXFFINT CLR	RXFFIENA	RXFFIL4	RXFFIL3	RXFFIL2	RXFFIL1	RXFFIL0
R-0	W-0	R/W-0	R/W-1	R/W-1	R/W-1	R/W-1	R/W-1

图 8.23 SPIFFRX 寄存器的格式

SPIFFRX 寄存器各位的含义如表 8.14 所示。

表 8.14 SPIFFRX 寄存器各位的含义

位号	名称	说明
15	RXFFOVF FLAG	SPI 接收 FIFO 溢出标志位 **0**,未溢出;**1**,FIFO 收到了超过 16 帧数据,并且第一帧数据已丢失
14	RXFFOVF CLR	SPI 接收 FIFO 溢出清除标志位 **0**,无影响;**1**,清除 RXFFOVF
13	RXFIFO RESET	SPI 接收 FIFO 复位 **1**,重新使能接收 FIFO;**0**,复位接收 FIFO 指针
12~8	RXFFST4~0	FIFO 接收数据个数 **00000**,接收 FIFO 为空;**00001**,接收 FIFO 有 1 个字节的数据;**00010**,接收 FIFO 有 2 个字节的数据;……;**10000**,接收 FIFO 有 16 个字节的数据
7	RXFFINT FLAG	FIFO 接收中断标志位(只读) **1**,有接收 FIFO 中断;**0**,无接收 FIFO 中断
6	RXFFINT CLR	FIFO 接收中断清除标志位 **1**,清除 RXFFINT 位;**0**,无影响
5	RXFFIENA	FIFO 接收中断使能位 **1**,使能接收 FIFO 中断;**0**,禁止接收 FIFO 中断
4~0	RXFFIL4~0	FIFO 接收深度设置 当 RXFFST4~0 大于或等于 RXFFIL4~0 时,接收中断触发

3. SPI FIFO 控制寄存器 SPIFFCT(16 位)

SPIFFCT 寄存器的格式如图 8.24 所示。

D15	D14	D13	D12	D11	D10	D9	D8
Reserved							
R-0							

D7	D6	D5	D4	D3	D2	D1	D0
FFTXDLY7	FFTXDLY6	FFTXDLY5	FFTXDLY4	FFTXDLY3	FFTXDLY2	FFTXDLY1	FFTXDLY0
R/W-0	R/W-0	R/W-0	R/W-0	R/W-0	R/W-0	R/W-0	R/W-0

图 8.24   SPIFFCT 寄存器的格式

SPIFFCT 寄存器各位的含义如表 8.15 所示。

表 8.15   SPI FIFO 寄存器 SPIFFCT 各位的含义

位号	名称	说明
15~8	Reserved	保留
7~0	FFTXDLY7~0	FIFO 发送延时标志位 该位用于确定每个 FIFO 数据帧从 FIFO 传送到发送移位寄存器的时间。延时时间为 0~255 个波特率时钟

8.3.4   F28335 的 SPI 应用实例

【例 8-2】   编写 C 语言代码,满足如下功能:DSP 与外部存储器中存放的数据进行数据流的比较,若有一帧数据不相同,则程序告警。

```
//SPI 模块的初始化,并使能 FIFO 功能
void SPI_Init()
{
    SpiaRegs.SPICCR.all = 0x000F;              //16 位数据
    SpiaRegs.SPICTL.all = 0x0006;              //主模式
    SpiaRegs.SPIBRR = 0x007F;
    SpiaRegs.SPICCR.all = 0x009F;
    SpiaRegs.SPIPRI.bit.FREE = 1;              //发送不会被中断
    //初始化 SPI FIFO 寄存器
    SpiaRegs.SPIFFTX.all = 0xE040;
    SpiaRegs.SPIFFRX.all = 0x204f;
    SpiaRegs.SPIFFCT.all = 0x0;
}
```

```
//main 函数段
{
    InitSysCtrl();
    InitSpiaGpio();
    DINT;
    IER = 0x0000;
    IFR = 0x0000;
    InitPieVectTable();
    spi_init();                                      //初始化 SPI
    sdata = 0x0000;
    while(1)
    {
        spi_xmit(sdata);                             //传送数据
        while(SpiaRegs.SPIFFRX.bit.RXFFST ！= 1){ } //等待,直至数据接收
        rdata = SpiaRegs.SPIRXBUF;
        if(rdata ！= sdata) error();
        sdata++;
    }
}
```

8.4　F28335 的 I²C 通信模块

I²C(inter-integrated circuit)总线是指集成电路间的一种串行总线。它最初是PHILIPS 公司在 20 世纪 80 年代为把控制器连接到外设芯片上而开发的一种低成本总线,后来发展成为嵌入式系统设备间通信的全球标准。I²C 总线广泛应用于各种新型芯片中,如 I/O 电路、A/D 转换器、传感器及微控制器等。

8.4.1　I²C 总线的基本原理

一、I²C 总线架构

I²C 总线只有两根:数据线 SDA 和时钟线 SCL。所有连接到 I²C 总线上器件的数据线都连接到 SDA 线上,时钟线均连接到 SCL 线上。I²C 总线的基本框架结构如图 8.25所示。

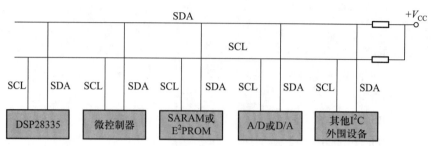

图 8.25   I²C 总线的基本框架结构

二、I²C 总线的特点

● 采用 2 线制:可以使器件的引脚减少,器件间连接电路设计简单,电路板的体积会有效减小,系统的可靠性和灵活性将大大提高;

● 传输速率高:标准模式传输速率为 100 kB/s,快速模式为 400 kB/s,高速模式为 3.4 MB/s。

三、I²C 总线的数据传输原理

I²C 总线在传送数据过程中共有三种类型的信号,它们分别是:起始信号、结束信号和应答信号。这些信号中,起始信号是必需的,结束信号和应答信号可以忽略。

1. 起始信号和结束信号

如图 8.26 所示,SCL 为高电平期间,SDA 由高电平向低电平的变化表示起始信号;SCL 为高电平期间,SDA 由低电平向高电平的变化表示结束信号。

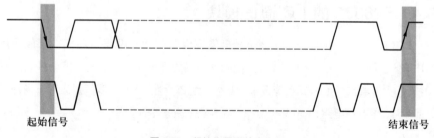

图 8.26   起始信号和结束信号

总线空闲时,SCL 和 SDA 两条线都是高电平。SDA 线的起始信号和结束信号由主机发出。在起始信号后,总线处于被占用的状态;在结束信号后,总线处于空闲状态。

2. 字节格式

传输字节数没有限制,但每个字节必须是 8 位长度。先传最高位(MSB),每个被传输的字节后面都要跟随应答位(即 1 帧共有 9 位),如图 8.27 所示。

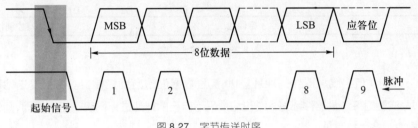

图 8.27　字节传送时序

从器件接收数据时,在第 9 个时钟脉冲发出应答脉冲,但在数据传输一段时间后,无法继续接收更多的数据时,从器件可以采用"非应答"通知主机,主机在第 9 个时钟脉冲检测到 SDA 线无有效应答负脉冲(即非应答),则会发出停止信号以结束数据传输。

与主机发送数据相似,主机在接收数据时,它收到最后一个数据字节后,必须向从器件发出一个结束传输的"非应答"信号,然后从器件释放 SDA 线,以便允许主机产生停止信号。

3. 数据传输时序

对于数据传输,I²C 总线协议规定:

- SCL 由主机控制,从器件在自己忙时拉低 SCL 以表示自己处于"忙状态";
- 字节数据由发送器发出,响应位由接收器发出;
- SCL 高电平期间,SDA 数据要稳定,SCL 低电平期间,SDA 数据允许更新。

数据传输时序如图 8.28 所示。

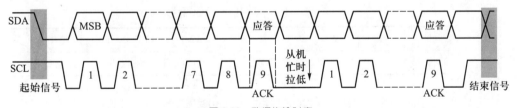

图 8.28　数据传输时序

4. 寻址字节

支持两种地址格式,7 位和 10 位。

7 位地址格式中,主机发出起始信号后,要先传送 1 个寻址字节:7 位从器件的地址和 1 位数据传输方向控制位[R/W = 0:主机写(发送)数据到从机;R/W = 1:主机从从机读(接收)数据],在数据发送完毕后,接收方发送一个应答信号,格式如图 8.29

所示。

D7	D6	D5	D4	D3	D2	D1	D0
器件地址							读/写控制位

图 8.29　7 位地址格式

D7~D1 位组成从器件的地址。D0 位是数据传输方向控制位。主机发送地址时,总线上的每个从器件都将这 7 位地址码与自己的地址进行比较。如果相同,则认为自己正被主机寻址。

10 位地址格式与 7 位地址格式类似,但该地址格式中,主机的地址发送分两次完成,首字节数据包括:**11110**xx, R/W = **0**(W);第二个字节数据是 10 位从机地址的低 8 位,如图 8.30 所示。

D7~D1	D0		D7~D1	D0	
11110 × ×	读写控制位	ACK	×× ×× ×× ×	读写控制位	ACK

图 8.30　10 位地址格式

从机必须在每个字节数据后面发送一个应答信号,一旦主机向从机发送完第二个字节数据后,主机可以写数据或者使用循环起始信号模式改变数据流向。

由于 7 位地址格式应用较广泛,以下内容我们都以该格式进行讨论和分析。

以 AT24C04 为例,器件地址的固定部分为 **1010**,器件引脚 A2 和 A1 可以选择 4 个同样的器件。片内 512 个字节单元的访问,由第 1 字节(器件寻址字节)的 P0 位及下一字节(8 位的片内储存地址选择字节)共同寻址,AT24C04 系列器件地址如表 8.16 所示。

表 8.16　AT24C04 系列器件地址

地址位	1	0	1	0	A2	A1	P0	R/W
解释	固定标识,默认地址高 4 位				片内可配置的地址			读写位

该表的片选引脚中,AT24C04 器件不用 A0 引脚,但要用 P0 位区分页地址,每页有 256 个字节(注意:这里的"页"不要与页面写字节数中的"页"混淆),在主机发出的寻址字节中,使 P0 位为 **0** 或 **1**,就可以访问 AT24C04 的 512 个字节的内容。

F28335 的 I^2C 支持 4 种数据传输模式。若 I^2C 工作在主机模式,首先作为一个主发送器,发送一串地址给指定的从机,当需要发送数据给从机时,I^2C 仍保持在主发送器模式,当主机接收数据时,主机模式需变成主接收器模式;若 I^2C 工作在从机模式,首先作为一个从接收器,从主机发出的地址信号中识别出自己的从地址,向主机发送响应信号,接着主机通过 I²C 向该从机发送数据,该从机保持从接收器模式。若主机请求 I²C 从机发送数据,该从机必须变成从发送器模式。

四、I²C 的时钟

F28335 使用锁相环将 DSP 的系统时钟频率分频后得到 I²C 输入时钟频率,I²C 输入时钟频率作为 I²C 模块的频率输入源,再由 I²C 模块内部分频最终得到 I²C 模块的工作频率,如图 8.31 所示。

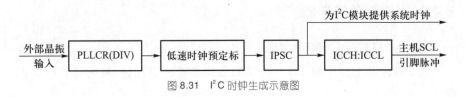

图 8.31 I²C 时钟生成示意图

1. I²C 预分频寄存器 I2CPSC(16 位)

I2CPSC 寄存器的格式如图 8.32 所示。

D15	D14	D13	D12	D11	D10	D9	D8
Reserved							
R-0							

D7	D6	D5	D4	D3	D2	D1	D0
IPSC							
R/W-0							

图 8.32 I2CPSC 寄存器的格式

注意,对该寄存器操作时,必须将 I2CCMR.IRS 置 1。

2. I²C 时钟细分寄存器 I2CCLKH(16 位)及 I2CCLKL(16 位)

I2CCLKH 和 I2CCLKL 寄存器的格式分别如图 8.33 和图 8.34 所示。当 I²C 工作在主机模式时,这两个寄存器的数值决定模块时钟频率的特性,其中:I2CCLKL 寄存器的数值决定了时钟信号低电平的时间;I2CCLKH 寄存器的数值决定了时钟信号高电平时间。

D15	D14	D13	~	D2	D1	D0
ICCH						
R/W-0						

图 8.33 I2CCLKH 寄存器的格式

I²C 的波特率按照如下公式进行计算:

I2CPSC >1 时,I²C 频率=系统频率/(I2CPSC+1)/[(I2CCLKL+5)+(I2CCLKH+5)];

D15	D14	D13	~	D2	D1	D0
			ICCL			
			R/W-0			

图 8.34   I2CCLKL 寄存器的格式

I2CPSC＝1 时，I²C 频率＝系统频率/(I2CPSC+1)/[(I2CCLKL+6)＋(I2CCLKH+6)]；

I2CPSC＝0 时，I²C 频率＝系统频率/(I2CPSC+1)/[(I2CCLKL+7)＋(I2CCLKH+7)]。

8.4.2   I²C 相关寄存器

一、I²C 模式寄存器 I2CMDR(16 位)

这个寄存器主要包含了 I²C 模块的工作模式控制部分，其格式如图 8.35 所示。

D15	D14	D13	D12	D11	D10	D9	D8
NACKMOD	FREE	STT	Reserved	STP	MST	TRX	XA
R/W-0	R/W-0	R/W-0	R-0	R/W-0	R/W-0	R/W-0	R/W-0

D7	D6	D5	D4	D3	D2	D1	D0
RM	DLB	IRS	STB	FDF	BC		
R/W-0	R/W-0	R/W-0	R/W-0	R/W-0	R/W-0		

图 8.35   I2CMDR 寄存器的格式

I2CMDR 寄存器各位的含义如表 8.17 所示。

表 8.17   I2CMDR 寄存器各位的含义

位号	名称	说明
15	NACKMOD	无应答信号模式位。0,每个应答时钟周期向发送方发送一个应答位;1,I²C 模块在下一个应答时钟周期向发送方发送一个无应答位。一旦无应答位发送,NACKMOD 位就会被清除。注意,为了 I²C 模块能在下一个应答时钟周期向发送方发送一个无应答位,在最后一位数据位的上升沿到来之前必须置位 NACKMOD
14	FREE	调试断点,该位通过 I²C 模块控制总线状态。0,主机模式下,若在断点发生的时候,SCL 为低电平,则 I²C 模块立即停止工作并保持 SCL 为低电平;如果在断点发生的时候,SCL 为高电平,则 I²C 模块将等待 SCL 变为低电平,然后再停止工作。从机模式下,在当前数据发送或者接收结束后,断点将会强制模块停止工作;1,I²C 模块无条件运行

续表

位号	名称	说明
13	STT	开始位(仅限于主机模式)。RM、STT 和 STP 共同决定 I²C 模块数据的开始和停止格式。**0**,在总线上接收到开始位后,STT 将自动清除;**1**,在总线上发送一个起始信号
12	Reserved	保留
11	STP	停止位(仅限于主机模式)。RM、STT 和 STP 共同决定 I²C 模块数据的开始和停止格式。**0**,在总线上接收到停止位后,STP 会自动清除;**1**,内部数据计数器减到 **0** 时,STP 会被置位,从而在总线上发送一个停止信号
10	MST	主从模式位。当 I²C 主机发送一个停止位时,MST 将自动从 **1** 变为 **0**。**0**,从机模式;**1**,主机模式
9	TRX	发送/接收模式位。**0**,接收模式;**1**,发送模式
8	XA	扩充地址使能位。**0**,7 位地址模式;**1**,10 位地址模式
7	RM	循环模式位(仅限于主机模式的发送状态)。**0**,非循环模式(I2CCNT 的数值决定了有多少位数据通过 I²C 模块发送/接收);**1**,循环模式
6	DLB	自测模式。**0**,屏蔽自测模式;**1**,使能自测模式。I2CDXR 发送的数据被 I2CDRR 接收,发送时钟也是接收时钟
5	IRS	I²C 模块复位。**0**,I²C 模块复位;**1**,I²C 模块使能
4	STB	起始字节模式位(仅限于主机模式)。**0**,I²C 模块起始信号不需要延长;**1**,I²C 模块起始信号需要延长,若设置起始信号位(STT),I²C 模块将开始发送多个起始信号
3	FDF	全数据格式。**0**,屏蔽全数据格式,通过 XA 位选择地址是 7 位还是 10 位;**1**,使能全数据格式,无地址数据
2~0	BC	I²C 收发数据的位数。BC 的设置值必须符合实际的通信数据位数。**000**,8 位数据;**001**,1 位数据;……;**111**,7 位数据

二、I²C 状态寄存器 I2CSTR(16 位)

I2CSTR 寄存器包括中断标志状态和读状态信息,其格式如图 8.36 所示。

D15	D14	D13	D12	D11	D10	D9	D8
Reserved	SDIR	NACKSNT	BB	RSFULL	XSMT	AAS	AD0
R-0	RW1C-0	RW1C-0	R-0	R-0	R-1	R-0	R-0

D7	D6	D5	D4	D3	D2	D1	D0
Reserved		SCD	XRDY	RRDY	ARDY	NACK	AL
R-0		RW1C-0	R-1	RW1C-0	RW1C-0	RW1C-0	RW1C-0

图 8.36　I2CSTR 寄存器的格式

I2CSTR 寄存器各位的含义如表 8.18 所示。

表 8.18　I2CSTR 寄存器各位的含义

位号	名称	说明
15	Reserved	保留
14	SDIR	从器件方向位 **0**,作为从机接收的 I²C 不寻址;**1**,作为从机接收的 I²C 寻址,I²C 模块接收数据
13	NACKSNT	发送无应答信号位(仅限于 I²C 为接收方)。**0**,无应答位被发送,当下列条件满足其一时,该位被清除:手动写 **1** 清除、I²C 模块复位;**1**,一个应答位在应答信号时钟周期被发送
12	BB	总线忙位 **0**,总线空闲,当下列条件满足其一时,该位清除:I²C 模块接收、发送到停止信号位、BB 被手动清除、I²C 模块复位;**1**,总线忙
11	RSFULL	接收移位寄存器满。当移位寄存器接收到一个数据,而之前的数据还没有从 I2CDRR 读取时,I2CDRR 寄存器拒绝从移位寄存器接收数据。**0**,未拒绝接收移位寄存器的数据,当下列条件满足其一时,该位清除:I2CDRR 中的数据被读取、I²C 复位;**1**,拒绝读取移位寄存器的数据
10	XSMT	发送移位寄存器空。要发送的数据从 I2CDXR 中转移到发送移位寄存器 I2CXSR 后,发送移位寄存器将数据全部发送完毕,此时若没有新的数据从 I2CDXR 转移到发送移位寄存器,那么发送移位寄存器会发生下溢。除非有新的数据从 I2CDXR 转移到发送移位寄存器,该位才会被清除。**0**,发送移位寄存器为空;**1**,发送移位寄存器不为空。当下列条件满足其一时,则该位清零:数据被写到 I2CDXR 寄存器、I²C 复位

位号	名称	说明
9	AAS	从机地址位。7 位地址模式下，I²C 收到无应答位、停止位或循环起始信号时，该位清除，10 位地址模式下，I²C 收到无应答位、停止位或与 I²C 外围地址信号不符的从机地址时，该位清除；I²C 确认收到的地址为从机地址或全零的广播地址或在全数据格式下（I2CMDR.FDF = 1）收到第一个字节的数据，则该位置 1
8	AD0	全 0 地址位。**0**，AD0 可以被起始信号或停止信号清除；**1**，收到一个全零的地址
7~6	Reserved	保留
5	SCD	停止信号位。**0**，总线上未检测到停止信号，有下列情况之一，则该位清除：该位写 1 手动清零、I²C 模块复位；**1**，总线上检测到停止信号
4	XRDY	数据发送就绪标志位。该位表明数据发送寄存器 I2CDXR 已做好发送数据的准备，之前的数据已经通过发送移位寄存器放置到数据总线上。**0**，I2CDXR 未做好准备，数据被写入 I2CDXR 中将该位清除；**1**，I2CDXR 已经做好发送准备，之前的数据被写入发送移位寄存器中。I²C 复位也会将该位置 1
3	RRDY	数据接收就绪标志位。该位表明数据已经从数据接收移位寄存器 I2CRSR 复制到接收寄存器 I2CDDR 中，用户可以读取 I2CDDR 中的数据。**0**，I2CDDR 未做好准备，当下列条件满足其一时，该位清零：I2CDDR 中的数据被读取、对该位手动写 1 清零、I²C 硬件复位；**1**，I2CDDR 数据接收寄存器准备就绪，数据可以被用户读取
2	ARDY	寄存器读写准备就绪中断标志位（仅限于 I²C 模块工作于主机模式）。I²C 已经做好存取操作，CPU 可查询该位或相应 ARDY 触发的中断请求。**0**，寄存器未做好存取操作，当下列条件满足其一时，该位清零：I²C 开始使用当前寄存器内容、对该位手动写 1 清零、I²C 硬件复位；**1**，寄存器已经做好存取准备，在非循环模式下，若 STP = 0，则在内部计数器减为 0 时该位被置 1，若 STP = 1，则对该位没有影响，循环模式下，I2CDXR 每发送完一个字节则该位置 1
1	NACK	无应答信号中断标志位（仅限于 I²C 为发送方）。该位表明 I²C 从数据接收方接收到的是否为应答信号。**0**，接收到应答信号，当下列条件满足其一时，该标志位清零：I²C 复位、对该位手动写 1 清零；**1**，收到的是应答信号
0	AL	仲裁失败中断标志位（仅限于 I²C 工作于主机发送模式）。在模块与另一个主机竞争总线控制权发生冲突时，该位决定总线控制权的归属权。**0**，获得总线控制权；**1**，未获得总线控制权

三、I²C 从地址寄存器 I2CSAR(16 位)

I2CSAR 寄存器包含了一个 7 位或者 10 位的从机地址空间,其格式如图 8.37 所示。

D15	D14	D13	D12	D11	D10	D9	D8
Reserved						SAR	
R-0						R/W-3FFh	

D7	D6	D5	D4	D3	D2	D1	D0
SAR							
R/W-3FFh							

图 8.37　I2CSAR 寄存器的格式

I2CSAR 寄存器各位的含义如表 8.19 所示。

表 8.19　I2CSAR 寄存器各位的含义

位号	名称	说明
15~10	Reserved	保留
9~0	SAR	7 位地址模式下(I2CMDR.XA = **0**),D6~D0 提供从机地址,其余位均写 **0** 10 位地址模式下(I2CMDR.XA = **1**),D9~D0 提供从机地址

当 I²C 工作在非全数据模式时(I2CMDR.FDF = 0),寄存器中的地址是传输的首帧数据。如果寄存器中的地址值非全零,则该地址对应一个指定的从机;如果寄存器中的地址为全零,则呼叫所有挂在总线上的从机。若器件作为主机,则它用来存储下一次要发送的地址值。

四、I²C 数据接收寄存器 I2CDRR(16 位)

I²C 模块每次从 SDA 引脚上读取的数据被复制到移位接收寄存器(I2CRSR)中,当一个设置的字节数据(I2CMDR.BC)接收后,I²C 模块将 I2CRSR 中的数据复制到 I2CDRR 中。I2CDRR 的数据最大为 8 bit,若接收到的数据少于 8 bit,则 I2CDRR 中的数据采用右对齐排列。若接收使能 FIFO 模式,I2CDRR 作为接收 FIFO 寄存器的缓存,寄存器的格式如图 8.38 所示。

五、I²C 数据发送寄存器 I2CDXR(16 位)

用户将要发送的数据写入 I2CDXR 中,之后 I2CDXR 中的数据被复制到移位发送寄存器(I2CXSR)中,通过 SDA 总线发送,寄存器的格式如图 8.39 所示。

D15	D14	D13	D12	D11	D10	D9	D8
Reserved							
R-0							

D7	D6	D5	D4	D3	D2	D1	D0
DATA							
R/W-0							

图 8.38 I2CDRR 寄存器的格式

D15	D14	D13	D12	D11	D10	D9	D8
Reserved							
R-0							

D7	D6	D5	D4	D3	D2	D1	D0
DATA							
R/W-0							

图 8.39 I2CDXR 寄存器的格式

注意:将数据写入 I2CDXR 之前,为说明发送多少位数据,需要在 I2CMDR 的 BC 位写入适当的值;若写入的数据少于 8 bit,则必须要确保写入 I2CMDR 中的数据是右对齐的。如果发送使能 FIFO 模式,I2CDXR 作为发送 FIFO 寄存器的缓存。

8.4.3 F28335 的 I²C 应用实例

【例 8-3】 编写 C 语言代码,满足如下功能:DSP 向 RTC 写入 14 个字的数据。

```
//I²C 的初始化参考代码
void I2CA_Init(void)
{
    I2caRegs.I2CMDR.all = 0x0000;
    I2caRegs.I2CFFTX.all = 0x0000;       //禁止 FIFO 模式并禁止 TXFIFO
    I2caRegs.I2CFFRX.all = 0x0040;       //禁止 RXFIFO, 清除 RXFFINT,
    I2caRegs.I2CPSC.all = 14;            //(150 MHz /15 = 10 MHz)
    I2caRegs.I2CCLKL = 10;
    I2caRegs.I2CCLKH = 5;
    I2caRegs.I2CIER.all = 0x24;          //使能 SCD 和 ARDY 中断
    I2caRegs.I2CMDR.all = 0x0020;        //仿真挂起停止 I2C
    I2caRegs.I2CFFTX.all = 0x6000;       //使能 FIFO 模式及 TXFIFO
```

```
    I2caRegs.I2CFFRX.all = 0x2040;          //使能 RXFIFO,清除 RXFFINT,
    return;
}
//I2C 写数据帧参考代码
Uint16 I2C_Write(struct I2CMSG * msg)
{
    Uint16 i;
    If((I2caRegs.I2CMDR.bit.STP = = 1)||(I2caRegs.I2CSTR.bit.BB = = 1))
    {
        return       ERROR;
    }
    I2caRegs.I2CSAR = msg->SlaveAddress;       //配置从机地址
    I2caRegs.I2CCNT = msg->NumOfBytes+2;
    //配置要传输的数据
    I2caRegs.I2CDXR = msg->MemoryHighAddr;
    I2caRegs.I2CDXR = msg->MemoryLowAddr;
    for (i = 0;i<msg->NumOfBytes;i++)
    {
        I2caRegs.I2CDXR = * (msg->MsgBuffer+i);
    }
    I2caRegs.I2CMDR.all = 0x6E20;
    return       SUCCESS;
}
```

8.4.4　F28335 的 I²C 数据格式分析

波形通道从上至下分别是 SDA、SCL 和读写信号。现在我们向片外 EEPROM 的 0x410 的首地址写入 0x1234,再从片外 EEPROM 的 0x210 的首地址读取一个 16 位的数据。

1. 读数据流

示波器测试波形如图 8.40 所示,根据图示的波形,可以写出 I²C 总线上的数据流为:

101001000 000100000　1　101001010　000100100　00110100 10

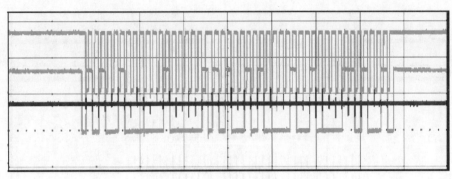

图 8.40 读数据流的示波器测试波形

该数据流共分为 5 个字节,每个字节后都跟有一个"0"电平的 ACK 信号。读数据流各字节的说明见表 8.20。

表 8.20 读数据流各字节的说明

第 1 字节								
字节	1	0	1	0	0	1	0	0	0
说明	EEPROM 默认的高 8 位地址			寻址的高 8 位地址为 0x02			写控制	ACK

第 2 字节								
字节	0	0	0	1	0	0	0	0	0
说明	寻址的低 8 位地址为 0x10							ACK

第 3 字节								
字节	1	0	1	0	0	1	0	1	0
说明	EEPROM 默认的高 8 位地址			寻址的高 8 位地址为 0x02			读控制	ACK

第 4 字节								
字节	0	0	0	1	0	0	1	0	0
说明	高 8 位数据为 0x12							ACK

第 5 字节								
字节	0	0	1	1	0	1	0	0	0
说明	低 8 位数据为 0x34							ACK

2. 写数据流

示波器测试波形如图 8.41 所示,根据图示的波形,可以写出 I²C 总线上的数据流为:

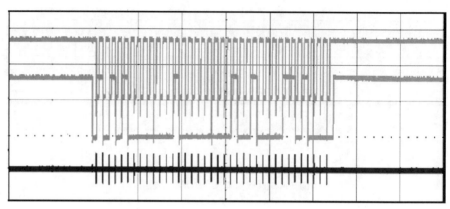

图 8.41　写数据流的示波器测试波形

101010000　000100000　000100100　001101000

　　该数据流共分为 4 个字节,每个字节后都跟有一个"0"电平的 ACK 信号。写数据流各字节说明见表 8.21。

表 8.21　写数据流各字节的说明

第 1 字节								
字节	1	0	1	0	1	0	0	0	0
说明	EEPROM 默认的高 8 位地址			寻址的高 8 位地址为 0x04		写控制	ACK

第 2 字节								
字节	0	0	0	1	0	0	0	0	0
说明	寻址的低 8 位地址为 0x10							ACK

第 3 字节								
字节	0	0	0	1	0	0	1	0	0
说明	高 8 位数据为 0x12							ACK

第 4 字节								
字节	0	0	1	1	0	1	0	0	0
说明	低 8 位数据为 0x34							ACK

本章小结

　　F28335 内部具有三个功能相同的 SCI 模块:SCIA、SCIB 和 SCIC。每个 SCI 模块都各有一个接收器和发送器。接收器和发送器各有一个 16 级深度的 FIFO(first in first out)队列,它们还都有自己独立的使能位和中断位,可在半双工和全双工通信中进行操作。SCI 模块通信具有空闲线方式和地址位方式,一般我们采用点对点的通信方式,即空闲线方式;具有接收缓冲器(SCIRXBUF)和发送缓冲器(SCITXBUF);可通过查询方式或中断方式进行数据的接收和发送;具有独立的发送和接收中断使能位。

F28335 内部的 SPI 模块具有两种工作模式:主工作模式和从工作模式;总线采用 4 线制引脚,具有 3 个数据寄存器(SPIRXBUF、SPITXBUF 和 SPIDAT)和 9 个控制寄存器。控制寄存器是 8 位,低 8 位有效,高 8 位无效;3 个数据寄存器为 16 位;具有 125 种可编程的波特率,需使用 SPIBRR(SPI 波特率寄存器)进行设置;数据收发可实现全双工,其中发送功能可通过 SPICTL 寄存器的 TALK 位禁止或使能;F28335 的 SPI 具有两个 16 级的 FIFO,分别用于数据的发送和接收,并且在 FIFO 中,数据发送之间的延时可以通过寄存器(SPIFFCT)进行控制;与 SCI 类似,数据的收发都能通过查询或者中断方式实现,在 FIFO 模式中,接收中断使用 SPIRXINTA,而发送中断使用 SPITXINTA;在非 FIFO 模式中,收发中断都只占用 SPIRXINTA。

F28335 内部的 I^2C 总线与 PHILIPS 的 I^2C 总线标准兼容,由一个数据引脚和一个时钟引脚构成,支持 8 位数据传输,7 位或 10 位地址模式。它支持多个主、从发送器或接收器,其传输速率从 10~400 kbps,在 CPU 中共享一个中断,该中断由下列任意条件产生:发送数据准备好、接收数据准备好、寄存器访问准备好、无响应接收、检测到 STOP 位及仲裁丢失中断触发。

 思考题及习题

1. SCI、SPI 及 I^2C 通信有何异同?

2. 如何理解三种通信的 FIFO 功能?

3. F28335 的同步通信与异步通信在三种通信方式中如何体现?

4. 如何使用软件方式使这三种通信中的某几类建立全双工通信?

5. 如何通过示波器读取三种通信方式的数据帧?

第 9 章

F28335 的应用系统设计

✖ 学习目标

(1) 掌握 F28335 的最小系统设计;

(2) 掌握异步电机空间矢量控制方法;

(3) 了解 F28335 在信号处理方面的相关应用。

✖ 重点内容

(1) F28335 最小系统的硬件结构;

(2) 空间矢量脉宽调制技术(SVPWM);

(3) 数字图像文件的格式。

相比于以往的定点型 DSP,浮点型 TMS320F2833x 系列数字信号处理器具有精度更高、成本低、功耗小、外设集成度高、数据及程序存储量大和 A/D 转换更精确快速等优点,因此易于实现交流电机复杂的矢量控制算法及图像信号处理场合。本章主要包括 F28335 的最小系统设计、异步电机空间矢量控制和 F28335 在信号处理方面的典型应用设计三部分内容。

9.1 F28335 的最小系统设计

F28335 的最小系统是指用最少的外围电路器件构成的可以使 F28335 正常工作、能够实现基本功能的最简单系统,主要包括 F28335 外围电路、电源电路、复位电路、时钟电路和 JTAG 接口电路,详见附录 A。

9.2　通用异步电动机控制系统的设计

C2000 系列 DSP 广泛应用于自动化及工控领域,本节以项目组自行研发的异步电动机实验系统为例,对异步电动机控制系统的设计进行分析和介绍。

9.2.1　异步电动机控制系统的硬件整体结构

异步电动机实验系统的结构框图如图 9.1 所示,由主电路、控制电路、驱动电路组成。主电路将单相正弦交流电通过整流滤波电路变为直流电,再通过逆变电路变成三相交流电,控制异步电动机的转速。控制电路由 TMS320F28335 作为主要的控制芯片,搭载了 SVPWM 算法以及远程控制算法,实时计算输出 6 路 PWM 脉冲控制逆变电路。驱动电路将 6 路 PWM 脉冲经过自举电路后再经光耦隔离放大成 0 V 和 +15 V 的脉冲,以驱动 6 个 MOSFET 工作。

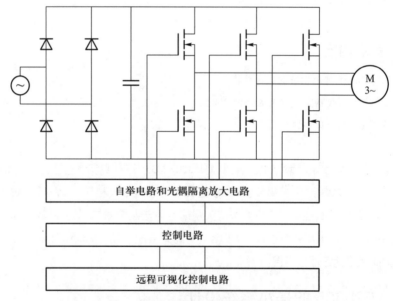

图 9.1　异步电动机实验系统的结构框图

异步电动机实验系统的主电路由整流电流、滤波电路和逆变电路构成,本实验系统采用的异步电动机的参数如表 9.1 所示。

表 9.1　异步电动机的参数

参数	额定功率	额定转速	额定电压	额定电流
数值	1 500 W	1 500 r/min	220 V	5 A

一、整流滤波电路的设计

　　整流滤波电路由 4 个二极管构成的整流电路和大容量电容构成的滤波电路组成。整流滤波电路是将单相正弦交流电经过单相桥式不可控整流电路变为脉动直流电,再经过电容滤波后的直流电可以等效为电压源。根据表 9.1 所示的参数,整流二极管的电流峰值 I_{m}、电流有效值 I_{rms}、额定电流 I_{n}、额定电压 U_{n} 的计算公式如式(9-1)所示。

$$
\begin{cases}
I_{\mathrm{m}} = 2\sqrt{2} \times 5 \approx 14.14 \text{ A} \\[2mm]
I_{\mathrm{rms}} = \dfrac{I_{\mathrm{m}}}{\sqrt{3}} \approx 8.16 \text{ A} \\[2mm]
I_{\mathrm{n}} = \dfrac{2I_{\mathrm{rms}}}{1.57} \approx 10.4 \text{ A} \\[2mm]
U_{\mathrm{n}} = \sqrt{2} \times 220 \approx 311 \text{ V}
\end{cases}
\tag{9-1}
$$

　　考虑到 2 倍的安全裕量,单相桥式整流模块采用 GBJ2510,其最大流通电流为 25 A,最大承受电压为 1 000 V。

二、逆变电路的设计

　　逆变电路由 6 个大功率的 MOSFET 组成,逆变电路是将整流后的直流电通过三相桥式全控逆变电路逆变成电压的频率和幅值均可调节的三相交流电,提供给三相异步电动机。

　　在逆变的过程中,加在 MOSFET 的漏极和源极之间最大的电压约为 311 V。考虑到 2 倍的安全裕量,逆变电路中的 MOSFET 采用 FK18SM,其可承受的最大电流为 18 A,电压为 600 V。

三、驱动电路设计

　　IGBT 或 MOSFET 等压控器件的驱动电路通常采用光电隔离方式,但需要辅助电源。当主电路存在多个 IGBT 或 MOSFET 等功率器件时,所需的辅助电源的数量较多。以图 9.1 所示的主电路为例,采用传统方式驱动时,至少需要 4 个独立的辅助电源,而采用自举驱动技术时,就会有效地节省电源。

　　IR2130 是美国 IR 公司推出的一种双通道高压、高速电压型功率开关器件栅极驱动芯片。该芯片采用高度集成的电平转换技术,大大降低了逻辑电路对功率器件的控制要求,同时提高了驱动电路的可靠性,尤其是上管采用外部自举电容上电,使得驱动电源数目较其他 IC 大大减少,其典型应用电路如图 9.2 所示。

　　C_2 为自举电容,D_1 为自举二极管。当 T_2 导通时,V_{CC} 经 D_1、T_2 给 C_2 充电,为 T_1 驱

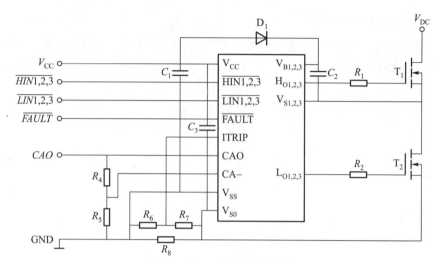

图 9.2　IR2130 的典型应用电路

动存储能量。D_1 的作用是防止 T_1 导通时的直流母线电压 V_{DC} 加载到 IR2130 的电源 V_{CC} 而使器件损坏,因此,D_1 应为具有一定反向耐压的快速恢复二极管(反向耐压值应至少为 $V_{CC}+V_{DC}$)。R_1 和 R_2 是 IGBT 的门极驱动电阻,阻值一般可采用十几欧到几十欧。

9.2.2　控制系统的软件算法设计

一、空间矢量调制(SVPWM)

SVPWM 是近年发展的一种较新颖的控制方法。与传统的正弦 PWM 不同,它是从三相输出电压的整体效果出发,着眼于如何使电动机获得理想圆形磁链轨迹。SVPWM 技术与 SPWM 相比较,电动机的转矩脉动更低,旋转磁场更逼近圆形,这极大地提高了直流母线电压的利用率,且更易于实现数字化。

1. 传统 SVPWM 的基本原理

实现 SVPWM 发波算法的拓扑结构如图 9.1 中的三相逆变电路所示,设逆变器输出的三相相电压分别为 $U_A(t)$、$U_B(t)$、$U_C(t)$,可写成如式(9-2)的数学表达式:

$$\begin{cases} U_A(t) = U_m\cos(\omega t) \\ U_B(t) = U_m\cos(\omega t - 2\pi/3) \\ U_C(t) = U_m\cos(\omega t + 2\pi/3) \end{cases} \qquad (9\text{-}2)$$

其中,U_m 为峰值电压。

更进一步可得到三相电压的矢量形式为

$$U(t)=U_A(t)+U_B(t)\,\mathrm{e}^{\mathrm{j}2\pi/3}+U_C(t)\,\mathrm{e}^{\mathrm{j}4\pi/3}=\frac{3}{2}U_m\mathrm{e}^{\mathrm{j}\theta} \tag{9-3}$$

其中，$U(t)$ 是旋转的空间矢量，其幅值为相电压峰值的 1.5 倍，以角频率 ω 按逆时针方向匀速旋转。换句话讲，$U(t)$ 在三相坐标轴上的投影就是对称的三相正弦量。

假设 a、b、c 分别代表 3 个桥臂的开关状态。当上桥臂开关管为"开"状态时，开关状态是 **1**；当下桥臂开关管为"开"状态时，开关状态是 **0**。三个桥臂只有"**1**"和"**0**"两种状态。因此就形成了 **000**,**001**,**010**,**011**,**100**,**101**,**110**,**111** 共 8 种状态。**000** 和 **111** 状态时，逆变器的输出电压为零，称为零状态。开关向量$[a,b,c]^T$ 和逆变器输出的线电压 $[U_{AB},U_{BC},U_{CA}]^T$ 和相电压 $[U_A,U_B,U_C]^T$ 间的关系分别用式(9-4)、(9-5)表示。

$$\begin{bmatrix} U_{AB} \\ U_{BC} \\ U_{CA} \end{bmatrix}=U_i\begin{bmatrix} 1 & -1 & 0 \\ 0 & 1 & -1 \\ -1 & 0 & 1 \end{bmatrix}\begin{bmatrix} a \\ b \\ c \end{bmatrix} \tag{9-4}$$

$$\begin{bmatrix} U_A \\ U_B \\ U_C \end{bmatrix}=\frac{1}{3}U_i\begin{bmatrix} 2 & -1 & -1 \\ -1 & 2 & -1 \\ -1 & -1 & 2 \end{bmatrix}\begin{bmatrix} a \\ b \\ c \end{bmatrix} \tag{9-5}$$

其中，U_i 是直流母线电压。将数值代入式中，可分别求出 8 个矢量，这 8 个矢量就称为基本电压空间矢量，根据其相位角的不同可命名为：O_{000}、U_0、U_{60}、U_{120}、U_{180}、U_{240}、U_{300}、O_{111}。其中，O_{000}、O_{111} 被称为零向量。基本电压空间矢量及扇区编号如图 9.3 所示。图中给出了 8 个基本电压空间矢量的位置和大小，其中非零矢量的大小相等，间隔 60°，而两个零矢量的大小为零，位于中心。为了方便，在计算中经常把基本矢量转换到 $\alpha\beta O$ 平面直角坐标系中，$\alpha\beta O$ 平面直角坐标系的 α 轴与 A 轴重合，β 轴超前 α 轴 90°。

通过 Clarke 变换，以每个坐标系中的电动机的总功率不变为原则，得到如式(9-6)的变换矩阵。

所以，通过这个变换矩阵，可以将三相 ABC 平面坐标系中的相电压转换为 $\alpha\beta$ 平面直角坐标系中的电压，变换式为

$$T_{ABC-\alpha\beta}=\sqrt{\frac{2}{3}}\begin{bmatrix} 1 & -\dfrac{1}{2} & -\dfrac{1}{2} \\ 0 & \dfrac{\sqrt{3}}{2} & -\dfrac{\sqrt{3}}{2} \end{bmatrix} \tag{9-6}$$

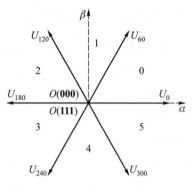

图 9.3　基本电压空间矢量及扇区编号

$$\begin{bmatrix} U_{\alpha} \\ U_{\beta} \end{bmatrix} = \sqrt{\frac{2}{3}} \begin{bmatrix} 1 & -\dfrac{1}{2} & -\dfrac{1}{2} \\ 0 & \dfrac{\sqrt{3}}{2} & -\dfrac{\sqrt{3}}{2} \end{bmatrix} \begin{bmatrix} U_{A} \\ U_{B} \\ U_{C} \end{bmatrix} \tag{9-7}$$

　　当逆变器单独输出基本电压空间矢量 U_0 时,电动机的定子磁链矢量 ψ 的矢端从 A 到 B 沿平行于 U_0 方向移动,如图 9.4 所示。当移动到 U_{60} 点时,矢量端也改为从 B 到 C 的移动。这样下去,当全部 6 个非零基本电压空间矢量分别依次单独输出后,电子磁链矢量 ψ 矢端的运动轨迹就是一个正六边形。

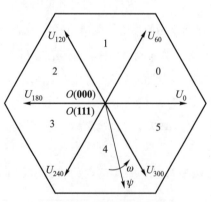

图 9.4　磁链运动轨迹

　　要获得圆形旋转磁场,可以通过获得一个正多边形来实现。显然,正多边形的边越多,越近似于圆形旋转磁场。但是,非零的基本空间矢量只有 6 个,如果想获得尽可能多的多边形旋转磁场,可以利用 6 个非零的基本电压空间矢量的线性时间组合得到更多的开关状态。

如图9.5所示，U_x 和 U_y 代表相邻的两个基本电压空间矢量；U_{out} 是输出的参考相电压矢量，其幅值代表相电压的幅值，其旋转角速度就是输出正弦电压的角频率。

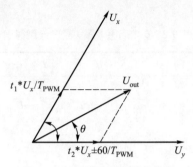

图 9.5 电压空间矢量的线性组合

U_{out} 可由 U_x 和 U_y 线性时间组合来合成，如式（9-8）所示，其中 t_1 和 t_2 分别为 U_x 和 U_y 的作用时间，T_{PWM} 是 U_{out} 作用的时间。

$$U_{out} = \frac{t_1}{T_{PWM}} U_x + \frac{t_2}{T_{PWM}} U_y \tag{9-8}$$

按照这样的方式，在下一个 T_{PWM} 周期，仍然用 U_x 和 U_y 线性时间组合，但作用的时间与上一次的时间不同，它们必须保证所合成的新的电压空间矢量与原来的电压空间矢量 U_{out} 的幅值相等。如此下去，在每一个 T_{PWM} 期间，都改变相邻的基本矢量作用的时间，并保证所合成的电压空间矢量的幅值都相等。因此，当 T_{PWM} 取足够小时，电压空间矢量的轨迹就是一个近似于圆形的多边形。

（1）SVPWM 的算法过程

SVPWM 的控制算法分为三步：扇区号的确定，作用时间的计算和 PWM 波形的合成。

① 扇区号的确定

由 U_α 和 U_β 所决定的空间电压矢量所处的扇区，定义 3 个参考变量 U_{ref1}、U_{ref2} 和 U_{ref3} 及如式（9-9）所示的表达式

$$\begin{cases} U_{ref1} = U_\beta \\[2mm] U_{ref2} = \dfrac{\sqrt{3}}{2} U_\alpha - \dfrac{1}{2} U_\beta \\[2mm] U_{ref3} = -\dfrac{\sqrt{3}}{2} U_\alpha - \dfrac{1}{2} U_\beta \end{cases} \tag{9-9}$$

扇区号可表示为：$P = \text{sign}(U_{ref1}) + 2\text{sign}(U_{ref2}) + 4\text{sign}(U_{ref3})$，其中：$\text{sign}()$ 为符号函数。

② 作用时间计算

使用式(9-9)定义的 3 个参考变量,可计算得到的 6 个扇区非零矢量的作用时间,如表 9.2 所示。

表 9.2 6 个扇区非零矢量的作用时间

扇区号	1	2	3
作用时间	$T_x = T_4 = \dfrac{\sqrt{3}\,T}{U_i} U_{ref2}$ $T_y = T_6 = \dfrac{\sqrt{3}\,T}{U_i} U_{ref1}$	$T_x = T_2 = \dfrac{\sqrt{3}\,T}{U_i} U_{ref2}$ $T_y = T_6 = \dfrac{\sqrt{3}\,T}{U_i} U_{ref3}$	$T_x = T_2 = \dfrac{\sqrt{3}\,T}{U_i} U_{ref1}$ $T_y = T_3 = \dfrac{\sqrt{3}\,T}{U_i} U_{ref3}$
扇区号	4	5	6
作用时间	$T_x = T_1 = \dfrac{\sqrt{3}\,T}{U_i} U_{ref1}$ $T_y = T_3 = \dfrac{\sqrt{3}\,T}{U_i} U_{ref2}$	$T_x = T_1 = \dfrac{\sqrt{3}\,T}{U_i} U_{ref3}$ $T_y = T_5 = \dfrac{\sqrt{3}\,T}{U_i} U_{ref2}$	$T_x = T_4 = \dfrac{\sqrt{3}\,T}{U_i} U_{ref3}$ $T_y = T_5 = \dfrac{\sqrt{3}\,T}{U_i} U_{ref1}$

③ 三相 PWM 波形合成

按照上述过程,就能得到每个扇区相邻两个电压空间矢量和零电压矢量的作用时间,再根据 PWM 调制原理,可计算出每一相对应比较器的值。以 7 段 SVPWM 发波为例,各个扇区的比较值赋值如表 9.3 所示。

表 9.3 7 段 SVPWM 发波各个扇区的比较值赋值表

扇区号	1	2	3
作用时间	$CMPR1 = TBPR - NT_2$ $CMPR1 = TBPR - NT_1$ $CMPR1 = TBPR - NT_3$	$CMPR1 = TBPR - NT_1$ $CMPR1 = TBPR - NT_3$ $CMPR1 = TBPR - NT_2$	$CMPR1 = TBPR - NT_1$ $CMPR1 = TBPR - NT_2$ $CMPR1 = TBPR - NT_3$
扇区号	4	5	6
作用时间	$CMPR1 = TBPR - NT_3$ $CMPR1 = TBPR - NT_2$ $CMPR1 = TBPR - NT_1$	$CMPR1 = TBPR - NT_3$ $CMPR1 = TBPR - NT_1$ $CMPR1 = TBPR - NT_2$	$CMPR1 = TBPR - NT_2$ $CMPR1 = TBPR - NT_3$ $CMPR1 = TBPR - NT_1$

(2)代码示例

```
#define  SVGEN_CLA_MACRO(v)
```

```
        v.Ualpha=v.As;

        v.Ubeta =(v.As+v.Bs*2)*0.57735026918;

        v.tmp1=v.Ubeta;

        v.tmp2= v.Ubeta*0.5+((0.866)*v.Ualpha);

        v.tmp3= v.tmp2-v.tmp1;

        v.VecSector=3;

        v.VecSector=(v.tmp2>0)?( v.VecSector-1):v.VecSector;

        v.VecSector=(v.tmp3>0)?( v.VecSector-1):v.VecSector;

        v.VecSector=(v.tmp1<0)?(7-v.VecSector) :v.VecSector;

        if (v.VecSector==1||v.VecSector==4)

        {

            v.STa= v.tmp2;

            v.STb=v.tmp1-v.tmp3;

            v.STc=-v.tmp2;

        }

        else if(v.VecSector==2||v.VecSector==5)

        {

            v.STa= v.tmp3+v.tmp2;

            v.STb= v.tmp1;

            v.STc=-v.tmp1;

        }

        else

        {

            v.STa= v.tmp3;

            v.STb=-v.tmp3;

            v.STc=-(v.tmp1+v.tmp2);

        }

void SVPWM_Tradition(Uint16 Um, float32 w, Uint16 t)

{


        SVGEN_CLA SV;

        SVGEN_CLA_INIT_MACRO(SV);
```

```
w = 2 * pi * w * t;
SINA = 1.0+sin(w);
SINB = 1.0+sin(w-PWM_PHI);
SINC = 1.0+sin(w+PWM_PHI);
Ua = 1.0 * sin(w);
Ub = 1.0 * sin(w-PWM_PHI);
Uc = 1.0 * sin(w+PWM_PHI);
SV.As = Ua;
SV.Bs = Ub;
SVGEN_CLA_MACRO(SV);
EPWM1_CMPA = 1.0 * Ts * SV.STa;
EPWM2_CMPA = 1.0 * Ts * SV.STb;
EPWM3_CMPA = 1.0 * Ts * SV.STc;
}
```

2. 简易 SVPWM

SVPWM 实际上是在 SPWM 的调制波上叠加了零序分量而形成的马鞍波,这个零序分量是通过由调制的过程中增加的"零矢量"来构成的。只要非零矢量的作用时间保持不变,零序分量的加入不影响合成的电压矢量,只影响 SVPWM 的发波时序,按照这种思路可找到一种简单的实现 SVPWM 的方法。

(1) 发波基本原理

三相调制波电压的最大值 U_{max} 和最小值 U_{min} 见式(9-10)。

$$\begin{cases} U_{max} = \max(U_A, U_B, U_C) \\ U_{min} = \min(U_A, U_B, U_C) \end{cases} \tag{9-10}$$

零序分量 U_{com} 见式(9-11)。

$$U_{com} = -\frac{U_{max}+U_{min}}{2} \tag{9-11}$$

三相马鞍波为 U'_A、U'_B、U'_C,见式(9-12)。

$$\begin{cases} U'_A = U_A + U_{com} \\ U'_B = U_B + U_{com} \\ U'_C = U_C + U_{com} \end{cases} \tag{9-12}$$

将零序分量叠加到三相载波 U'_A、U'_B、U'_C,通过 SPWM 调制即可得到与传统方法相同的调制结果,简易算法可通过 MATLAB 进行更直观地展现。

（2）代码示例

```
void SVPWM_Simple(Uint16 Um, float32 w, Uint16 t)
{
    float Umax=0,Umin=0,Ucom=0;
    w=2*pi*w*t;
    Um=Um/2;
    Ua=1.0+sin(w);
    Ub=1.0+sin(w-PWM_PHI);
    Uc=1.0+sin(w+PWM_PHI);
    Umax=max(max(Ua,Ub),Uc);
    Umin=min(min(Ua,Ub),Uc);
    Ucom=-(Umax+Umin)/2+1;
    SINA=Ua+Ucom;
    SINB=Ub+Ucom;
    SINC=Uc+Ucom;
    EPWM1_CMPA=Um*(SINA);
    EPWM2_CMPA=Um*(SINB);
    EPWM3_CMPA=Um*(SINC);
}
```

二、远程可视化控制的实现

1. 可视化控制的设计

USART HMI 串口屏是淘晶驰公司开发的一款字符串指令控制的可编程屏幕。开发软件中就有丰富的控件，其中"曲线/波形"控件可以用于显示 DSP 代码运行中变量的波形；"按钮"控件可以用于控制电动机的启动和停止，还可以用于选择发波算法等；"滑块控件"可以用于控制发波速度，进而改变电动机的转动速度。可视化控制界面如图 9.6 所示。应用于屏幕控制的指令如表 9.4 所示。

2. 远程控制的设计

ESP8266 系列模组是安信可（Ai-thinker）公司采用乐鑫 ESP8266 芯片开发的一系列 WiFi 模组模块，其内置低功耗 32 位 CPU、TCP/IP 协议栈、支持 WPA/WPA2 安全模式等。ESP8266 内部自带固件，支持 AT 指令集，操作简单，不需要编写时序信号程序，其中应用于实验系统的 AT 指令如表 9.5 所示。

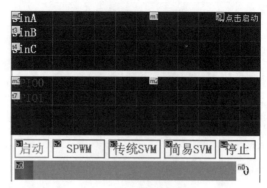

图 9.6　可视化控制界面

表 9.4　应用于屏幕控制的指令表

指令名	指令功能	参数
page	刷新页面或跳转页面	page pageid
prints	从串口输出一个变量/常量	prints att,lenth
printh	从串口输出一个十六进制数据	printh hex
add	向曲线控件添加数据	add objid,ch,val
addt	向曲线数据透传指令	addt objid,ch,qyt
covx	变量类型转换	covx att1,att2,lenth,format

表 9.5　应用于实验系统的 AT 指令

AT 指令	指令功能	参数
AT	测试 AT 指令	无
AT+RST	重启模块	无
AT+CWMODE	设置 WiFi 模式	[模式]
AT+CWJAP	连接 WiFi	[网络名],[密码]
AT+CIPMUX	设置多连接模式	[模式]
AT+CIPSTART	建立 TCP 或 UDP 连接	[ID],[类型],[IP],[端口号]
AT+CIPMODE	设置透传模式	[模式]

AT 指令的实现代码如下。

```
BOOL ESP8266_Command
(char * cmd, char * para, char * reply1, char * reply2, Uint16 waittime)
{
    if(WIFI_Unvarnish) return FALSE;
    ESP8266_DataClear();
    SCIA_SendString(cmd);
    if(para! = NULL)
    {SCIA_SendString(para);}
    SCIA_SendEnter();
    if ((reply1 == 0) && (reply2 == 0)) return TRUE;
    DELAY_MS(waittime);
    DataA_Rec[DataA_RCount++] = 0;
    if ((reply1! = 0) && (reply2! = 0))
     return ((BOOL)(strstr2(DataA_Rec, reply1) || strstr2(DataA_Rec,
reply2)));
    else if (reply1! = 0)
    return (strstr2(DataA_Rec, reply1));
    else return (strstr2(DataA_Rec, reply2));
}
```

DSP 通过 SCI 发送的 AT 指令,可以建立对 ESP8266 的 WiFi 连接,建立与上位机的连接和通信等操作。上位机通过语言编写,可以和屏幕进行联动,具有电动机控制功能,如启动电机、SPWM、传统 SVM、简易 SVM、停止运行等;查询实验系统的版本信息;软件当前状态提示等功能,如图 9.7 所示。

图 9.7 远程控制界面

3. 数据帧格式

为了保证数据的准确性以及方便对数据进行处理,SCI 在原有通信协议的基础上设计了数据包格式及各个帧的功能,如表 9.6 所示。这样可以准确地接收数据,并便于识别指令、处理数据和实现相应的功能。数据包的接收过程如图 9.8所示。

表 9.6　数据包格式及各个帧的功能

帧	帧头	指令	长度	数据	帧尾
数据	0x55 0xAA	command	len	data	0x0D
长度	2 字节	1 字节	2 字节	len 字节	1 字节

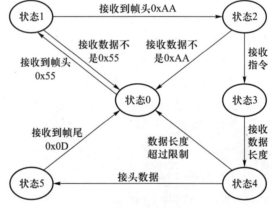

图 9.8　数据包的接收过程

识别数据包的代码如下:

```
if( DataB_Status = = 0 || DataB_Status = = 0xFF)        //Header1
{
        if( rdataB = = 0x55) { DataB_Status = 1; }
        else DataB_Status = 0;
}
else if( DataB_Status = = 1)      //Header2
{
        if( rdataB = = 0xAA) { DataB_RCount = 0; DataB_Status = 2; }
        else { DataB_Status = 0; }
}
else if( DataB_Status = = 2)      //Command
```

```
{
    Uint16 i = 0;
    DataB_Command = rdataB;
    DataB_Status = 3;
    for(i = 0; i < DataB_MaxLength; i++)
    { DataB_Rec[i] = rdataB; }
    if(DataB_Command > = 0 && DataB_Command < = 7)
    { HMI_PWMCommand = DataB_Command; }
}
else if(DataB_Status = = 3)     //Length
{

    DataB_Length = rdataB;
    if((int) DataB_Length > = DataB_MaxLength)
    DataB_Status = 0;
    else { DataB_RCount = 0; DataB_Status = 4; }

}
else if(DataB_Status = = 4 || DataB_Status = = 3) //RecData
{

    DataB_Rec[DataB_RCount++] = rdataB;
    if( DataB_RCount = = DataB_Length) DataB_Status = 5;
    else {DataB_Status = 4; }

}
else if(DataB_Status = = 5)     //end
{
    if(0x0D = = rdataB)
    {
        DataB_Rec[DataB_RCount++] = 0;
        DataB_RCount = 0x0;
        DataB_Status = 0xFF;
    }
}
```

不同的指令值对应的功能如表 9.7 所示。

表 9.7 不同的指令值对应的功能

指令值	说明
0x00	电动机停止运转
0x01	采用 SPWM 发波算法,不更新屏幕波形
0x02	采用传统 SVPWM 发波算法,不更新屏幕波形
0x03	采用简易 SVPWM 发波算法,不更新屏幕波形
0x05	采用 SPWM 发波算法,更新屏幕波形
0x06	采用传统 SVPWM 发波算法,更新屏幕波形
0x07	采用简易 SVPWM 发波算法,更新屏幕波形
0x08	进行 WiFi 连接
0x10	通过 IP 地址和端口号连接上位机
0x20	获取当前 WiFi 状态

由于 WiFi 模块和 HMI 串口屏均使用 SCI 通信,故将 SCIA 分配给 WiFi 模块,SCIB 分配给 HMI 串口屏,波特率均为 921 600,数据均为 1 位起始位、8 位数据位、1 位停止位。

```
void SCIA_Init(Uint32 baud)
{
    Uint32 brr = ((37500000/baud) >> 3) - 1;
    SciaRegs.SCICCR.all = 0x0007;
    SciaRegs.SCICTL1.all = 0x0003;
    SciaRegs.SCICTL2.all = 0x0003;
    SciaRegs.SCICTL2.bit.TXINTENA = 1;
    SciaRegs.SCICTL2.bit.RXBKINTENA = 1;
    SciaRegs.SCIHBAUD = brr >> 8;
    SciaRegs.SCILBAUD = (Uint16) brr;
    SciaRegs.SCICTL1.all = 0x0023;
    SciaRegs.SCIFFTX.bit.TXFIFOXRESET = 1;
    SciaRegs.SCIFFRX.bit.RXFIFORESET = 1;
    SciaRegs.SCIFFTX.all = 0xE040;
    SciaRegs.SCIFFRX.all = 0x2021;
    SciaRegs.SCIFFCT.all = 0x0;
}
```

9.2.3 软件平台测试及实验结果

远程控制软件主要实现了通过远程通信控制异步电动机。因此,需要通过异步电动机实验系统进行网络连接。硬件平台通过 SCI 通信与无线通信模块建立通信,无线通信模块通过 TCP 与软件平台进行通信。无线通信的实现原理如图 9.9 所示。

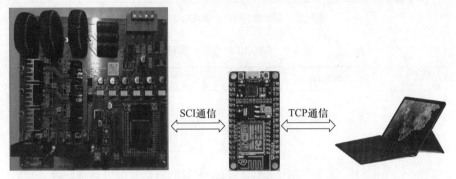

SCI通信　　TCP通信

图 9.9　无线通信的实现原理

无线网络连接需要输入无线网络账号和密码,如图 9.10 所示。当无线网络连接成功后,再通过远程 IP 和端口号连接到远程控制软件,如图 9.11 所示。当连接成功后,屏幕和远程控制软件上都会提示连接成功并且屏幕和远程控制软件的信息保持同步,分别如图 9.12 和图 9.13 所示。

图 9.10　无线网络连接

图 9.11　远程 IP 和端口号连接

图 9.12　屏幕上连接成功时的界面

当 SVPWM 发波频率分别选为额定的 25%、50%、75%、100% 时,GPIO0 的波形和屏幕界面如表 9.8 所示。

图 9.13　远程控制软件上连接成功时的界面

表 9.8　GPIO0 的波形和屏幕界面

频率	GPIO0 的波形	屏幕界面
25%		
50%		
75%		

续表

频率	GPIO0 的波形	屏幕界面
100%	H 1.00V　　　M 250ms　　　CH1	启动　SPWM　传统SVM　简易SVM　停止　　100

9.3　F28335 用于数字信号处理的案例分析

F28335 属于浮点型 DSP,编程时不仅可自由地选择数据类型,而且一些用于数字信号处理的算法也可在该系列 DSP 的硬件开发平台完成,这进一步扩展了 C2000 系列 DSP 的应用范围。

9.3.1　数字滤波器的设计

数字滤波器的设计是将数字信号处理应用到实际工程中最常见的领域,与模拟系统相比,数字处理方式避免了模拟系统的固有参数和元器件稳态差异性的限制,更能体现出其设计的灵活性,尤其在自适应滤波器的算法设计中,数字滤波器的设计应用范围更广泛。

图 9.14 所示为数字滤波器的一般模型。数字滤波器是一种对输入信号(经 A/D 转换后的数字信号或抽样信号)进行离散时间处理的系统,是利用计算机编写的程序实现数字滤波。

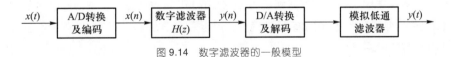

$$x(t) \rightarrow \boxed{\text{A/D转换及编码}} \xrightarrow{x(n)} \boxed{\substack{\text{数字滤波器} \\ H(z)}} \xrightarrow{y(n)} \boxed{\text{D/A转换及解码}} \rightarrow \boxed{\substack{\text{模拟低通} \\ \text{滤波器}}} \xrightarrow{y(t)}$$

图 9.14　数字滤波器的一般模型

滤波算法的设计常配合窗函数的参数设计,如常见的矩形窗、汉明窗、契比雪夫滤波器等。滤波器的参数设计在数字信号处理这门课程里已经做了很多研究,本节主要讨论如何将其数学模型按照设定的滤波参数进行程序设计。数字信号处理中最常用的两种滤波算法是有限长冲击响应滤波器(FIR)算法和无限长冲击响应滤波器

（IIR）算法。

一、FIR 滤波器的设计

FIR 滤波器可以实现严格的线性相位,这对语音和图像处理,视频及数据信号的传输等都具有重要意义。由于 $h(n)$ 是有限长的,因而用快速傅里叶算法（FFT）来过滤信号可大幅提高运算效率,且 $H(z)$ 仅在 z 平面原点处有有限个极点,因而它还是稳定的。目前,FIR 滤波器设计常采用窗函数设计法。

FIR 滤波器的单位冲击响应 $h(n)$ 在 $0 \leqslant n \leqslant N-1$ 范围有值,其系统函数为

$$H(z) = \sum_{n=0}^{N-1} h(n) z^{-n} \qquad (9-13)$$

对应的常系数线性差分方程如式（9-14）所示,也可知 FIR 滤波器没有从输出到输入的反馈。

$$y(n) = \sum_{n=0}^{N-1} h_k x(n-k) \qquad (9-14)$$

FIR 滤波器有直接型和级联型等。级联型的每一级滤波器均可根据系统要求设定参数,因此滤波效果较好,但程序实现复杂。我们介绍直接型的应用方法,根据系统函数可得 FIR 滤波器的直接型结构,如图 9.15 所示。

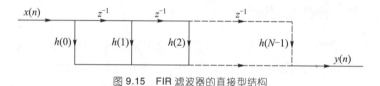

图 9.15   FIR 滤波器的直接型结构

若有限长的实序列满足偶对称条件[式（9-15）]或奇对称条件[式（9-16）],则它们对应的频率特性具有线性相位。

$$h(n) = h(N-1-n) \qquad (9-15)$$

$$h(n) = -h(N-1-n) \qquad (9-16)$$

图 9.16 给出了 N 为偶数时满足线性相位的 FIR 滤波器的直接型结构。限于篇幅,其他四种线性相位 FIR 滤波器的特性就不再赘述,详细情况请有兴趣的读者自行查阅相关资料。

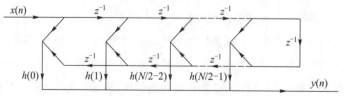

图 9.16   FIR 滤波器的线性相位（N 为偶数时）直接型结构

对比图 9.15 和图 9.16 不难看出,利用 FIR 滤波器的线性相位特性实现的滤波器结构比直接型结构节省一半的乘法次数。

根据上述数学模型,FIR 滤波器的程序设计思想可以化成如图 9.17 所示结构。

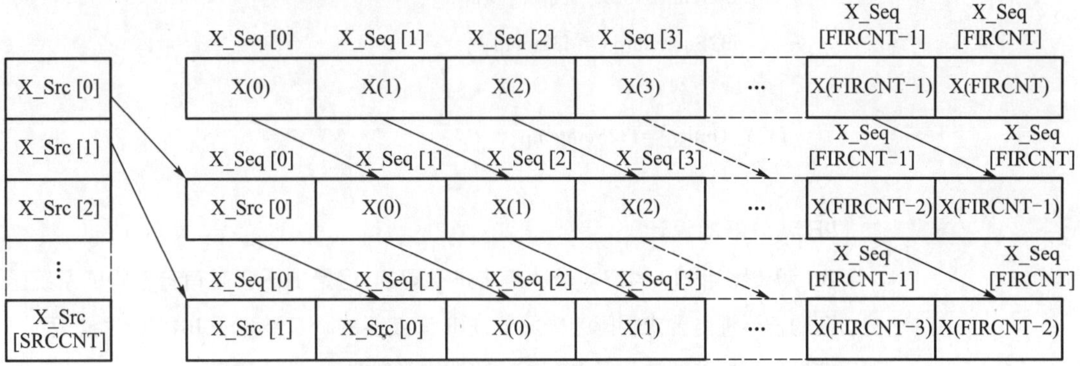

图 9.17　FIR 滤波器的程序设计思想

其中,X_Src[n]为经过 A/D 采样量化后的离散点;X_Seq[n]为排序器;FIR 的阶数为数组 X_Seq[n]的长度。计算每一时刻的滤波输出时,将该时刻的 X_Src[n]值取出放入排序器首端,舍弃排序器末端数据,排序结束后与窗函数的对应时刻的幅值作乘加运算,即可求得对应时刻滤波器的输出。

变量解释:

f32X_Src[n]为经过 A/D 采样量化后的滤波器输入,点数为 SrcCNT;

f32X_Seq[n]为参与 FIR 运算的排序,点数为 FIRCNT;

f32Y_Out[n]为参与 FIR 运算的输出,点数为 SrcCNT;

h[n]为窗函数的滤波加权。

程序代码段开始:

```
Float32 f32temp, f32Sumtemp;
for(i=0; i<SrcCNT; i++)
{
    for(j=0; p<FIRCNT-1; j++)
    {
        f32X_Seq[FIRCNT - j-1]=f32X_Seq[FIRCNT -j-2];
    }
    f32X_Seq [0]=f32X_Src[i];
    f32temp=0;
```

```
f32Sumtemp = 0;
for (k = 0; k<FIRCNT; k++)
{
    f32temp = f32X_Seq[k] * h[k];
    f32Sumtemp += f32temp;
}
f32Y_Out[i] = f32Sumtemp;
}
```

二、IIR 滤波器的设计

IIR 滤波器与 FIR 滤波器设计方法是不同的,这是由于它们有着不同的系统函数。在滤波器性能要求相同的情况下,FIR 滤波器的阶次要高于 IIR 滤波器。因此,对于非线性相位的滤波器用 IIR 滤波器实现,阶数较小,成本较低。

设计 IIR 滤波器时,一般从给定的数字滤波器技术指标出发,转换为模拟滤波器指标,再设计模拟滤波器,最后经映射得到所要求的数字滤波器。

IIR 滤波器的单位冲击响应 $h(n)$ 是无限长的,其系统函数为

$$H(z) = \frac{\sum_{k=0}^{M} b_k z^{-k}}{1 + \sum_{k=1}^{N} a_k z^{-k}} \tag{9-17}$$

对应的常系数线性差分方程为

$$y(n) = \sum_{k=0}^{M} b_k x(n-k) - \sum_{k=1}^{N} a_k y(n-k) \tag{9-18}$$

由式(9-18)可知,IIR 滤波器必须至少有一个 $a_k \neq 0$,也就是说结构上一定存在输出到输入的反馈。

IIR 滤波器的结构可分为直接 I 型、直接 II 型、级联型以及并联型等。综合比较,并联型具有运算速度快、误差小等优点。虽然有高阶极点时,部分分式展开比较麻烦,但用 MATLAB 很容易克服,下面重点介绍并联型结构。

当采用并联型结构时,式(9-17)可以转化为式(9-19),即

$$H(z) = \sum_{k=1}^{K} \frac{B_{2k} + B_{1k} z^{-1} + z^{-2}}{A_{2k} + A_{1k} z^{-1} + z^{-2}} + \sum_{k=0}^{M-N} C_k z^{-k} \tag{9-19}$$

当某些 B_{1k}、A_{1k} 为零时,就得到其并联二阶基本节。当 $M = N$ 时,等式右端第二项为常数 C_0;当 $M<N$ 时,第二项为零。

并联型的基本结构如图 9.18 所示。

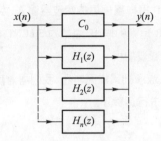

图 9.18 并联型的基本结构($M=N$)

其中,第 k 个二阶基本节的系统函数可看成式(9-20),即

$$H_k(z) = \frac{B_{2k}+B_{1k}z^{-1}+z^{-2}}{A_{2k}+A_{1k}z^{-1}+z^{-2}} \tag{9-20}$$

$H_k(z)$ 可以化简成两个系统函数的乘积,即

$$H_k(z) = H_{k1}(z)g H_{k2}(z) = \frac{Y(z)}{W(z)}g\frac{W(z)}{X(z)} \tag{9-21}$$

其中,$\dfrac{W(z)}{X(z)} = \dfrac{1}{A_{2k}+A_{1k}z^{-1}+z^{-2}}$,$\dfrac{Y(z)}{W(z)} = B_{2k}+B_{1k}z^{-1}+z^{-2}$

我们将 Z 平面转换到离散平面,得到的两个公式,如式(9-22)所示,即

$$\begin{cases} x(n) = w(n-2)+A_{1k}w(n-1)+A_{2k}w(n) \\ y(n) = w(n-2)+B_{1k}w(n-1)+B_{2k}w(n) \end{cases} \tag{9-22}$$

其中,$w(n)$ 可看作中间信号,那么 $w(n-1)$ 就可看作前一时刻的离散点。为方便起见,我们记 $w_k = w(n-k)$。将式(9-22)所示的公式写成信号流图的形式,如图 9.19 所示。

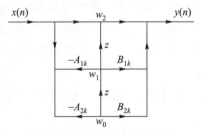

图 9.19 二阶基本节的信号流图

按照上述步骤,可得 IIR 滤波器的数学模型,这样针对这个二阶基本节,我们就可以设计出相关的算法。

变量解释:

f32X_Src[n]为经过 A/D 采样量化后的滤波器输入,点数为 SrcCNT;

f32Y_Out[n]为参与 FIR 运算的输出,点数为 SrcCNT;

a[n]、b[n]为窗函数的滤波加权。

当一个完整周期的输入源序列采样完毕后,我们可对其进行去偏处理,处理后的结果我们就可使用 IIR 算法进行运算了。

```
//算法开始
for (i = 0; i<SrcCNT; i++)
{
    w2 = f32X_Src[i]-a[1] * w1-a[2] * w0;
    f32Y_Out[i] = b[0] * w2+b[1] * w1+b[2] * w0;
    w0 = w1;
    w1 = w2;
}
```

9.3.2　F28335 在数字图像处理中的应用

数字图像处理是一门新兴学科。针对所处理的对象,数字图像分为两个部分:静态图像和动态图像(视频流)。视频流是由 24 fps/s 的静态图像构成的,只是处理的速度较快。本节我们主要讨论静态图像理论在 DSP 中的应用。

一、静态数字图像及分类

静态数字图像分为位图、矢量图和 BMP 图像文件 3 类。

1. 位图(bitmap)

位图(bitmap)图像又称作光栅图或点阵图,它使用我们俗称的像素(pixel)来描述图像。计算机屏幕就可以看作一个包含大量像素的网络,当你把图像无限放大时候,每个小点就可以看作一个马赛克。位图是数字图像研究的主体,通常分为单色图像、彩色图像和灰度图像。

(1)单色图像只有两种像素点,黑或白,整个图像是由一系列的黑点和白点构成;

(2)彩色图像的像素点是由 RGB(red、green、blue)三原色构成,不同的 RGB 含量可表示不同颜色。根据每个像素有多少个 bit,彩色图像又分为 8 位、16 位、24 位、32 位等。

其中:

8 位位图是指的是一个像素由 8 bit 的数据来描述,用一个 Byte 来表示;

16 位位图指的是一个像素由 2 个字节来表示,RGB 分别占用 5 bit,剩下的 1 bit 保留;

24 位位图指的是一个像素由 3 个 Byte 来表示,RGB 分别占用一个 Byte。

(3)灰度图像的每个像素不只用黑和白来表示,是通过 0~255 来表示不同的灰度值,即用一个 Byte 来表示一个像素的灰度。

与之对应的是真彩色图像,就是指用 24 位来表示一个像素的图像。

2. 矢量图

简单来讲,矢量图是通过点、线、面来描述图像,在 photoshop 中经常可以看到。位图和矢量图的最大区别就是矢量图可以无限放大而不会失真。

3. BMP 图像文件

BMP 图像文件的格式是 Windows 采用的图像处理格式,在 Windows 环境下的任意图像处理软件都可识别这个格式的文件。在 Windows3.0 以上的版本中,BMP 格式又称作设备无关位图(device independent bitmap,DIB),以 DIB 和 RLE 作扩展名。常见的图像文件格式有 BMP、JPG、GIF 等。

对于静态图像,所有的处理算法不外乎三类:图像识别、轮廓提取、图像增强,但这些都是建立在灰度图像基础上进行处理的,而数字图像处理中,我们研究的对象是位图,在处理中都是使用灰度图像,对于彩色图像,也是把它转化为灰度图像来处理。

二、位图的文件格式

在 Windows 中,双击后缀名为 BMP 的文件就可以打开一幅图片,是因为 Windows 已经包含这部分的算法。DSP 没有办法将位图直接按照我们看到的格式进行显示,这是因为 DSP 所认识的只是一系列的数据和相应的矩阵信息,而构成位图的就是矩阵信息。

若希望使用 DSP 打开图像,则需要编写相应的程序。这就需要知道位图的构成,也就是需要知道 DSP 所处理的原始数据文件是什么格式。简单来说,位图文件是由 4 个部分组成:文件头信息块、图像描述信息块、颜色表、图像数据区。

1. 文件头信息块

它包含 14 个字节,这些位表示位图的大小、格式等信息,详细的位(域)说明见表 9.9。使用 C 或 C++语言时常将这部分内容写成结构体。

```
Typedef   struct   BITMAPFILEHEADER
{
    UINT bfType;
    DWORD bfSize;
```

```
        UINT bfReserved1;

        UINT bfReserved2;

        DWORD bfOffBits;

    } BITMAPFILEHEADER;
```

表 9.9　文件头信息块的位(域)说明

位域	名称	说明
0000～0001	bfType	文件标识,可使用 ASCII 码、十进制或十六进制表示。若为位图则该位为"BM"(ASCII),42 4D(Hex),或者 19778(Dec)
0002～0005	bfSize	表示文件大小,单位字节。例如 1438H
0006～0009	bfReserved	保留,这 4 个字节以"00"填充
000A～000D	bfOffBits	记录图像数据有效区的起始位置,即文件开始到位图数据(bitmap data)的偏移量

2. 图像描述信息块

这部分用来描述图像高度、宽度、像素位数等图像的详细数据,一共包含 54 个字节,每个位置都有特定含义,详细的位(域)说明见表 9.10。同样,使用 C 或 C++语言进行编程时也采用结构体的方式。

```
Typedef   struct   BITMAPINFORMATIONHEADER

    {

        DWORD biSize;

        LONG biWidth;

        UINT biHeight;

        WORD biPlanes;

        WORD biBitCount;

        WORD biCompression;

        DWORD biSizeImage;

        LONG biXPelsMeter;

        LONG biYPelsMeter;

        DWORD biClrUsed;

        DWORD biClrImportant;

    } BITMAPINFORMATIONHEADER;
```

表 9.10 图像描述信息块的位(域)说明

位域	名称	说明
000E ~ 0011	biSize	图像描述信息块的大小,常为 28H
0012 ~ 0015	biWidth	图像宽度,以像素为单位
0016 ~ 0019	biHeight	图像高度,以像素为单位
001A ~ 001B	biPlanes	图像的 plane 总数(恒为 1)
001C ~ 001D	biBitCount	记录像素的位数,这是很重要的数值,图像的颜色数由该值决定。 1——Monochrome bitmap; 4——16 color bitmap; 8——256 color bitmap; F——16 位位图; 18——24 位位图(真彩色); 20——32 位位图
001E ~ 0021	biCompression	数据压缩方式 0——不压缩; 1——8 位压缩; 2——4 位压缩; 3——Bitfields 压缩
0022 ~ 0025	biSizeImage	图像区数据大小,单位字节,该数必须是 4 的倍数
0026 ~ 0029	biXPelsMeter	水平每米有多少像素,在设备无关位图(.DIB)中,每字节以 00H 填写
002A ~ 002D	biYPelsMeter	垂直每米有多少像素,在设备无关位图(.DIB)中,每字节以 00H 填写
002E ~ 0031	biClrUsed	此图像所用的颜色数
0032 ~ 0035	biClrImportant	指定重要的颜色数。当该域的值等于颜色数时(或者等于 0 时),表示所有颜色都一样重要

3. 颜色表(调色板)

颜色表的大小根据所使用的颜色模式而定,其中每 4 个字节表示一种颜色,并以 B(蓝色)、G(绿色)、R(红色)、Alpha(32 位位图的透明度值,一般不需要)表示。对于 24 位真彩色图像、16 位位图和 32 位位图就不使用颜色表,因为位图中的 RGB 值就代表了每个像素的颜色。只有 8 位表示一个像素时才会用查表的方式进行查询,

因此这部分占用了 4 * 256 个字节空间,如下面的索引:

索引格式:(B,G,R,Alpha)

0 号:(fe,fa,fc,00)

1 号:(fd,f3,fc,00)

2 号:(f4,f3,fc,00)

……

255 号:……

4. 图像数据区

颜色表接下来的数据空间就是位图文件的图像数据区,该区域记录着每点像素所对应的颜色索引号,该索引号索引调色板中的颜色索引号,从而得到该像素的颜色,不过其记录方式也随着颜色模式而定。以灰度图像为例,从文件开始,偏移 14+40+4 * 256 = 1 078(0436H)个字节后才是我们要处理的图像部分。

三、程序代码分析

为了能够快速应用,我们采用一个实例来为读者讲述数字图像如何与 DSP 联系起来,而 DSP 又如何按照我们的要求处理图像。我们还是选用数字图像处理中常用的图片 "lenna"来做分析,如图 9.20 所示。用鼠标右键点击图像,点击属性,可看到图像的大小是 5 176 个字节。

图 9.20　要处理的目标文件

在我们将这幅图导入 DSP 之前,需要了解 FILE 文件流。FILE 文件流用于对文件进行快速操作,主要的操作函数有 fopen、fread、fclose。若我们对所处理的文件结构比较清晰,使用这几个函数会非常便捷地得到该文件中具体位置的数据,提取对我们有用的信息。需要注意的是,调用这些函数之前需要调用<stdio.h>库文件。

1. fopen:打开一个文件,返回指向该文件的指针

格式:文件指针名=fopen(const char * path,const char * mode);

第一个参数为欲打开文件的文件路径及文件名,第二个参数表示文件的打开方式。其中,文件指针名必须是被 FILE 类型定义的指针变量,若文件顺利打开,指向该流的文件指针就会被返回,若文件打开失败则返回 NULL。

一般而言,打开文件后会做一些文件读取或写入的动作,若打开文件失败,接下来的读写动作也无法顺利进行,所以在 fopen( )后,一般做错误判断处理。使用文件的方式共有 12 种,表 9.11 给出了常用的符号和意义。

表 9.11 常用的符号和意义

符号	意义
'r'	只读方式打开,将文件指针指向文件头
'r+'	读写方式打开,将文件指针指向文件头
'w'	写入方式打开,将文件指针指向文件头,并将文件大小截为零。如果文件不存在,则尝试创建之
'w+'	读写方式打开,将文件指针指向文件头,并将文件大小截为零。如果文件不存在,则尝试创建之
rb+	读写打开一个二进制文件,只允许读写数据
rt+	读写打开一个文本文件,允许读和写
'a'	写入方式打开,将文件指针指向文件末尾。如果文件不存在,则尝试创建之
'a+'	读写方式打开,将文件指针指向文件末尾。如果文件不存在,则尝试创建之

2. fread:从文件中读入数据到指定的地址中

格式:size_t fread(void * buff,size_t size,size_t count,FILE * stream);

第一个参数为接收数据的指针(buff),即数据存放的地址;

第二个参数为由指针写入地址的数据大小,单位是字节;

第三个参数为要读取的数据大小为 size 的元素个数;

第四个参数为提供数据的文件指针,该指针指向文件内部数据。

若有返回值,则返回值表示读取的总数据的元素个数,该函数也允许无返回值。

3. fclose:关闭一个文件流

格式:int fclose(FILE * stream);

上面的参数指的是欲关闭文件的指针。调用该函数可以把缓冲区内剩余的数据输出到磁盘文件,并释放文件指针和有关的缓冲区。

熟练使用以上三个函数可以从文件中获取对我们有用的数据信息,前提是对文件格式很了解。比如,对于一个位图文件,就可以读取出文件中的头信息和像素点信息。

将存在根目录下的"lenna"图像读入 DSP 系统中并通过 CCS 查看其文件格式。

(1) 首先,定义一个文件流指针指向所要处理的位图,使用 fopen 函数按照二进制方式打开图像,然后,需要得知所要处理的位图基本信息。

```
FILE  * filePoint;

filePoint  = fopen(" ..\\Lenna.bmp" ," rb" );

//定义一个数组作为函数 fread 的目标数据指针

unsigned char id[100];

//定义从文件头到图像信息之间偏移量

char AddroffsetHi, Addroffsetlo, Addroffset;

//使用 fread 函数读取文件 25 个字节

fread((char  * )id,sizeof(char),25, filePoint);

//确定图像数据的起始地址(计算可得从头文件到位图数据需偏移 0436H 个字
节数 )

AddroffsetHi = (id[13]&0xff)<<8 | (id[12]&0xff);

AddroffsetLo = (id[11]&0xff)<<8 | (id[10]&0xff);

Addroffset = AddroffsetHi<<16 | AddroffsetLo;
```

[注]此外,查看文件头信息块的格式为(id[3]<<8| id[2])= 0x1438H,表示文件大小,此处为 5 176 个字节,与我们在 Windows 下查看到的属性一致;id[15~12]表示图像宽度为 0x40 个像素,id[19~16]表示图像高度为 0x40 个像素,更详细的信息可参考在 CCS 下的变量观测窗口中显示的数据。

```
asm(" nop");

//最后使用 fclose 函数释放文件流指针

fclose(filePoint);

//完成了文件头信息块数据的分析后,接下来就可将位图的有效数据读入 DSP
系统中

//首先重新载入图像

filePoint  = fopen(" ..\\Lenna.bmp" ," rb" );

//将 BMP 格式的头文件信息块忽略掉

for(i = 0;i<1;i++)

{

fread((char  * )id,sizeof(char),Addroffset,filePoint);

}
```

(2)将位图数据存放在目标数组 destination[i][j]中。注意:位图数据是按照矩阵的方式存放的,按照从下至上,从左至右的顺序逐个将像素信息读入。本例中

IMAGE_HEIGTH = 0x40。

　　IMAGE_WIDTH = 0x40。

　　for (i = 0; i<IMAGE_HEIGTH; i++)

　　{

　　　　fread((char *)id,sizeof(char),IMAGE_WIDTH, filePoint);

　　　　asm(" nop");

　　　　for (j = 0; j<IMAGE_WIDTH; j++)

　　　　{

　　　　　　destination[i][j] = id[j];

　　　　}

　　}

　　asm(" nop");

（3）释放文件流指针。

fclose(fi);

//按照上述的例程操作就可将一幅位图读入 DSP 进行数字图像处理了

//可将其进行反色处理

for (i = 0; i<IMAGE_HEIGTH; i++)

{

　　for (j = 0; j<IMAGE_WIDTH; j++)

　　{

　　　　destination [i][j] =(255- destination [i][j]);

　　}

}

//也可进行旋转等处理

for (i = 0; i<IMAGE_HEIGTH; i++)

{

　　for (j = 0; j<IMAGE_WIDTH; j++)

　　{

　　　　destination[j][i] = destination[i][j];

　　}

}

本章小结

F28335 的最小系统是指用最少的外围电路器件构成的可以使 F28335 正常工作、实现基本功能的最简单系统,主要包括 F28335 芯片、电源电路、复位电路、时钟电路和 JTAG 接口电路。

SPWM 法是一种比较成熟的,目前使用较广泛的 PWM 法。它是从电动机供电电源的角度出发,着眼于如何产生一个可调频率和电压的三相对称正弦波电源。SPWM 控制的理论基础是采样控制理论中的一个重要结论:冲量相等而形状不同的窄脉冲加在惯性环节时,其效果基本相同。

进行数字图像处理时,需了解图文件的类型和格式。在使用 C 语言编程时,要注意文件流指针的变化。

 思考题及习题

1. F28335 的最小系统主要包括哪几部分电路?

2. 什么是空间矢量脉宽调制技术(SVPWM)?

3. 基本电压空间矢量有几个? α-β 坐标系分为几个扇区?

参考 文献

［1］Texas Instruments Incorporated. TMS320C28x CPU and Instruction Set Reference Guide［R］.2015.

［2］Texas Instruments Incorporated.TMS320x2833x, 2823x System Control and Interrupts ［R］.2010.

［3］Texas Instruments Incorporated.TMS320C28x Assembly Language Tools v15.12.0.LTS ［R］.2016.

［4］Texas Instruments Incorporated.TMS320C28x Optimizing C/C++ Compiler v15.12.0. LTS［R］.2016.

［5］Texas Instruments Incorporated.TMS320x2833x, 2823x Enhanced Pulse Width Modulator（ePWM）Module［R］.2009.

［6］Texas Instruments Incorporated. TMS320x2833x Analog-to-Digital Converter ADC） Module［R］.2007.

［7］Texas Instruments Incorporated. TMS320x2833x, 2823x Serial Communications Interface（SCI）［R］.2009.

［8］Texas Instruments Incorporated. TMS320x2833x, 2823x Serial Peripheral Interface （SPI）［R］.2009.

［9］Texas Instruments Incorporated.TMS320x2833x, 2823x Inter-Integrated Circuit(I2C) Module［R］.2011.

［10］Texas Instruments Incorporated.TMS320F28335, TMS320F28334, TMS320F28332, TMS320F28235, TMS320F28234,TMS320F28232 Digital Signal Controllers（DSCs） ［R］.2012.

［11］姚睿,付大丰,储剑波,等.DSP 控制器原理与应用技术［M］.北京:人民邮电出版社,2014.

［12］侯其立,石岩,徐科君,等.DSP 原理及应用——跟我动手学 TMS320x2833x［M］.
北京:机械工业出版社,2015.

［13］姚晓通,李积英,蒋占军,等.DSP 技术实践教程——TMS320x28335 设计与实验
［M］.北京:清华大学出版社,2014.

附录

附录 A　F28335 的最小系统

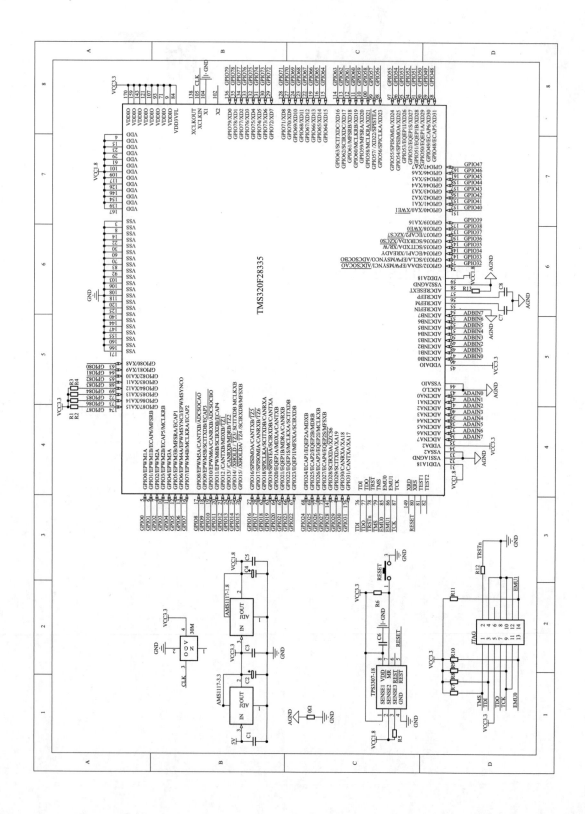

附录 B　复习题

复习题（一）

一、填空题

1. DSP 的狭义理解为（　　），广义理解为（　　）。

2. DSP 最小应用系统包括（　　）、（　　）以及（　　）等。

3. 为使 DSP 初始化正确，应保证 XRS 为低电平并至少保持（　　），同时，在上电后，该系统的晶体振荡器一般需要 100~200 ms 的稳定期。

4. 复位采用上电复位电路，由电源器件给出复位信号。一旦电源上电，系统便处于复位状态，当 XRS 为（　　）时，DSP 复位。

5. 定点 DSP 的特点：体积小、成本低、功耗小、对存储器的要求不高，但数值表示范围较窄，必须使用（　　）的方法，并要防止结果的（　　）。

6. 外设时钟包括（　　）时钟和（　　）时钟，分别通过（　　）和（　　）寄存器进行设置。

7. F28335 采用（　　），能够并行访问程序和数据存储空间。

8. 时钟发生器是由（　　）和（　　）组成的。

9. DSP 器件有两个复位源，一个是外部复位引脚的电平变化引起的复位，另一个是（　　）溢出引起的复位。

10. TMS320F28335 支持高级安全性以保护固件不被反向工程损坏，这个安全性有一个（　　）位密码，此密码由用户写入（　　）。

11. OTP ROM 区（0x38 0000~0x38 03FF）为（　　）空间，存储 A/D 转换器的校准程序，用户不能对此空间写入程序。

12. 程序安全模块（CSM）是保证 F28335 上程序安全性的主要参数，通过一个（　　）位密码来对安全区进行加密或解密。这段密码保存在 FLASA 的最后 8 个字中（0x33FFF8~0x33FFFF），也就是密码区（PWL）中，通过密码匹配（PMF）可以解锁器件。

13. 密码保护区有（　　）位数，若全为 **1**，则这个器件（　　）；若全为 **0**，则这个器件（　　）。

14. CCS 中三种调试点包括：（　　）、（　　）、（　　）。

15. 在 CCS 软件开发过程中,工程文件实现的步骤为:(　　)、新建源文件、把源文件添加到工程中、(　　)、(　　)、下载、运行。

16. 复位电路有三种方式,分别是(　　)、(　　)、(　　)。

17. 指令 RPTZ #99 的下一条指令将执行(　　)次。

18. CCS 中表示立即操作数时,必须在一个数前加上符号(　　);CCS 中表示寄存器直接寻址时,对于偏移量的操作,必须加上符号(　　)。

19. 初始化段包含数据或程序,包括(　　)段、(　　)段以及由汇编器伪指令.sect 产生的命名段。

二、选择题

1. TMS320F28335 是高性能的_____位 CPU。

A. 8　　　　　　　　　　B. 16　　　　　　　　　　C. 32

2. DSP 技术利用专用或通用数字信号处理芯片,通过_____运算方法对信号进行处理。

A. 数字　　　　　　　　B. 数模　　　　　　　　C. 数值

3. 外设高速时钟通过_____寄存器设置。

A. HISPCP　　　　　　B. LOSPCP　　　　　　C. FISPCP

4. TMS320F28335 的定时器是_____位的。

A. 8　　　　　　　　　　B. 16　　　　　　　　　　C. 32

5. 当使用外部晶振时,_____悬空。

A. X1　　　　　　　　　B. X2　　　　　　　　　C. CLKIN

6. DSP 复位采用_____电路,由电源器件给出复位信号。

A. 软件复位　　　　　　B. 手动复位　　　　　　C. 上电复位

7. 下列说法不完全正确的是_____。

A. 系统上电时,看门狗默认为使能状态

B. 复位向量不一定总是取自 BootROM 向量表,也可由用户进行相应配置

C. 复位后 SP 的内容为 0x0400,因此 M2 默认作为堆栈

8. 外部晶振采用 30 MHz 外部石英晶振时,负载电容应为_____。

A. 6 pF　　　　　　　　B. 12 pF　　　　　　　　C. 18 pF

9. F28335 片上有 256 K×16 位的 flash,34 K×16 位的 SRAM,_____位的 Boot ROM,2 K×16 位的 OPTROM,采用统一寻址方式。

A. 8 K×16　　　　　　B. 4 M×16　　　　　　C. 10 M×16

10. F28335 片内 flash 的起始地址是 0x300000,大小为_____位,其中

复习题（二）

一、填空题

1. F28335 有（   ）位浮点运算单元,主频可高达（   ）。

2. F28335 片上存储器包括:（   ）位 flash,（   ）位 SRAM,（   ）位 Boot ROM,（   ）位 OPTROM。

3. CPU 内核的指令周期为（   ）,内核电压为（   ）,I/O 引脚的电压为（   ）。

4. F28335 为（   ）的 DSP,在逻辑上有（   ）位的程序空间和（   ）位的数据空间,物理上将程序空间和数据空间统一成一个（   ）位的空间。

5. F28335 的时钟源有两种:采用外部振荡器作为时钟源(简称外部时钟)和采用内部振荡器作为时钟源(简称内部时钟)。在（   ）与（   ）之间连接一个晶体,就可以产生时钟源。

6. WD 复位关键字寄存器为 WDKEY,向 WDKEY 写入 0x55 后紧接着写入（   ）,就可以清除 WDCNTR 寄存器。

7. 看门狗模块的作用是（   ）。

8. 造成看门狗计数器复位的原因有（   ）,（   ）,（   ）。

9. TMS320F28335 的三种低功耗模式:（   ）、（   ）、（   ）。

10. CPU 定时器 0、1、2 是完全一样的（   ）位定时器,这些定时器带有可预先设定的周期和（   ）时钟预分频。

11. 构成 DSP 软件工程的要素有（   ）、（   ）、（   ）。

12. TI 公司的 DSP 处理器的软件开发环境是（   ）,使用链接器文件(填后缀名)cmd 后,将编译器生成的目标文件(填后缀名)（   ）链接成(填后缀名)（   ）,通过仿真器接口（   ）后烧录至 DSP 中。

13. 在链接器命令文件中,PAGE1 通常指（   ）存储空间,PAGE0 通常指（   ）存储空间。

14. 直接寻址中,从页指针的位置可以偏移寻址（   ）个单元。

15. 解决 MMR 写操作的流水线冲突时,一般可采用（   ）和（   ）的方法。

16. F28335 共有（   ）个 GPIO,分成了（   ）组,其中 A 组管理（   ）个,每个 GPIO 最多支持（   ）个功能,若将其配置为普通 I/O 功能时,对方向寄存器而言,写（   ）表示该 I/O 口为输出。

17. F28335 内部有（   ）个中断线,其中包括（   ）个不可屏蔽中断（RESET 和 NMI)与（   ）个可屏蔽中断。PIE 总计可管理（   ）个中断资源,将其分为（   ）组,每组（   ）个。

18. F28335 有（   ）个外部引脚中断,但 88 个 GPIO 引脚中只有（   ）个可通过软件配置成外部中断引脚,其中（   ）只能配置为外部中断 1 和 2,（   ）只能配置为外部中断 3、4、5、6 和 7。

19. F28335 的中断采用（   ）、（   ）、（   ）三级管理机制。中断优先级最高的是（   ）中断,NMI 是（   ）中断,NMI 中断优先级是（   ）。

二、选择题

1. 外部晶振采用 30 MHz 的外部石英晶振时,负载电容应为＿＿＿＿＿ pF。

A. 6   B. 12   C. 18

2. 不属于复位电路的三种方式的是＿＿＿＿＿。

A. 上电复位   B. 手动复位   C. 断电复位

3. 下列关于看门狗说法不正确的是＿＿＿＿＿。

A. 看门狗就是一种定时器

B. 喂狗操作就是将看门狗计数器清零的过程

C. 当 PLL 开始工作后,看门狗开始工作

4. 关于 OTP,下列描述不完全正确的是＿＿＿＿＿。

A. OTP 写一次的对象是字节,对于同一个地址只能写一次

B. 存取区间为 0x33 FFF8~0x33 FFFF,共分为 8 个单元

C. F2833x 有两个 OTP 区,其中一个存放 adc_cal（ ）函数,另一区域开放给用户使用

5. 关于密码区,下列描述正确的是＿＿＿＿＿。

A. 擦除密码时,密码区中的数据均为"0"

B. 存取区间为 0x33 FFF8~0x33 FFFF,共分为 8 个单元

C. 一定不能将密码区中的数据都写为 1,否则 DSP 锁死

6. CCS 中 GEL 文件的作用是＿＿＿＿＿。

A. 解释执行   B. 编译的中间文件   C. 二进制文件

7. TMS320F28335 内置了＿＿＿＿＿,从而大大提高了系统的计算能力。

A. 浮点运算单元   B. 断点运算单元   C. 定点运算单元

8. 属于 DSP 中断的处理方法的是＿＿＿＿＿。

A. 回调法   B. 滞后法   C. 试探法

9. 在非集成开发环境中,软件开发常采用_____部分。

A. 编辑、汇编、链接、调试

B. 采集、汇编、链接、调试

C. 编辑、汇编、上电、调试

10. 关于 CMD 文件,下列说法正确的是_____。

A. 同一个 PAGE 内允许有相同的存储区名

B. text 段用于存放汇编生成的可执行程序

C. sect 段和.bss 段属于未经过初始化的段

11. 关于 F28335 中的数据类型,下列说法正确的是_____。

A. char 为 8 位,int 为 16 位

B. char 为 8 位,int 为 8 位

C. char 为 16 位,int 为 16 位

12. 关于 F28335 中的 char 类型,下列说法正确的是_____。

A. char 为 8 位

B. char 为 16 位

C. char 可以为 8 位,也可以为 16 位

13. asm(" SETC INTM")指令的含义是_____。

A. 使能总中断　　　　　　B. 禁止总中断　　　　　　C. 使能中断嵌套

14. 下列关于 CPU 定时器 Timer0 的描述不正确的是_____。

A. 它是 32 位计数器

B. 计数值增为周期值时会产生中断信号

C. 通过 PIE 模块申请中断

15. 指令"GpioDataRegs.GPADAT.bit.GPIO0 = 0"的正确含义是_____。

A. 将该 I/O 口置 **1**　　　　B. 将该 I/O 口置 **0**　　　　C. 将该 I/O 口电平翻转

16. PIE 将许多中断源复用至中断输入的较小的集合中,支持多达_____个外设中断。

A. 72　　　　　　　　B. 96　　　　　　　　C. 128

17. TMS320F28335 支持_____个被屏蔽的外部中断。

A. 4　　　　　　　　B. 8　　　　　　　　C. 16

18. 关于 DSP 的程序运行,下列描述不正确的是_____。

A. DSP 的主函数是一个死循环

B. 中断函数的运行时间可以与主函数的运行时间一致

C. 同单片机不同的是,DSP 的程序是顺序执行的

19. 关于 F28335 中的 A/D 采样,下列说法正确的是_____。

A. 有 16 个采样保持器

B. 最高采样速率同 2812 一致

C. 有 4 种工作模式

20. TMS320F28335 有多达_____个调制脉宽输出。

A. 12　　　　　　　　　　B. 16　　　　　　　　　　C. 18

三、补全程序

1. 根据注释补全 PIE 级中断使能程序。

PieCtrlRegs.PIEIFR2.bit.INTx3 = _____;　　　//使能 PIE2 组中的第 3 个 IFR 标
　　　　　　　　　　　　　　　　　　　　　//志位

PieCtrlRegs.PIEIER1.bit.INTx1 = _____;　　　//使能 PIE1 组的第 1 个中断

PieCtrlRegs.PIEACK.all = _____;　　　　　　//响应 PIE2 组中断

PieCtrlRegs.PIECTRL.bit.ENPIE = _____;　　//使能 PIE 级中断

IER | = _____;　　　　　　　　　　　　　//使能 CPU 的 INT3 中断

2. 已知系统时钟为 150 MHz,请根据程序补全补充程序注释。

SciaRegs.SCICCR.all = 0x0007;　　　　　　　//____位停止位,____位数据位,
　　　　　　　　　　　　　　　　　　　　//____校验位

SciaRegs.SCICTRL1.all = 0x0003;　　　　　　//使能 SCI ____及____功能,禁
　　　　　　　　　　　　　　　　　　　　//止_____

SciaRegs.SCICTRL2.bit.TXINTENA = 1;　　　　//使能 SCI ____中断

SciaRegs.SCICTRL2.bit.RXBKINTENA = 1;　　//使能 SCI ____中断

SciaRegs.SCIHBAUD = 0x01;　　　　　　　　//波特率为____,LSOCLK =
　　　　　　　　　　　　　　　　　　　　//____ MHz

SciaRegs.SCILBAUD = 0xE7;

SciaRegs.SCICTRL1.all = 0x0023;

3. 主函数中用到 InitGpio() 函数的源程序如下,试根据程序补全注释。

```
void InitGpio(void)
{
    EALLOW;
    GpioCtrlRegs.GPAMUX1.bit.GPIO1 = 0;     //_____
    GpioCtrlRegs.GPADIR.bit.GPIO1 = 1;      //_____
```

```
GpioCtrlRegs.GPAPUD.bit.GPIO1 = 0;        //_____
GpioCtrlRegs.GPAMUX1.bit.GPIO2 = 0;       //_____
GpioCtrlRegs.GPADIR.bit.GPIO2 = 1;        //_____
GpioCtrlRegs.GPAPUD.bit.GPIO2 = 0;        //_____
EDIS;
}
```

B. 串行时钟

C. 从器件输入/主器件输出

10. 通信报文的优先级由标识符决定,标识符数值越小,优先级越_____。

A. 不影响　　　　　　　　B. 低　　　　　　　　C. 高

11. McBSP 模块不可以以_____开头的 8 位数据传输。

A. LSB　　　　　　　　　B. MSB　　　　　　　　C. HSB

12. flash 引导程序入口地址是_____。

A. 0x33 FFF6　　　　　　B. 0x33 FFF7　　　　　　C. 0x33 FFF9

13. 程序计数器 PC(22 位)的复位地址为_____。

A. 0x33 FFF6　　　　　　　　　　　　　B. 0x3F FFC0

C. 0x3F F9CE　　　　　　　　　　　　　D. 0x00 0000

14. 关于存储器的描述,下列说法正确的是_____。

A. DSP 片上的 flash 只能存放程序,不能存放数据

B. 片上的 RAM 区只能存放数据,不能存放程序

C. 用户可使用片上 flash 的所有区间

D. 以上说法都不正确

15. 关于 F28335 中的数据类型,下列说法正确的是_____。

A. char 为 8 位,int 为 16 位

B. char 为 8 位,int 为 8 位

C. char 为 16 位,int 为 16 位

D. char 可以为 8 位也可以为 16 位,int 为 16 位

16. 下列描述正确的是_____。

A. 伪指令存在于可执行文件中

B. 伪指令仅仅用于指导程序的编译

C. 伪指令不能存在主函数中

D. 以上说法都不对

17. "typedef interrupt void (∗ PINT)(void);"中,对于 PINT 的描述不正确的是_____。

A. PINT 无参数调用

B. 指向 interrupt 型函数的指针

C. 指针指向函数

D. 以上描述不一定都对

18. flash 引导程序入口地址是_____。

A. 0x33 FFF6

B. 0x33 FFF7

C. 0x33 FFF8

D. 0x33 FFF9

19. 指令"GpioDataRegs.GPATOGGLE.bit.GPIO0 = 0"的正确含义是_____。

A. 将该 I/O 口置 **1**

B. 将该 I/O 口置 **0**

C. 将该 I/O 口电平翻转

D. 无效指令

20. 关于 DSP 的程序运行,下列描述不正确的是_____。

A. DSP 的主函数是一个死循环

B. 中断函数运行时间可以与主函数运行时间一致

C. 同单片机不同的是,DSP 的程序是顺序执行的

D. 以上描述不一定都对

三、补全程序

1. 以下为 CPU Timer0 相关寄存器的设置,假设时钟为 120 MHz。(1)请问定时器的时间是多少(写出计算过程)?(2)提供一种改写的方法。

CpuTimer0Regs.TPRH.all = 0;

CpuTimer0Regs.TPR.all = 0x095F;//2399

CpuTimer0Regs.PRD.all = 4999;

CpuTimer0Regs.TCR.bit.TSS = 0;

CpuTimer0Regs.TCR.bit.TRB = 0;

CpuTimer0Regs.TCR.bit.all = 0x4001;

2. 已知 ADC 模块按照 A3、A7、A2、A4、B2、B0 的顺序采集 6 个通道,请根据注释补全 ADC 初始化程序。

AdcRegs.ADCTRL3.bit.SMODE_SEL = _____;   //顺序采样模式

AdcRegs.ADCtrl1.bit.SEQ_CASC = _____;   //级联模式

AdcRegs.ADCMAXCONV.all = _____;   //6 个通道

AdcRegs.ADCCHSELSEQ1.bit.CONV00 = _____;

AdcRegs.ADCCHSELSEQ1.bit.CONV01 = _____;

AdcRegs.ADCCHSELSEQ1.bit.CONV02 = _____;

AdcRegs.ADCCHSELSEQ2.bit.CONV03 = _____;

AdcRegs.ADCCHSELSEQ2.bit.CONV04 = _____;

AdcRegs.ADCCHSELSEQ2.bit.CONV05 = _____;